自然灾害社会经济影响与风险评估

李卫江　温家洪　著

内容简介

本书从城市社区(微观)、城市(中观)、沿海低地(宏观)三个空间尺度,聚焦于人口、居民住宅与室内财产、产业经济三方面暴露要素,综合利用概率(情景)风险评估模型、PGIS参与式调查、脆弱性曲线、投入产出关联模型等,以完整的个案实证研究为主要形式,探讨极端自然灾害的社会经济直接损失、间接影响以及综合风险评估方法。同时,关注现代信息技术在自然灾害损失和影响评估中的应用,从灾损信息采集与管理、文本灾情信息挖掘、基于图像的灾情感知等方面展开案例分析。

本书主要适用于高等学校及科研院所从事自然灾害风险评估与管理、韧性城市(社区)规划与管理、企业业务持续性计划(BCP)的专业研究人员,也可作为高等学校相关专业本科生和研究生的教学参考用书。

图书在版编目(CIP)数据

自然灾害社会经济影响与风险评估 / 李卫江,温家洪著. —北京:气象出版社,2020.7

ISBN 978-7-5029-7224-0

Ⅰ.①自… Ⅱ.①李… Ⅲ.①自然灾害-社会影响-研究-中国②自然灾害-经济影响-研究-中国 Ⅳ.①X432②D669③F123.2

中国版本图书馆CIP数据核字(2020)第119169号

自然灾害社会经济影响与风险评估

Ziran Zaihai Shehui Jingji Yingxiang Yu Fengxian Pinggu

出版发行:气象出版社

地　　址:北京市海淀区中关村南大街46号　**邮政编码**:100081

电　　话:010-68407112(总编室)　010-68408042(发行部)

网　　址:http://www.qxcbs.com　**E-mail**:qxcbs@cma.gov.cn

责任编辑:王萃萃　**终　　审**:吴晓鹏

责任校对:王丽梅　**责任技编**:赵相宁

封面设计:楠竹文化

印　　刷:北京中石油彩色印刷有限责任公司

开　　本:787 mm×1092 mm　1/16　**印　　张**:10.75

字　　数:260千字　**彩　　插**:2

版　　次:2020年7月第1版　**印　　次**:2020年7月第1次印刷

定　　价:60.00元

前　言

全球气候变化与快速城市化双重驱动下，自然灾害造成的社会经济损失和负面影响呈显著上升趋势。根据德国慕尼黑再保险公司统计，过去40年来自然灾害已造成全球约5万亿美元的直接经济损失，其中2019年达到1370亿美元。未来几十年间，自然灾害造成的社会经济损失仍将不断上升，对全球韧性构成重大威胁。2015年《仙台减灾框架》明确提出“需要制定实施综合防灾减灾规划，实现全球年均因灾直接损失占GDP的比例控制在1.5%以内”，降低灾害损失被确立为未来15年全球七大减灾目标之一，同时自然灾害社会经济损失和影响评估研究也日益成为核心科学问题。

全球自然灾害损失和风险的加剧，除了归因于气候变化导致的极端天气气候事件的强度和频次增加，人口和经济高速增长、快速城市化和社会经济系统复杂网络化也日益成为主要驱动力。在传统自然灾害研究向现代灾害风险研究的转变过程中，灾害风险系统的社会经济维度日益受到重视。自然灾害暴露、脆弱性、损失和风险评估是合理进行费效分析、风险决策和风险管理，实现社会经济系统可持续发展的重要基础性工作。如何采取适应措施与政策从而有效地减轻自然灾害损失和影响，已成为灾害风险科学研究的前沿课题和灾害风险管理的重要内容。

本书从城市社区（微观）、城市（中观）、沿海低地（宏观）三个空间尺度，聚焦于人口、居民住宅与室内财产、产业经济三方面暴露要素，综合利用概率（情景）风险评估模型、PGIS参与式调查、脆弱性（灾损）曲线、投入产出关联模型等，以完整的个案实证研究为主要形式，探讨自然灾害的社会经济直接损失、间接影响以及综合风险评估方法。同时，关注现代信息技术在自然灾害损失和影响评估中的应用，从灾损信息采集与管理、文本灾情信息挖掘、基于图像的灾情感知等方面展开案例分析，预期为相关自然灾害损失和风险评估研究提供思路、方法借鉴。

本书得到国家自然科学基金项目（41771540，5161101688）、国家重点研发计划项目（2017YFC1503001）以及国家社科基金重大项目（18ZDA105）的联合资助。

本书主要适用于高等学校及科研院所从事自然灾害风险评估与管理、韧性城市（社区）规划与管理、企业业务持续性计划（BCP）的专业研究人员，也可作为高等学校相关专业本科生和研究生的教学参考用书。

作者

2020年4月

目　录

前言

第一章　绪论 …… 1

第一节　自然灾害风险 …… 1

第二节　自然灾害损失与影响 …… 2

一、自然灾害损失类型 …… 2

二、自然灾害损失评估的视角 …… 3

三、自然灾害损失评估的主要应用 …… 3

四、自然灾害损失评估的空间尺度 …… 4

第三节　本书的章节安排 …… 5

第二章　自然灾害社会经济影响与风险评估方法 …… 6

第一节　概率风险模型 …… 6

一、自然灾害概率风险模型 …… 6

二、基于概率情景的灾害风险评估方法 …… 7

第二节　基于参与式方法的社区灾害风险分析 …… 8

一、社区灾害风险评估与管理 …… 8

二、参与式地理信息系统方法 …… 8

第三节　基于灾损曲线的直接损失评估 …… 9

第四节　基于社会经济关联模型的间接损失评估 …… 10

一、宏观尺度的投入产出模型 …… 11

二、微观尺度的供应链模型 …… 12

第三章　城市社区自然灾害影响与风险评估 …… 14

第一节　基于社区的台风灾害概率风险评估 …… 14

一、引言 …… 14

二、方法与数据 …… 15

三、台风灾害强度与频率分析 …… 16

四、台风承灾体的暴露与脆弱性评估 …… 17

五、台风灾害风险评估 …… 20

六、台风致灾因素分析及减灾降险对策 …… 22

七、结语 …… 24

第二节　基于社区的洪水灾害概率风险评估 …… 25
一、引言 …… 25
二、数据与方法 …… 25
三、洪水强度与频率分析 …… 27
四、地形与淹没参数获取 …… 28
五、洪灾承灾体的暴露分析 …… 28
六、洪灾承灾体脆弱性分析及损失评估 …… 30
七、结论与讨论 …… 34
第三节　暴雨内涝对社区居民出行影响分析 …… 35
一、引言 …… 35
二、数据与方法 …… 36
三、暴雨内涝情景模拟 …… 37
四、居民暴露分析 …… 40
五、居民出行影响初步分析 …… 40
六、结论与讨论 …… 42

第四章　城市产业经济灾害影响与风险评估 …… 43

第一节　极端洪灾情景下上海制造业经济损失评估 …… 43
一、引言 …… 43
二、数据来源 …… 44
三、研究框架与方法 …… 45
四、暴露分析与损失评估 …… 48
五、结论和讨论 …… 55
第二节　极端洪灾情景下上海汽车制造业经济损失评估 …… 56
一、引言 …… 56
二、数据来源 …… 58
三、研究框架与方法 …… 59
四、受灾企业暴露分析 …… 63
五、受灾企业经济损失评估 …… 64
六、结论与讨论 …… 69
第三节　地震灾害情景下丰田汽车产业空间网络风险评估 …… 70
一、引言 …… 70
二、数据来源 …… 72
三、研究框架与方法 …… 73
四、地震与海啸灾害强度情景 …… 75
五、产业网络暴露 …… 76
六、直接受灾区域及损失评估 …… 78
七、间接影响扩散模拟与功能损失评估 …… 81

八、结论与讨论 …… 84

第五章　沿海低地人口与产业暴露时空变化研究 …… 86

第一节　海平面上升及其风险管理 …… 86
一、海平面上升研究的新进展 …… 86
二、风险管理视角下的海平面上升研究 …… 91
三、海平面上升的风险管理 …… 92
四、结论与展望 …… 94
第二节　长三角地区沿海低地人口暴露时空变化分析 …… 95
一、引言 …… 95
二、数据与方法 …… 96
三、结果分析 …… 97
四、数据与结果的误差分析 …… 102
五、结论与讨论 …… 103
第三节　长三角易洪区制造业暴露时空变化研究 …… 104
一、引言 …… 104
二、数据和方法 …… 105
三、结果分析 …… 108
四、结论与讨论 …… 115

第六章　自然灾害灾情信息集成与挖掘 …… 118

第一节　NDO实时灾情信息采集与管理 …… 118
一、综合灾情信息概念模型 …… 118
二、灾情信息内容 …… 120
三、数据类型和时间维度 …… 125
四、众源灾情信息 …… 125
五、综合集成实现 …… 126
第二节　基于互联网新闻的灾情信息挖掘 …… 128
一、灾情新闻分类和筛选 …… 128
二、文本灾情信息的结构化抽取 …… 133
第三节　基于图像识别技术的灾情分析与评估 …… 137
一、基于灾害主题的图像分类 …… 138
二、灾害主题图像相似性检索 …… 144
三、基于图像的受灾目标检测 …… 146

参考文献 …… 150

第一章　绪　论

根据德国慕尼黑再保险公司统计，自 1980 年以来，一系列重大自然灾害已造成全球约 5 万亿美元的直接经济损失。例如，1994 年的美国北岭地震、1995 年的日本神户地震、2004 年的印度洋海啸、2005 年的美国卡特里娜飓风、2008 年的中国四川地震、2011 年的东日本地震、2011 年的泰国洪水、2017 年的美国哈维飓风以及 2019 年的利奇马超强台风等。重大自然灾害的频繁发生给区域和全球可持续发展带来沉重压力和严峻挑战。在过去近 40 年中，重大自然灾害的次数及其造成的经济损失均呈现明显上升趋势[①](图 1.1(彩))。一方面，归因于气候变化导致的极端天气气候事件的强度和频次增加(IPCC，2014；Coronese et al.，2019)；另一方面，人口和经济高速增长、快速城市化和社会经济系统复杂网络化也成为自然灾害损失上升的主要驱动力(Cardona et al.，2012；Garschagen et al.，2015；Botzen et al.，2019)。这些趋势凸显了减轻自然灾害对社会经济影响相关政策设计的重要性，也使得灾害损失和风险管理逐步成为研究的重点和热点问题。

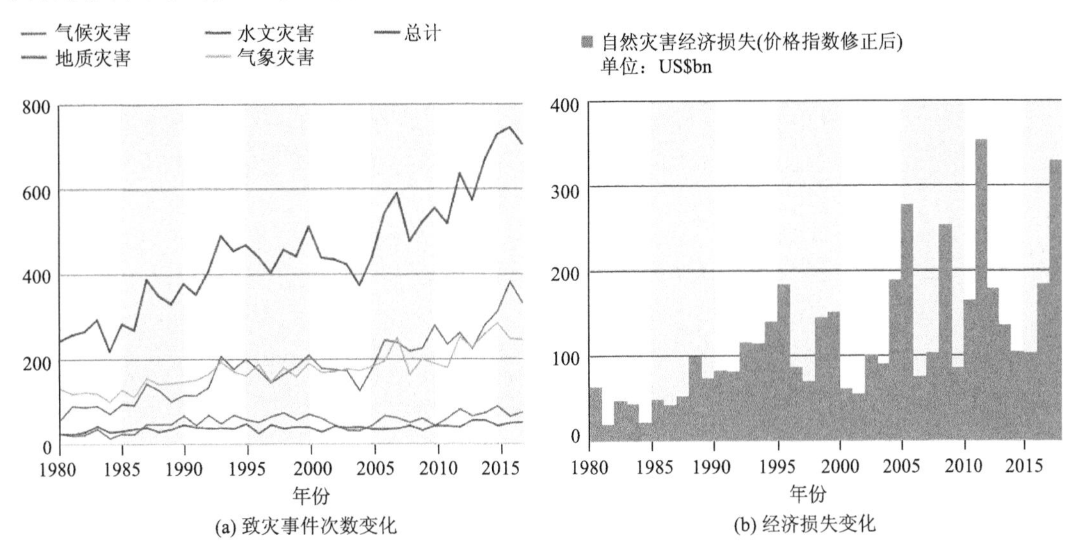

图 1.1　1980 年以来全球重大自然灾害数量及经济损失变化(另见彩图 1.1)

第一节　自然灾害风险

在灾害研究向灾害风险研究的转变过程中，学界对于自然灾害风险的认知呈现阶段性

---

① Munich RE. https://www.munichre.com/content/dam/munichre/global/content-pieces/documents/TOPICS_GEO_2017-en.pdf。

和多元化，不同学者或研究机构提出了一系列关于灾害风险的概念和量化表达式。比较典型的如：Maskrey(1989)认为风险是某一灾害发生后所造成的总损失；Morgan 等(1990)认为风险是可能受到灾害损失和影响的暴露；Smith(1996)把灾害风险定义为某一灾害发生的概率；Rashed 等(2003)将风险定义为危险发生概率和脆弱度度的乘积。联合国国际减灾战略将灾害风险定义为给定的时段和区域范围内，致灾事件造成的潜在的生命、健康状况、生计、资产和服务系统损失①。

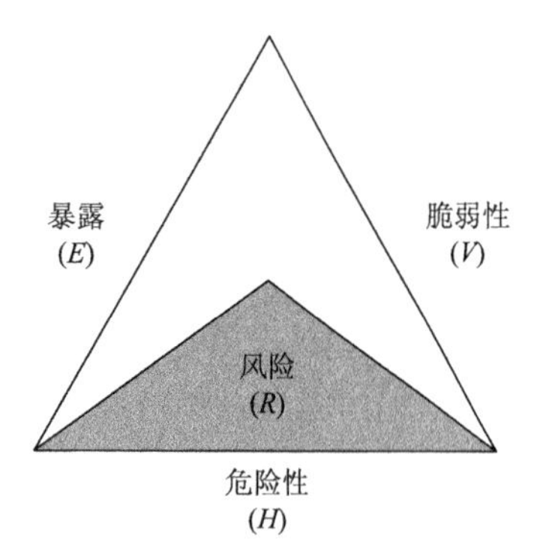

图 1.2 自然灾害风险三角形

从以上灾害风险认识的轨迹和趋势看：一是，灾害风险的系统性成为共识。即认识到灾害风险是致灾事件危险性(hazard)、暴露(exposure)和脆弱性(vulnerability)共同作用的结果，其基本结构和要素相互关系可以用“风险三角”进行表示(图 1.2)(Crichton，1999)。图中深色三角形的面积反映了灾害风险大小。二是，灾害损失研究日益受到重视。灾害风险可以简单表述为致灾事件的发生概率及其可能造成的负面影响，除了从自然科学的角度进行致灾事件频率(概率)分析和强度模拟，还应该吸纳社会科学领域相关方法，开展暴露和脆弱性共同作用下的社会经济潜在损失及其韧弹性政策研究。

第二节 自然灾害损失与影响

一、自然灾害损失类型

自然灾害损失通常划分为直接损失和间接损失。直接损失是由于致灾事件与人、财产或其他要素的物理接触造成的损失。间接损失是由直接损失诱发，发生在致灾事件时空范围之外的损失。根据是否可以用货币价值进行评估，可以将以上两种类型损失进一步分为有形损失和无形损失(Parker et al.，1987；Smith et al.，1998)。有形损失是指对人造资本或资源流动的损害，易于用货币形式进行衡量。而无形损失是对不在市场上交易且难以转换为货币价值的资产的损害。通常情况下，自然灾害损失归纳为以下几种类型。

(1)有形直接损失。例如，建筑物和财物损害、道路基础设施破坏、农作物绝收、疏散和营救支出、清理费用等。

(2)无形直接损失。例如，生命的丧失或伤害、居民心理困扰、文化遗产破坏、生态环境系统负面影响等。

(3)有形间接损失。例如，受灾地区的企业业务中断、受灾地区公共基础设施和服务中断、灾区以外的上下游企业的波及损失、灾后企业迁移造成的税收损失等。

(4)无形间接损失。例如，精神创伤、对管理部门的信任丧失等。

相比于直接损失，间接影响更难以评估和量化。间接影响可能通过区域间的社会经济

---

① UNISDR. https://www.preventionweb.net/files/7817_UNISDRTerminologyEnglish.pdf。

关联性波及其他更广域的空间甚至全球范围，时间上会持续数月甚至数年。此外，在受灾地区，可能会产生一系列更高层次的影响，例如宏观经济影响或区域发展的长期障碍等。

二、自然灾害损失评估的视角

1. 灾前风险评估

风险可以简单理解为致灾事件造成的潜在(期望)损失。在自然灾害风险管理中，通常需要通过一系列工程和非工程性的减灾降险措施，实现"关口前移"，使得灾害风险降低到可接受的程度。因此，需要从灾前的角度(Ex-ante)，设定不同概率强度的自然灾害情景，并结合社会经济暴露和易损性模型，评估可能造成的经济损失及其风险降低程度(Kunreuther，2006;Merz et al.，2010)。同时，与减灾措施的成本投入进行比较，权衡成本—效益的平衡点和最优策略。潜在损失和影响评估成为自然灾害风险管理和决策中的必不可缺少环节。

2. 灾后损失评估

重大自然灾害发生以后，除了应急救灾，如何科学地进行灾后恢复重建是管理者面临的最为迫切的问题，也对灾害损失评估的及时性、系统性提出了要求(周洪建等，2017;吴吉东等，2018)。灾后恢复重建的目的是为了对灾区遭受的损失进行经济补偿，以保障社会再生产的继续进行，而灾后(Ex-post)损失评估是确定恢复重建资金需求和重建日程的前提和基础。国际社会十分重视灾害损失的分类和灾害损失调查评估。例如，联合国拉丁美洲和加勒比海地区经济委员会(ECLAC)发布的《灾害的社会经济和环境影响评估手册》[①]，针对社会影响、基础设施、产业部门、环境、宏观经济、社会发展、金融等领域的灾害损失制定了系统的调查评估方法和操作规范。

近年来，为了更好适应灾后重建需要，损失评估逐渐向需求评估方向发展。2013 年由世界银行负责协调的全球减灾与恢复基金组织(GFDRR)发布了灾后需求评估(PDNA)手册[②]。相比较而言，需求成本计算所涵盖的范围更广，不仅包括受损建筑物、基础设施的损毁修复或重置成本，还包括体制、政策实施成本。由于重建需求依赖于可获得的资源量、重建持续时间、政府的政策以及保险覆盖情况，可能高于或者低于实际的灾害损失(吴吉东等，2018)。

三、自然灾害损失评估的主要应用

1. 灾害脆弱性分析

人口、建筑、产业、社区等暴露要素，应对自然灾害的脆弱性呈现差异性。例如，经常遭受自然灾害的社区会制定合适的防范和适应策略，降低脆弱性。相反，很少经历自然灾害的社区则常常忽视减灾意识和能力建设，可能进一步加剧脆弱性。脆弱性认知对于合理选择减灾降险措施具有重要意义，而脆弱性知识的获取通常需要通过灾后的损失评估，或者其他工程试验模拟等方式实现。

---

① ECLAC. http://documents. worldbank. org/curated/en/649811468048531747/pdf/475830WP0v10Handbook0Box338862B01PUBLIC1. pdf。

② GFDRR. https://www. gfdrr. org/sites/default/files/publication/pdna-guidelines-vol-a. pdf。

2. 国家和地方灾害风险制图

灾害风险地图是风险管理和风险沟通的基本要素。在许多国家和地区，风险制图受法律管控。例如，2007 年 11 月颁布的《欧盟洪水风险指令》要求成员国同时构建洪水危险性地图(Flood hazard map)和洪水风险地图(Flood risk map)①。尽管洪水制图通常仅限于绘制洪水危险性方面，但是有关洪水风险制图的研究日益受到重视，包括对资产价值、人员和环境的潜在不利影响(de Moel et al. ,2009)。

3. 减灾降险措施的优化决策

减灾降险措施的实施需要合理的公共财税投入，并且确保这些资源能够得到充分、经济利用。这意味着需要合理估算灾害风险形势，确定潜在的减灾降险方案，并且量化和比较不同方案的收益和成本。若实施这些具有成本—效益的风险管理措施，损失评估是必不可少的环节。

4. 多灾种风险比较分析

对于一个国家、城市或社区而言，可能遭受洪水、暴雨和地震等不同类型的自然灾害，针对不同灾种的减灾降险政策在一定程度上可能存在竞争关系。不同灾种之间的风险定量比较和优先减灾政策选择，需要在统一的损失和风险评估基础上进行(Günthal et al. ,2006)。从更广义的视角，还需要根据社会支付意愿来评估减灾降险策略的资源分配(Pandey et al. ,2004)。

5. 灾后政府部门的财政评估

国家和地方政府部门需要在灾后调查和评估损失，以合理进行财政预算和协同决策，开展损失补偿和关键部门的恢复重建。

6. 保险(再保险)企业的保险设计

为了合理进行保险费率设计并确保担保偿付能力，保险(再保险)公司需要针对特定区域或暴露要素的预期灾害损失和可能最大损失进行评估。

7. 企业业务可持续计划制定

自然灾害风险同样是私人企业关注的主要问题。单一小企业主要关注自然灾害对自身可能造成的物理设施损失和停产损失，跨国企业还要关注局部地区生产节点受损对整个供应链网络中断的影响。通过潜在的直接和间接损失评估，可以为企业合理的规划选址和业务持续性计划(Business Continuity Planning,BCP)提供依据(Haraguchi et al. ,2014)。

四、自然灾害损失评估的空间尺度

自然灾害损失评估具有不同的空间尺度性。一方面，损失评估结果与研究的时空边界有关。某个地区受到洪灾破坏，而附近的其他地区可能会受益，因为受灾企业无法执行业务和订单，在竞争中可能被周围的企业所替代。例如，1993 年美国中西部的洪水使河流船舶运输中断，导致公路运输需求增加，卡车运输企业获得了约 1300 万美元的额外收入(Pielke,2000)。此外，洪灾会对宏观经济、人类健康、生态环境系统等造成长期影响，灾后的短时期损失评估可能无法捕捉到这种影响。另一方面，损失评估所需的基础数据聚合程度和评估

① European Commission. https://ec.europa.eu/environment/water/flood_risk/。

方法与空间尺度有关。相对于微观尺度，宏观和中观尺度的损失评估通常是基于聚合的暴露对象，例如行政区、土地利用单元等。为了比较不同尺度评估结果的差异，需要进行必要的数据降尺度（Downscaling）和升尺度（Upscaling）处理。

归纳起来，自然灾害损失评估可以分为三个空间尺度。

(1)宏观尺度：通常以国家、省、市等大尺度的行政区为基本空间单元，并结合聚合的人口、社会经济统计数据。

(2)中观尺度：通常基于聚合的土地利用空间单元（例如居住用地、公共设施用地等），并结合栅格格式的人口、社会经济等展布数据（Disaggregate data）。

(3)微观尺度：通常基于个体粒度的暴露要素，并结合参与式调查方法获取的人口、社会经济数据。例如，为了评估特定强度洪水造成的社区损失，需要对每个受灾对象（例如建筑物、基础设施）的损失逐一进行计算和统计。

第三节 本书的章节安排

本书聚焦于自然灾害风险的社会经济维度，涵盖暴露、脆弱性和经济损失等方面，共分为六章。第一章介绍自然灾害损失和风险评估有关背景、意义、范畴和进展。第二章梳理自然灾害损失和风险评估有关的理论、方法和关键技术。第三章从微观的社区尺度，结合“自上而下”的科学评估和“自下而上”的参与式调查方法，开展台风、暴雨内涝、河流洪水等自然灾害损失和风险评估实证研究。第四章从中观的城市尺度，利用灾损模型和社会经济关联模型，开展极端风暴洪水、地震等自然灾害在产业经济系统中的扩散效应模拟，以及直接损失和间接损失集成评估的实证研究。第五章从宏观的区域尺度，利用空间统计分析方法，开展沿海低地（易洪区）人口和产业经济暴露的时空格局变化及其对洪涝灾害风险的驱动机制实证研究。第六章探讨自然灾害灾情感知和损失评估中的信息集成与智能分析技术，开展灾情信息集成管理、Web灾情信息挖掘、灾情信息的图像识别等实证研究。

第二章　自然灾害社会经济影响与风险评估方法

第一节　概率风险模型

一、自然灾害概率风险模型

自然灾害风险是致灾事件危险性、暴露和脆弱性的函数。不同强度致灾事件具有一定发生概率，社会经济暴露和脆弱性决定了致灾事件的潜在损失。因此，自然灾害风险又可以理解为不同概率情景的损失或者损失的概率分布，即概率风险（Kaplan et al. ，1981；Fiksel et al. ，1982）。

概率风险模型是利用数理统计方法，对历史致灾事件及损失进行分析，建立损失—概率的关系曲线，以期定量计算灾害风险（图 2. 1）。

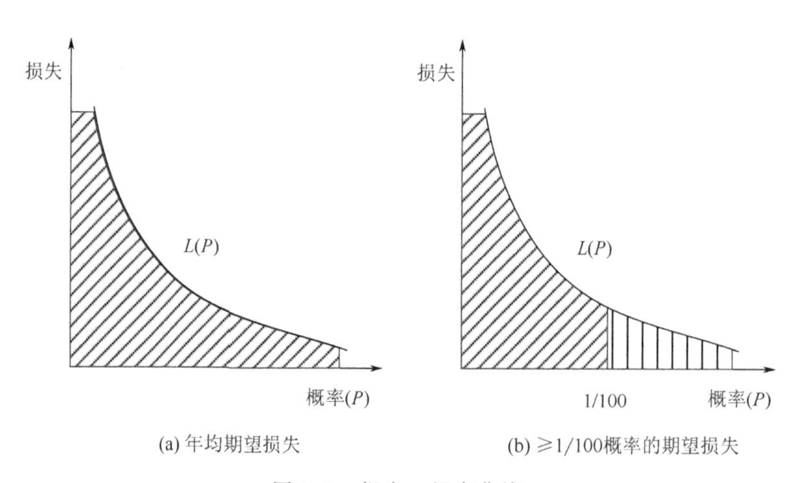

图 2. 1　损失—概率曲线

如图 2. 1a 所示，概率风险 R，即年均期望损失（Average Annual Expected Loss，AAL），为损失—概率曲线包含的阴影面积（Arnell，1989；Stedinger，1997），表示为：

$$R = AAL = \int_0^1 P \times L(P)\mathrm{d}P \tag{2.1}$$

式中，P 为发生概率，$L(P)$ 为损失。

如图 2. 1b 所示，$P \geqslant p$（例如取 $p = 1/100$）的年均期望损失表示为：

$$R(P > p) = \int_{p}^{1} P \times L(P > p) \mathrm{d}P \tag{2.2}$$

年均期望损失是灾害风险成本—收益评估的重要基础。图 2.1a 可以看作是没有采取减灾降险措施的风险总量，图 2.1b 右侧的竖线部分是采取 100 a 一遇措施后的风险减少量，图 2.1b 左侧的斜线部分则为风险剩余量。

二、基于概率情景的灾害风险评估方法

基于概率情景的灾害风险评估主要包括以下三个步骤(图 2.2)。首先是风险要素的辨识，包括区域致灾事件的危险性、承灾体暴露和脆弱性等。危险性主要是分析致灾事件发生的地理位置、范围、强度及概率等，暴露主要是判定潜在受威胁的人群、资产和设施等要素，脆弱性主要是辨识承灾体应对致灾事件的敏感性和韧弹性等。其次是风险分析，包括不同概率下的致灾事件场景模拟、社会经济系统暴露价值估算、潜在损失及其年均期望损失计算等。最后是风险评估和应对，评估现有社会经济条件下可接受的风险水平，提出风险防范、降低、适应和转移的策略，并进行社会经济成本效益评估，确定风险管理优先次序等。

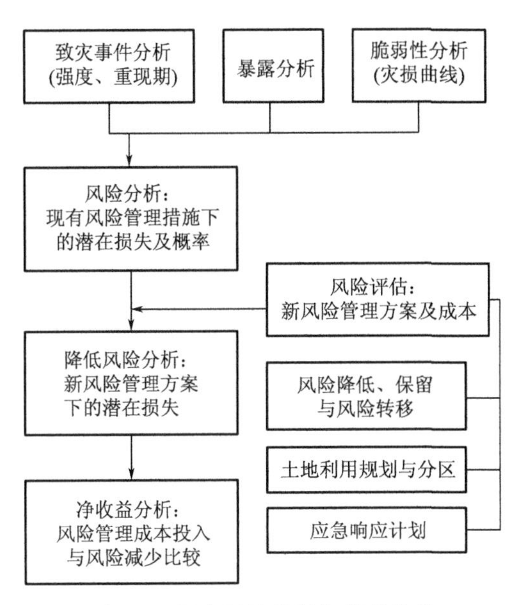

图 2.2　概率风险分析与管理流程

概率风险评估方法能够定量、直观反映一定概率致灾事件的影响范围和程度，能够高精度地反映风险的空间分布特征，从而为防灾减灾及风险管理决策提供参考依据，为公众开展各种类型的灾害风险转移(如灾害再保险等)提供数据支撑，并将成为今后自然灾害风险研究发展的主要趋势之一。但这种方法也存在模型参数要求较高、计算复杂、工作量较大等不足。

第二节　基于参与式方法的社区灾害风险分析

一、社区灾害风险评估与管理

2005 年《兵库行动框架》①优先主题中提出，要确保在国家和本地层面建立牢固体制基础，实施减灾工作；在各个层面上加强备灾工作，以提高应急响应的有效性。2011 年《兵库行动框架》中期回顾报告中进一步指出，由于缺乏对于“谁才是真正面对风险”主体的认识，导致了减灾政策和项目的实施效果不及预期，并特别强调了社区在减灾中的主体参与性。2015 年《仙台减灾框架》中对社区减灾重要性做了进一步阐述②。

基于以上背景，对于“重心下移”的体制改革呼吁逐渐显现。在减灾降险问题上，传统从国家战略和政策层面下放到社区层面的“自上而下”模式亟待转换成为从直接承担和面临风险的社区层面向上传递到国家战略和政策层面的“自下而上”模式。重视“本地知识”，建立社区层面防灾备灾知识技能共享平台，从而将更多的实际情况和需求以案例形式展现，并最终由底层社区力量推动相关政策法规的进一步修缮，以期能够真正有助于提升当地减灾降险工作的实效(Shaw et al. ,2009)。

二、参与式地理信息系统方法

参与式地理信息系统(Participatory Geographic Information System，PGIS)，是用地理信息技术表达参与式理念与方法获取的信息。近 20 a 来，PGIS 作为组织科学和乡土空间信息的一种技术或工具，广泛应用于自然资源规划与管理、环境决策与管理。

基于 PGIS 方法的灾害风险评估就是整合传统参与式方法和 GIS 强大的空间数据采集、分析，以及虚拟现实的能力，来有效地辨识导致灾害的风险要素，提高估算灾害风险的精度(Guarin et al. ,2005；Tran et al. ,2009)。由于 PGIS 方法重视社区参与，充分利用本地知识和 GIS 技术从社区角度客观评估灾害风险，有助于理解社区风险及脆弱性形成的原因，增强社区居民的自信和自救能力，特别适合于灾害数据缺乏但具有丰富的本地知识的一些发展中国家的社区。

PGIS 在社区灾害风险评估中的应用主要概括为以下方面。

(1)利用 PGIS 获取受灾社区居民的目视信息并重建历史致灾事件序列。

(2)获取地方(精细)尺度的暴露要素特征信息。这些信息通过公开渠道很难获取，只能借助地方社区和参与式调查方法。

(3)了解社区居民(家庭)在遭受频繁发生的致灾事件时(例如洪水)，所采取的应对机制。

(4)了解社区居民(家庭)脆弱性水平的影响因素以及应对能力。

---

① UNISDR. https://www.unisdr.org/2005/wcdr/intergover/official-doc/L-docs/Hyogo-framework-for-action-english.pdf。

② UNISDR. https://www.preventionweb.net/files/43291_sendaiframeworkfordrren.pdf。

(5)评估地方社区的减灾措施。

(6)了解地方社区与非政府组织(NGO)、地方政府之间的协作关系。

(7)开展灾后损失制图。

但是,在使用 PGIS 方法过程中,以下几个方面的不确定性需要注意。

(1)本地知识具有空间局地性。居民具有本地社区最好的知识,但是被问及不常涉足的周边地区时,知识的可靠性则可能会降低。

(2)居民对于历史致灾事件序列的记忆具有模糊性。如果过去相继发生一系列致灾事件(例如洪水、滑坡),社区居民很难通过记忆进行清晰呈现。这些事件通常被混杂在一起,导致不同概率(强度)致灾事件的影响分析非常困难。

(3)不同居民的本地知识可能存在分歧。对于历史致灾事件场景,居民可能给出截然不同的观点。因此,需要通过对多个居民群体的访谈和讨论,进行核实和确认。

(4)不宜借助地方知识评估未来重现期长、量级大的事件,或者历史久远、没有明确记忆的事件。例如,很难借助地方知识去评估 60 a 前发生的 200 a 一遇致灾事件影响。

第三节　基于灾损曲线的直接损失评估

自然灾害导致的直接损失评估已形成许多成熟方法。通常基于详细的灾害危险性数值模拟(如洪水淹没深度、地震烈度),探究不同强度灾害事件对物理设施损坏、劳动力伤亡以及其依赖的关键基础设施运行中断影响等。主要研究方法是基于历史灾情调查或工程模拟的方法建立灾害强度参数与物理损失程度间的灾损曲线(脆弱性曲线),但是这些曲线在具体的灾害强度参数、韧性因素、评估内容、损失表达形式等方面有所差异。

以洪水灾害为例,表 2.1 对比了洪灾损失曲线的三种典型模型。在洪水强度参数方面,三个模型都选择了水深指标,但是水深等级划分上存在较大差异;FLEMOcs 还考虑了浑浊度,并量化为三个等级;Multicoloured Manual 还考虑了淹没时间,并划分为两个等级;除三种模型之外,其他一些针对山洪、风暴洪水的损失评估模型还考虑了流速、水位升降速度等指标。承灾体类型划分方面,HAZUS-MH 考虑年代、地基类型、离地高度、有无地下室、材料和结构(分为木、钢、混凝土、砖、活动房)、体积等因素分类建立建筑物的灾损曲线。按照使用功能划分为居住、商业、工业、政府、教育等类型,工业又细分为重工、轻工、食品/医药/化工、金属/矿物加工、高新技术、建筑业等类型,分别建立室内资产的灾损曲线。FLEMOcs 参照欧盟经济活动分类标准。Multicoloured Manual 则按照使用功能自行划分为工厂、仓库、零售、办公及其他共五大类,并且给出每种类型单位面积资产价值。承灾体规模等级划分方面,HAZUS-MH 根据设施实际尺寸划分等级;FLEMOcs 根据员工数量划分等级;Multicoloured Manual 则没有考虑规模因素。在物理损失表达方面,HAZUS-MH 和 FLEMOcs 表示为相对损失率,Multicoloured Manual 则表示为绝对损失金额。除以上三个模型外,de Moel 等(2014)还从土地利用的角度,将承灾体划分为工业、基础设施等 36 大类,给出每类用地的单位面积资产价值,并基于历史洪灾资料建立淹没水深与损失率的关系。

表 2.1 典型洪灾损失曲线比较

模型	国家	建立方式	损失形式	洪水强度参数	韧性因素
HAZUS-MH (Scawthorn et al. ,2006)	美国	灾损统计与工程模拟	损失率	水深	承灾体类型、尺寸
FLEMOcs (Kreibich et al. ,2010)	德国	灾损统计	损失率	水深、浑浊度	承灾体类型、员工数量、防灾措施
Multicoloured Manual (Penning-Rowsell et al. ,2005)	英国	灾损统计与工程模拟	损失绝对值	水深、持续时间	承灾体类型、提前预警时间

以地震灾害为例，HAZUS-MH 在进行建筑脆弱性评估时，与洪灾有所不同，重点根据建筑材料与结构、建筑高度、设计标准等指标划分类型。日本内阁府①在建立本国的房屋建筑地震损失曲线时，则重点考虑建筑年代和结构两个因素，按照建筑年代划分为旧(1971 年以前)、中(1972—1980 年)、新(1981 年以后)三类；按照材料和结构划分为木制和非木制结构两类；分别建立其不同烈度下的半损和全损概率曲线，并形成全国通用标准。

近年来，由于我国风险评估和灾害保险等领域应用需求的增加，定量的物理灾损曲线越来受到重视，针对住宅和室内财产损失评估方面的灾损模型构建和实证研究日益增多。虽然自然灾害物理损失评估已经形成了较为成熟的方法，但是仍然存在若干问题需要解决。一是，不同类型灾害对物理设施的致灾机理差异较大。目前针对河流洪水、地震、暴雨内涝灾害的相关研究较多，定量的物理灾损曲线较为丰富，而对于近年来沿海地区频率、强度和影响日益上升的台风(飓风)、风暴洪水等灾害研究相对不足。沿海地区往往是人口和产业活动最为密集的地区，使得物理损失评估缺少可靠的灾损曲线作为依据。二是，针对产业经济领域灾损曲线相对缺乏。与居民住宅等灾害损失评估相比，由于产业经济部门类型繁杂，不同类别产业的建筑、生产设施和库存结构差异性较大，脆弱性因素不尽相同，而且相关的灾损样本资料非常缺乏，导致适合各行业门类的资产价值折算及灾损曲线构建非常困难。因此，有必要借助政府机构、保险公司及企业共同调查获得大规模样本，或者通过情景模拟、工程试验等方法评估产业物理脆弱性，以缓解灾损资料不足的瓶颈。三是，由于所处区域社会经济条件的不同，在引入和使用国际上已有灾损曲线时，需要做深入、细致的本地化验证和修正。

第四节 基于社会经济关联模型的间接损失评估

由于社会经济网络节点之间的直接或间接关联性，受灾节点的不利影响会逐级传导到其他关联节点并且扩散到整个网络，形成灾害扩散效应和波及损失(Helbing,2013)。相关研究表明，即使自然灾害造成的局部节点物理破坏很有限，但是由于社会经济网络的高度延伸性和关联性，其造成的间接损失却非常严重，甚至波及整个系统，间接损失通常在总损失中占有显著甚至主导性份额(Noy,2009;吴吉东等,2012)。考虑到社会经济网络建模的多

① 日本内阁府. http://www.bousai.go.jp/jishin/nankai/taisaku/pdf/2_2.pdf。

尺度性，学界分别从宏观和微观尺度开展自然灾害扩散效应和间接关联损失评估研究。

一、宏观尺度的投入产出模型

该类评估主要从宏观区域及政府管理的角度，以完整的产业部门、行政区(包括国家、省、城市等)作为节点，构建产业链网络，利用产业部门之间或者行政区域之间的投入产出关联系数，以及投入产出法(IO)、可计算的一般均衡模型(CGE)、社会核算矩阵模型(SAM)或者基于特定灾害事件的混合模型(ARIO)等方法，定量模拟灾害在产业部门间或区域间的扩散过程及其造成的区域经济产出、居民就业和收入等一系列间接影响(Brookshire et al.，1997；Rose et al.，2005；Steenge et al.，2007；Hallegatte，2008)。

Okuyama 等(2014)针对 IO、CGE 模型的优缺点进行了比较，即 IO 模型结构简单、计算方便，但存在线性模拟、缺乏行为响应、市场价格缺失等不足；CGE 是在 IO 基础上的非线性改进模型，考虑了各行为主体(如生产者、消费者、政府等)的经济行为，如价格关系、供需关系、商品要素的替代关系等，能更真实地刻画灾害冲击在不同经济部门和宏观经济领域的传导机制，但存在模型复杂、数据和计算技术要求高等问题。国内学者也针对 IO、CGE 模型进行了适用性探讨(王海滋等，1998；路琮等，2002)，并开展了一系列评估实证研究，如 1998 年长江流域大洪水对湖南省各个部门的经济影响(张鹏等，2012)，2008 年汶川地震对四川省各部门经济生产和恢复的影响(丁先军等，2010；Wu et al.，2012；李宁等，2012；吴先华等，2015；魏本勇等，2016；Wu et al.，2017)，2008 年雨雪冰冻灾害对湖南省各产业部门的经济影响(解伟等，2012)，2011 年日本地震对世界各国各个部门的经济影响(孟永昌等，2015)。IO、CGE 作为宏观经济计量模型，在模拟灾害的产业部门或者区域间的扩散效应、评估灾害造成的宏观经济影响、指导政府灾后恢复重建和资金分配等方面起到了非常关键的作用，也是目前使用最为广泛的方法。

但是，IO、CGE 宏观模型存在几个方面问题需要解决。一是，模型主要应用在聚合的产业或区域尺度，把产业部门或者行政区域(如国家、省、城市等)作为整体单元，反映它们之间的关联性；由于对区域产业经济中微观企业个体关注较少，在一定程度上忽视了特定产业网络物理、拓扑及地理结构的复杂性(Schweitzer et al.，2009；Haraguchi et al.，2014)，难以自下而上模拟微观企业个体行为及相互作用可能导致的系统非均衡动力学机制(Farmer et al.，2015)，并进而回答"自然灾害对于单个关键生产节点或基础设施的物理损坏是如何放大演变为对宏观产业经济系统的影响?"以及这一风险防范领域中迫切需要解决的关键问题(Meyer et al.，2013)。二是，IO、CGE 模型需要直接受灾产业部门的产能损失作为关键性输入参数，目前主要依靠灾后统计或者某种假设来得到这一参数，这使得模型主要局限应用在灾后的恢复重建阶段。在企业供应链网络全球化背景下，受灾产业部门的经济损失不仅仅局限在直接受灾地区，还可能会通过供应链网络波及其他外部行政区域(空间溢出效应)，这使得准确获取模型参数的难度非常大，也造成 IO、CGE 模型间接损失评估结果的不确定性。如何从灾前风险分析的视角，设定不同强度的灾害情景，叠加企业空间网络和脆弱性模拟，合理评估主要受灾产业部门的经济损失，为 IO、CGE 提供必要输入参数，实现直接损失和间接损失的集成评估，是亟待解决的关键问题(Kajitani et al.，2014；Koks et al.，2015)。三是，由于受到可利用投入产出表限制，IO、CGE 模型通常应用在宏观的行政区域尺度，模拟结果难以反映灾害损失在行政区单元内部的空间变化，空间粒度不能有效满足精细化灾害风险管理的应用需求。因此，如何提高区域投入产出表（区域间投入产出表）中行业部门、区域单元的细分程度，是解决问题的关键。

二、微观尺度的供应链模型

该类评估以社会经济网络中的微观企业个体为节点，利用企业之间的复杂交易和供应关系，构建供应链网络，定量模拟灾害依托供应链网络的空间扩散过程，并评估可能造成的供应链网络经济损失。

企业是社会经济系统最基本的承灾体单元，灾害造成的宏观区域经济损失取决于微观企业个体的预警、备灾、应急响应行为（Haraguchi et al.，2014）及其企业之间相互关联的网络结构（Henriet et al.，2012），微观层次灾害损失是宏观经济损失的基础和最终决定因素。随着海量数据库技术及数据密集型计算科学的发展，可利用经济普查数据和各个行业领域企业层面数据库的逐步公开（如中国经济普查基础数据库、日本东京商工调查数据库 TSR、美国物流调查数据库 CFS 等），基于大体量的企业个体数据及其复杂交易关系，从精细尺度构建企业供应链网络，利用复杂网络分析方法（Complex network analysis）模拟灾害扩散效应成为一种新的趋势（Henriet et al.，2012），它更强调从结构的角度分析网络性能，能更好地模拟产业网络的结构可靠性、关键性节点，以及灾害扩散的因果机理及依赖路径等。

现有相关研究利用社会网络（Kim et al.，2011）、贝叶斯网络（Garvey et al.，2015）、人工神经网络（Teuteberg，2008）、Agent（Bierkandt et al.，2014）、复杂适应性系统（Pathak et al.，2007）等，从供应链网络的层面进行结构可靠性、灾害扩散等关键问题的理论模拟研究，并提出不同调控策略以优化网络整体抗灾韧性。但是这些研究仅仅针对网络拓扑结构进行分析，没有考虑网络要素（节点和边）所处特定地理环境及空间结构关系对其脆弱性或者韧性的影响，无法模拟灾害的空间扩散过程并提出有效的空间应对措施。

现有相关研究着重探讨供应链网络的拓扑结构和地理空间因素对灾害扩散的影响。如 Saito (2015)基于 2011 年日本地震后企业交易网络的调查发现，小世界（Small-world）和无标度（Scale-free）交易结构对灾害扩散和传导具有加速作用；在企业交易网络中，枢纽（Hub）节点是决定灾害扩散和结构韧性的关键性因素；在经济全球化背景下，枢纽节点的空间分散趋势，会进一步加剧局部灾害损失向外部空间的扩散。Todo 等 (2015)探讨了企业交易网络的空间结构对其韧性影响，通过对 2011 年日本地震灾后企业的实地调查发现，企业的地理空间集聚程度会影响供应的多渠道性和抗灾韧性，对灾害的直接和间接损失呈现不同效应。Haraguchi 等(2014)对 2011 年泰国洪水事件后不同企业供应链损失进行比较后得出，依赖性（对关键节点的依赖程度）、可视性（对上下游关联节点空间位置和脆弱性的认知）、可替代性（关键部件的标准化程度及其可替代性）和便携性（生产设施灾时的空间可移动性）是影响网络韧性的关键因素。

现有相关研究系统分析了自然灾害对企业及供应链网络的致灾机理及造成的间接损失（唐彦东等，2011；Abe et al.，2013）。研究表明，除了直接物理损失外，自然灾害短期（对应于灾后的应急响应阶段和恢复阶段）还可能造成更为严重的间接损失。例如，由于生产节点或者运输联系受损，导致部件生产和供应短缺，影响网络整体运行而形成中断损失；灾害引发区域原材料、劳动力、公共设施供给稀缺性以及价格上涨，间接增加企业成本支出；如果受灾产品在区域市场供给中占有较大比重，将导致市场供求关系发生变化，其他替代产品可能使企业丧失市场竞争力；灾害导致交通中断，改变原有部件产品运输方式或运输线路，增加企业运输成本；受灾节点增加应急与恢复重建支出等。Abe 等(2013)从企业供应链网络的层面，构建了自然灾害对关联企业、政府、金融保险机构及终端消费者影响的概念流程图。Simchi-Levi 等(2015)综合考虑网络节点暴露和关键性、网络结构以及恢复时间(Time To Recover，TTR)等因素，构建了供应链网络中断损失评估的概念模型。唐彦东等(2011)从经济学供求曲线及弹性角度，从理论上探讨了灾后供求关系及价格变化对企业产出的动态影响。

从企业供应链网络层面，利用复杂网络分析和 GIS 方法，可有效模拟拓扑和空间结构特征以及企业个体行为对于网络脆弱性的影响，有效识别网络关键性节点以及灾害扩散的因果机理及依赖路径等。但是，精细尺度研究仍受到几方面限制：一是，该方法属于数据密集型方法，需要大量的微观企业及其复杂交易关系数据做支持，全面获取这些基础数据较为困难。由于受到数据可获得性的限制，目前相关的实证研究仍主要限定在某一特定的局部区域、企业网络或行业部门。基于 Web 文本、企业年报、行业统计资料等大数据方法快速、准确挖掘相关海量信息，可以在一定程度上缓解基础数据不足的瓶颈。二是，企业供应链网络属于一种复杂网络，不仅企业之间存在复杂的组织结构、股权结构和资金信息交易结构，而且企业所属工厂实体之间还存在复杂的产品供应和物流空间结构，这些都是影响其灾时脆弱性和灾后恢复力的关键性因素。如何针对大体量的企业交易和供应关系数据，利用复杂网络分析方法和 GIS 技术，构建拓扑和地理空间网络、评估网络韧性、模拟灾害的扩散效应等，仍然是亟待解决的关键技术问题。

第三章　城市社区自然灾害影响与风险评估

第一节　基于社区的台风灾害概率风险评估

一、引　言

社区是组成现代城市的基础，一个城市在遭受灾害侵袭时，社区居民不但是灾害的直接受体，同时也是防灾减灾的主体。2005 年，联合国国际减灾战略提出的《兵库行动框架：加强国家和社区的抗灾能力》，进一步强调了社区在全社会减灾降险中的重要性，指出尤其需要加强社区在减小灾害风险的能力建设。在社区发展和加强各种体制、机制和能力，以便系统地增强针对危害的抗灾能力。社区和地方政府都应获得采取减少灾害风险的行动所必需的信息、资源和权力，从而有能力管理和减少灾害风险。强调确定、评估和监测灾害风险并加强预警是减灾的优先主题。

上海东濒长江入海口，南枕杭州湾，处于太湖为中心的碟形洼地的东缘，是中国最发达的城市之一，也是国际著名的大都市和港口城市。由于上海人口、经济要素密集，城市建筑与基础设施老化，以及滨江临海的地理位置，上海极易受自然灾害的侵袭，并造成严重损失。其中，汛期的台风（泛指热带气旋，包括热带低压、热带风暴、强热带风暴、台风、强台风和超强台风，下同）（陈佩燕等，2009）、大暴雨和风暴潮是上海主要自然灾害和重点灾种。

1949—2007 年，以上海为中心的 550 km 范围内经过并影响到本市的台风约 200 个，平均每年台风频数为 3.5 个，且带来大风、暴雨、风暴潮等灾害（陈振楼等，2008）。2005 年，“麦莎”台风最大风力达 10～11 级，市区降雨量达 306.5 mm，为 1949 年以来对上海影响最大的台风之一。在 20 世纪的 100 a 中，上海就有 66 a 遭受了较严重水灾，台风暴雨是一个重要因素。如 2005 年“麦莎”“卡努”台风使黄浦江上游、全市主要内河都超过了历史最高水位。

本研究选择上海市杨浦区富禄里居委地区为实证研究区。富禄里北至周家牌路，西至临青路，南到杨树浦路，东界位于杨树浦路 2125 弄（图 3.1），面积约 28545 m^2。共有居民 317 户，人口密度约为 44420 人/km^2。该区地势低洼，具有典型的棚户老城区景观，是台风暴雨内涝灾害频发的地区之一。本研究采用参与式 GIS 的方法，通过对富禄里居委地区居民进行现场问卷和访谈，在对台风和引发的暴雨内涝历史灾情、自然环境和社会经济风险要素辨识的基础上，从致灾因子、脆弱性和暴露分析入手，开展某一给定概率下的台风风险评估。分析台风灾害损失与风险的空间分布及其影响因素，为社区针对性的防灾救灾、制定应急预案提供参考。

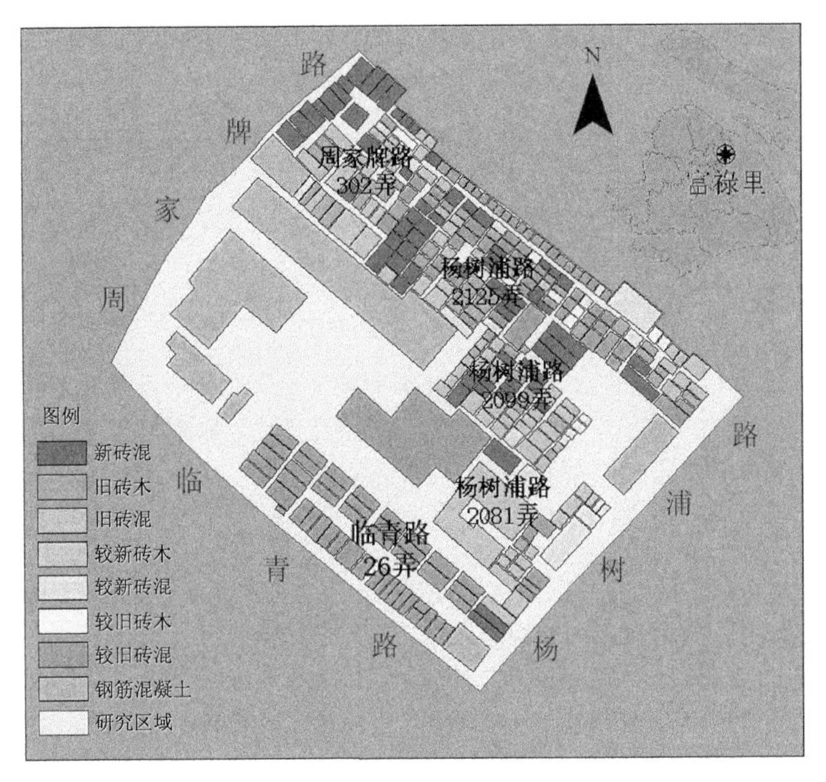

图 3.1 研究区示意图

二、方法与数据

(一)研究方法

自然灾害风险的描述,须从给定时间段内,事件场景、发生概率或可能性以及造成的负面后果三个方面进行描述(Kaplan et al. ,1981),可表达为:

$$Risk = \{ < S_i, P_i, C_i > \}_{i \in N} \tag{3.1}$$

式中,S_i为风险场景;P_i 为场景发生的概率;C_i 为损失或导致的负面后果;N 为事件场景集。

按照该模型,风险是不同概率下的损失值,这就是基于(概率)情景的灾害风险。要理解风险必须分析三个问题:会发生什么事件?发生的概率有多大?产生什么影响(损失)?自然灾害风险的基本表达形式有两种:一种是损失—超越概率(重现期)曲线,另一种是不同超越概率下的损失空间分布图(Jonkman et al. ,2003;Hall et al. ,2005;Apel et al. ,2006)。

如果一个随机事件 x 出现大于等于某一水平 x_T 时定义为极端事件,则极端事件的重现期 T 为大于等于某一水平的随机事件($x \geqslant x_T$)在较长时期内重复出现的平均时间间隔,常以多少年一遇表达(Hallegatte,2008;Levermann,2014):

$$T = (n+1)/m \tag{3.2}$$

式中,n 为事件记录的年数,m 为随机事件的强度排序。

年超越概率(AEP)为重现期的倒数:

$$AEP = 1/T \times 100\% \tag{3.3}$$

评估灾害可能造成的损失,须理解致灾因子的危险性、承灾体的暴露和脆弱性。关于致灾因子、脆弱性和风险,以及应对灾害的措施,当地居民有着许多知识和经验,通过对社区居民和管理服务机构进行实地调研和问卷,了解当地居民对于自然灾害风险的认识,判断他们对于各类自然灾害的处置能力与潜在财产损失情况,可以有效地辨识导致灾害的风险要素,提高估算灾害风险的精度(Mercer et al.,2009)。而 GIS 强大的空间数据采集、分析,以及虚拟现实的能力,已被广泛用于灾害风险评价。应用 GIS 方法和整合本地风险知识,即 PGIS 方法,在灾害风险分析与管理领域应运而生,成为近来年国际社区灾害风险评估倡导的一套方法。

(二)数据采集与处理

本研究涉及的主要数据包括:1949—2008 年影响上海市区的台风年最大风速和最大过程雨量数据;富禄里地区 2006 年 4 m 分辨率航片;富禄里地区地势高差与 DEM 数据;富禄里地区建筑物属性数据以及台风损失信息。

(1)风速和雨量数据均来自于徐家汇(龙华)站,该气象站位于市区,能够比较合理地代表研究区域的台风大风和降雨情况。分别计算出不同风速的年超越概率(AEP)和不同降水量的年超越概率(AEP)。然后选择超越概率最小(即台风强度最大的)的最大风速和过程雨量极值,在上述情景下讨论损失与风险问题。

(2)研究区地势高差的测量由水准仪测得。在建筑物密集和走访得知台风暴雨受灾严重的区域采集得更密集,而在建筑物稀疏和未受灾或受灾程度小的区域采集相对少一些,共采集 93 个点。再利用上海市测绘局提供的 GPS 高程数据,转换为整个区域的实际高程点集。

(3)对需要数字化的航片定义投影,再进行目视解译。

(4)富禄里地区建筑物属性数据以及热带气旋造成的财物损失情况由实地调查、问卷调查和访谈获得。分别从使用性质和建筑结构对建筑物分类,再附加上地址和台阶高度。采集标准均按国家相关建筑标准进行。

三、台风灾害强度与频率分析

(一)近 60 a 影响上海市区的热带气旋强度和概率

已有研究提出,上海受到台风影响造成较大损失时,市区的风力为 6 级(含 6 级,风速约 10.8 m/s)以上(丁燕等,2002;徐家良,2005),郊区的风力在 8 级(含 8 级,风速约 17.2 m/s)以上,且过程雨量不小于 50 mm(钮学新等,2005;许世远等,2006)。采用上海市区龙华站的风速≥10.8 m/s,且站点的过程雨量均≥50 mm 来确定影响上海市区的台风,统计出 1949—2008 年影响上海地区的台风共 96 个。利用公式(3.2)和公式(3.3),可得近 60 a 影响上海市区的台风最大风速—超越概率和最大过程雨量—超越概率关系(图 3.2)。

由图 3.2 可得,最大风速大于 10.8 m/s 的比例占到 52.5%,说明影响上海的台风一半以上在市区的最大风力达到或超过 6 级,发生频率较高,平均每 1.9 a 就有一次。最大风速大于 17.2 m/s 的比例明显减小,只有 12%,发生频率仅为 9.2 a 一次。根据气象数据分析显示,20 世纪 50—60 年代台风期间,市区最大风力在 8 级或 8 级以上的次数还比较多,由于近 40 a 间上海市区高楼林立,下垫面经历了前所未有的改变,使影响市区的台风风速减小,

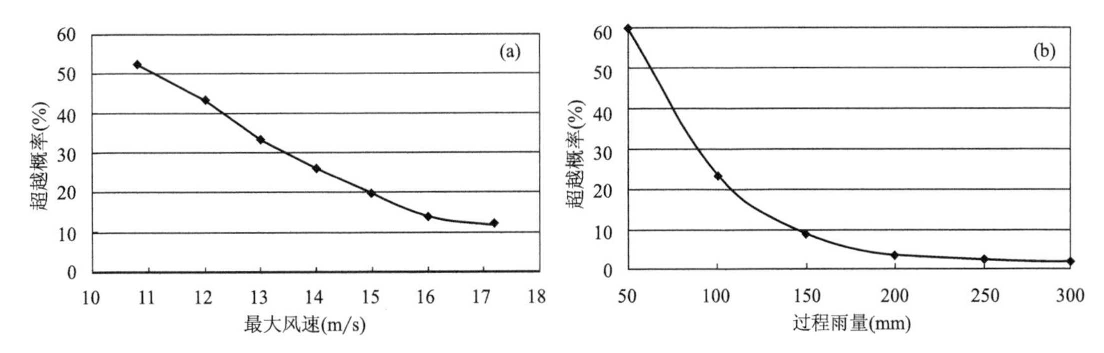

图 3.2　近 60 a 影响上海市区的台风年最大风速—超越概率(a)和年最大过程雨量—超越概率(b)关系图

因此台风带来 8 级以上风速的频率在下降。

近 60 a 影响上海市区的台风中，过程雨量超过 50 mm 的比例占到 60%，大多数影响上海市区的台风累计雨量都达到或超过暴雨程度，且平均每隔 1.7 a 就会发生一次，频率很高，这是富禄里地区台风暴雨影响严重的原因之一。过程雨量超过 100 mm 的比例占到 22%，平均每隔 4.5 a 就会有一次。从有气象记录以来，上海市区最大的一次台风过程雨量出现在 2005 年 8 月 6—7 日，当时 0509 号“麦莎”台风共带来 306.5 mm 的特大暴雨，造成直接经济损失 13.58 亿元，受灾人口 94.6 万，死亡 7 人。

(二)地势和积水深度

根据所测高程点集，本区最高点海拔 3.83 m，最低点 2.78 m，平均为 3.28 m，总体来说，富禄里地区的地势普遍较低，即使是最高点也比上海市平均海拔 4.0 m 低了 0.17 m。

采用泛克里格法对高程点进行插值，获得富禄里地区 DEM 栅格图。地势最低的区域在北部(大致位于周家牌路 302 弄内)，最高的区域在临青路 66 号的建建材市场内和 2125 弄 1 号至 21 号。

估算富禄里地区台风暴雨的积水深度的方法是利用先前测量过高程的某个点的积水深度，把该点的水深加上它的地势高程即得到这一点的积水水平面高度，再用这个数值分别减去其余 92 个点的高程数值，得到对应的水淹深度。但水淹数据还要综合考虑走访的实际情况，通过查看当地历年水淹留在建筑物墙壁上的青苔和水渍痕迹，以及访问居民得到“麦莎”台风的水淹深度来调整。如杨树浦路 2081 弄和 2099 弄因为没有进行过下水道改造，所以积水深度要比其他地方深。

采用反距离加权插值法对水淹深度数据进行内插，得到淹没深度的空间分布，并综合利用 ArcGIS 和 Google Sketchup 构建了富禄里地区台风暴雨内涝的虚拟淹没场景(图 3.3)。研究区域内淹没最深处达 0.61 m，位于周家牌路 16 号、17 号和 22 号门前的小弄堂，根据地势高差计算出来的淹没深度和实地调查得到的结果吻合。

四、台风承灾体的暴露与脆弱性评估

由 2006 年上海市 4 m 分辨率航片数字化统计，富禄里共有房屋 340 幢，绝大部分为私房。这些私房大多有 60 a 以上的历史，年代久远。富禄里建筑密度很高，特别是杨树浦路 2125 弄、2099 弄及周家牌路 302 弄。

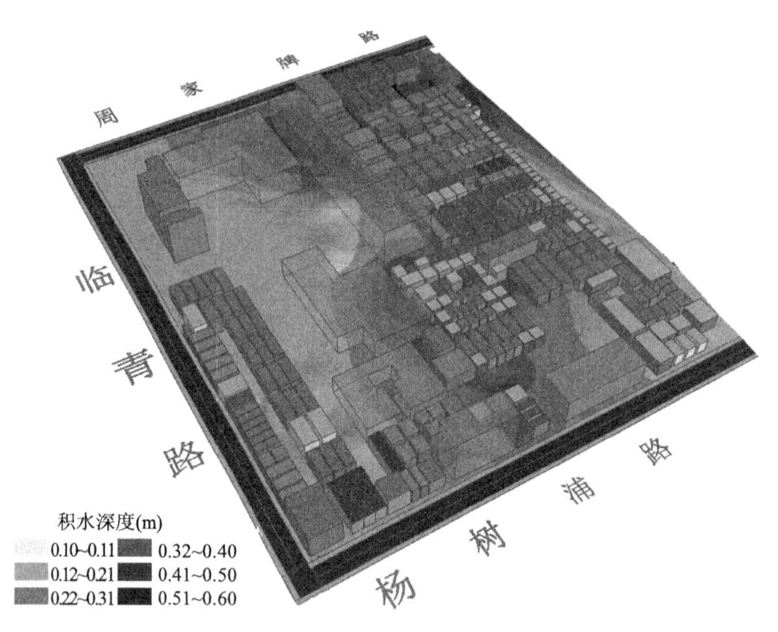

图 3.3 台风过程雨量在 AEP 为 1.8%情景下的地面积水深度

笔者对建筑物属性进行了调查，并通过问卷和访谈的形式获得建筑物损失情况，分析建筑物的暴露与脆弱性(石勇等，2009；尹占娥等，2010)。

(一)台风承灾体属性调查

建筑物按照使用性质可分为居住类共 297 幢，占总数的 87.35%；商业类共 38 幢，占总数的 11.18%；工业类 2 幢，都是库房；另有公共服务类 3 幢，都为居委会及其图书室和活动房之用。

通过实地走访与调查，发现建筑物即使所用材料和结构相同，但房屋的新旧也会引起台风灾害损失程度的不同。因此，这里把研究区内常见的几种建筑结构(砖混结构、砖木结构及钢筋混凝土结构)再细分为 8 种(表 3.1)。研究区内的建筑物按照建筑结构分类，占比例最大的是较旧砖混结构，其次是旧砖混结构，两者相加超过总数的 50%。

表 3.1 按建筑结构分类的建筑物统计表

建筑结构	数量(幢)	占总数比例(%)
新砖混结构	67	19.7
较新砖混结构	21	6.2
较旧砖混结构	113	33.2
旧砖混结构	77	22.7
较新砖木结构	4	1.1
较旧砖木结构	8	2.4
旧砖木结构	43	12.7
钢筋混凝土结构	7	2.1

由于台阶/门槛高度对暴雨积水损失有很大的影响，所以对建筑物台阶/门槛高度的统

计十分必要，统计结果见表 3.2。

表 3.2　建筑物台阶/门槛高度统计表

台阶/门槛高度(m)	数量(幢)	占总数比例(%)
0.0	4	1.1
0～0.1	72	21.1
0.1～0.2	124	36.7
0.2～0.3	48	14.1
0.3～0.5	77	22.6
>0.5	15	4.4

由于国外对台风灾害损失评估往往采用调查居民保单的做法或从工程学进行实验模拟(Cope et al.，2004；Pinelli et al.，2004)，而在国内目前对自己房屋和财产投自然灾害保险的家庭很少，难以通过居民保单来评估损失。本研究采取问卷调查结合走访，通过这种半定量的形式比较真实地评估在某种台风灾害情景下的损失情况。

共发放问卷 178 份，收回有效问卷 159 份。其中，19 户不愿意接受问卷和访谈，是通过询问左邻右舍的方式大致了解有无受灾，受灾情况何如。

(二)台风大风灾害承灾体脆弱性评估

用台风大风是否造成损失来表示承灾体的脆弱性。根据访问调查和问卷统计结果，得到在台风最大风速 AEP 为 12%情景下的建筑物损失分布(图 3.4)。

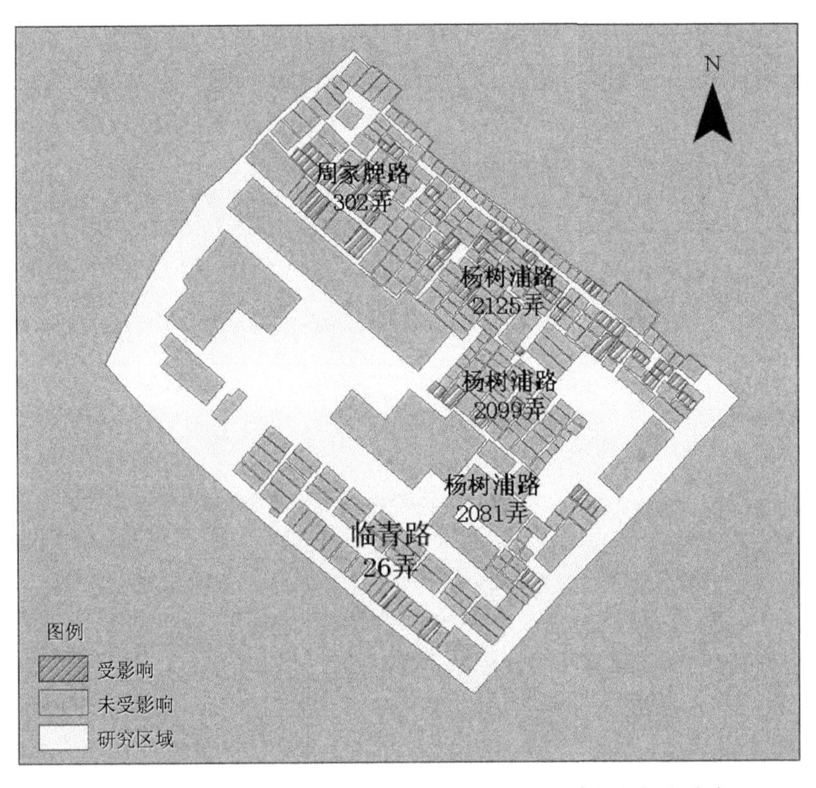

图 3.4　台风最大风速在 AEP 为 12%情景下的建筑物损失分布

从图 3.4 可得，有台风大风损失的建筑物多分布在杨树浦路 2125 弄和周家牌路 302 弄，另外杨树浦路 2099 弄和一些街面房屋也有零星分布。把有损失的建筑物按建筑结构来统计，旧砖木和较旧砖木结构的建筑更容易受到台风大风的影响，占同类建筑总数的比例最高。新砖混和较新砖混建筑物的台风大风脆弱性都很小。不难发现，台风大风的建筑物脆弱性与建筑结构有着紧密关系，往往建筑结构是木结构，或者建筑越陈旧的就越容易在台风大风遭受损失。

在 AEP 为 12%的情景下，富禄里地区有 52 幢建筑物遭受到台风大风影响而发生损失。但台风大风所造成的危害远没有台风暴雨严重，这一方面因为近几年影响上海的台风风力普遍不是太强；另一方面也与很多居民把以前的砖木房改建为砖混房有关。

(三)台风暴雨承灾体暴露与脆弱性评估

结合问卷、访谈和现场调查得到富禄里地区在台风暴雨 AEP 为 1.8%(与"麦莎"台风同等过程雨量级别)情景下建筑物的暴露、脆弱性。

经建筑物台阶/门槛高度修正后，台风过程雨量 AEP 为 1.8%情景下，水淹到房屋中的有 129 幢(表 3.3)，造成损失的有 101 户，没有损失的为 28 户。另有 14 幢因建筑结构老化漏雨而造成损失，这些房屋基本都分布在杨树浦路 2125 弄。两项合计共有 143 户建筑物受台风暴雨影响。

表 3.3　积水淹入建筑物内深度及主要分布区域

积水淹入建筑物内深度(m)	数量(幢)	主要分布区域
≤0.05	24	周家牌路 302 弄、杨树浦路 2125 弄
0.05～0.1	7	周家牌路 302 弄
0.1～0.15	14	杨树浦路 2099 弄
0.15～0.2	32	周家牌路 302 弄、杨树浦路 2099 弄、杨树浦路 2125 弄
0.2～0.3	23	杨树浦路 2099 弄
>0.3	29	周家牌路 302 弄、杨树浦路 2099 弄

五、台风灾害风险评估

在台风灾害暴露与脆弱性评估的基础上对建筑物损失进行分级，借助 ArcGIS 技术，对富禄里地区进行台风灾害风险评估。

(一)台风大风灾害风险评估

根据问卷和访谈调查的结果，把因台风大风造成的损失划分为 6 级，分别是 0 元(无损失)，1～100 元，101～250 元，251～400 元，401～500 元，501～600 元。最终得到 AEP 为 12%情景下的台风大风灾害风险分布图(图 3.5)。

在最大风速 AEP 为 12%的情景下，共有 52 幢建筑物有台风大风损失。其中，有 34 幢(占研究区全部建筑物的 10%)损失数额小于 100 元；有 11 幢(占 3.2%)损失数额为 150～200 元；有 4 幢(占 1.2%)损失数额为 300 元；有 1 幢(占 0.3%)损失数额为 500 元；有 2 幢(占 0.6%)损失数额为 600 元。居住类建筑共 47 幢，占到有损失建筑总数的 9 成以上，商业类建筑 4 幢，公共服务类有 1 幢。在台风大风损失大于 250 元的建筑物中，建筑结构为旧砖

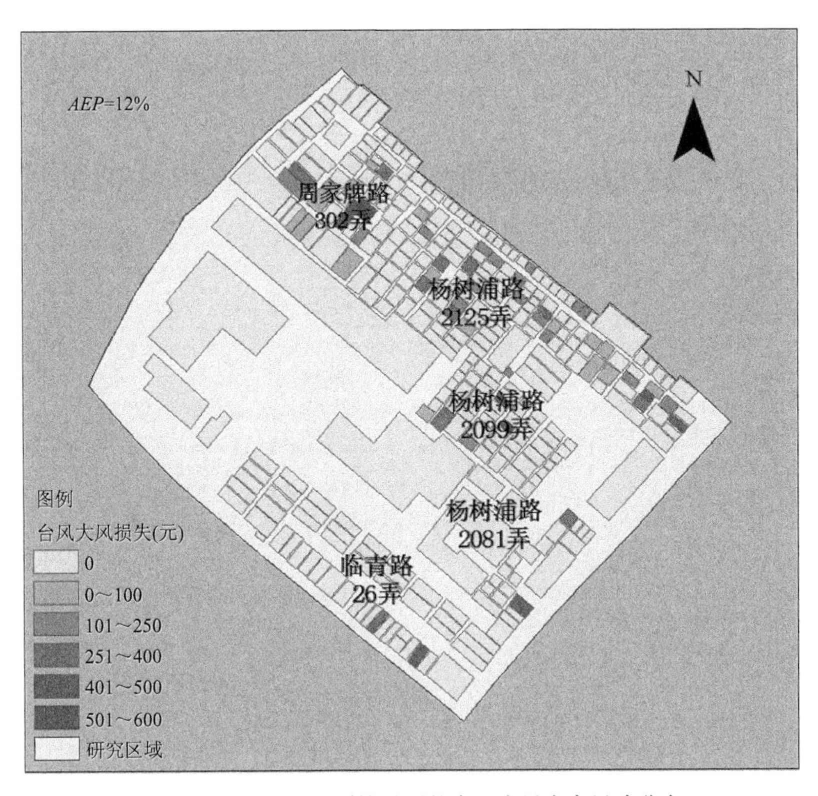

图 3.5 AEP 为 12%情景下的台风大风灾害风险分布

木的有 5 幢;较旧砖混的有 2 幢。可见,大风损失比较大的建筑物基本为砖木结构,即使是砖混结构也是较早建造,现在已经很陈旧。

从图 3.5 可以看出,损失为 0~100 元的建筑物多分布在杨树浦路 2125 弄内,此外,周家牌路 302 弄和杨树浦路 2099 弄也有少量分布。杨树浦路 2081 弄的私房基本都改建过,建筑结构比过去有了很大改进,所以台风大风的风险很低。损失为 101~250 元的建筑物分布比较零散,几个弄堂都有所分布。损失为 251~400 元的建筑物基本分布在街面小店,主要是店招受损。损失为 401~500 元的建筑物只有一幢,在周家牌路 12 号。损失为 501~600 元的建筑物两幢都位于杨树浦路 2099 弄,它们都曾被台风大风刮掉屋顶。

(二)台风暴雨灾害风险评估

根据问卷调查和访谈的结果,把台风暴雨造成的损失划分为 6 个等级,分别是 0 元(无损失),0~200 元,201~500 元,501~1000 元,1001~1500 元,1501~2000 元。得到了 AEP 为 1.8%情景下的台风暴雨灾害风险分布(图 3.6)。

在过程雨量 AEP 为 1.8%的情景下,共有 115 幢建筑物有损失,其中,11 幢建筑(占研究区全部建筑物的 3.2%)的损失为 0~200 元,55 幢建筑(占 16.2%)损失为 201~500 元,31 幢建筑(占 9.1%)损失为 501~1000 元,13 幢建筑(占 3.8%)损失为 1001~1500 元,5 幢(占 1.5%)的建筑物损失在 2000 元左右。所有有台风暴雨损失的建筑物都为居住类建筑,可见居住类建筑的台风暴雨风险比商业类、工业类和公共服务建筑都要高。在台风暴雨损失≥500 元的建筑物中,建筑结构为新砖混 7 幢(占有暴雨损失建筑物的 9.7%),较新砖混 4

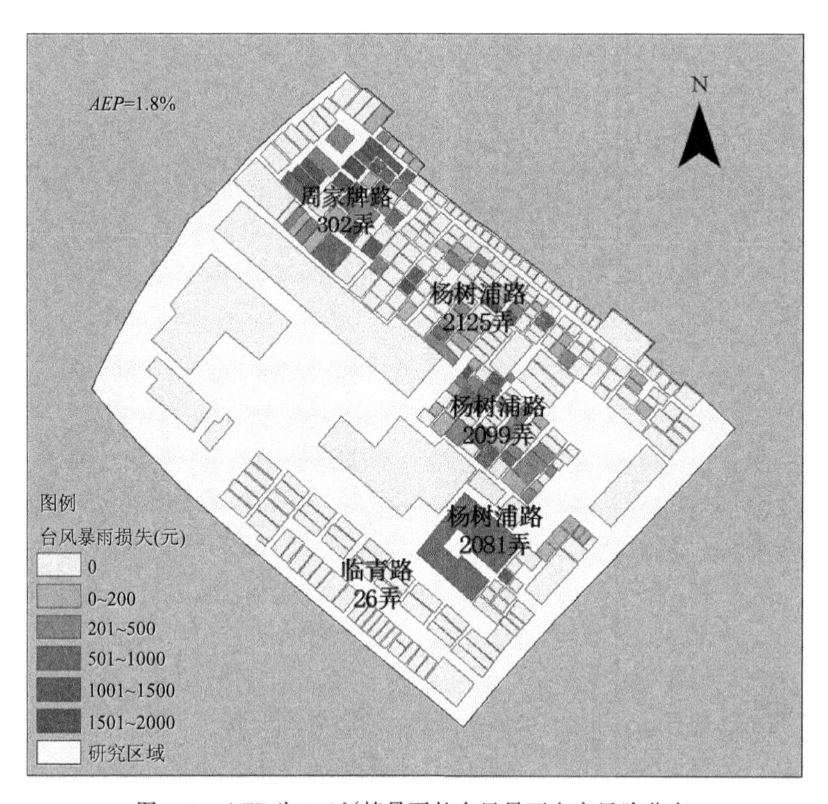

图 3.6　AEP 为 1.8%情景下的台风暴雨灾害风险分布

幢(占 5.6%),较旧砖混 5 幢(占 6.9%),旧砖混 28 幢(占 38.9%),较旧砖木 4 幢(占 4.2%),旧砖木 25 幢(占 34.7%)。由此可以看出暴雨损失相对较大的建筑物大部分为砖木结构,此外旧砖混结构的比例也不小,砖木和旧砖混结构加起来共占受损建筑的 77.8%。

总的来说,与台风大风造成的损失相比,台风暴雨的损失要大很多,最大的达 2000 元左右,并且受影响建筑数量也多。

从图 3.6 可以看出,损失为 0～200 元的建筑物集中在杨树浦路 2125 弄。该弄部分地区地势相对较高,再加上下水管道经过改造、台阶普遍造的比较高等原因,因此暴雨积水漫入的程度较轻。损失为 201～500 元的建筑物分布在周家牌路 302 弄、杨树浦路 2125 弄及杨树浦路 2099 弄几块区域。损失为 501～1000 元的建筑物基本集中在周家牌路 302 弄、杨树浦路 2081 及杨树浦路 2099,虽然分布范围与损失为 201～500 元的建筑物的分布相似,不过数量比后者有较大幅度减少。损失为 1001～1500 元的建筑物分布很零星,杨树浦路 2081 弄有 1 幢、杨树浦路 2099 弄有 2 幢,杨树浦路 2125 弄有 3 幢,其余都在周家牌路 302 弄。损失为 1501～2000 元的建筑物都在杨树浦路 2125 弄和周家牌路 302 弄内,这 5 幢房屋有 3 幢是因为所处的地势很低,造成积水淹入家中 40～50 cm 引起财物损失。另两幢是因为太破旧,屋顶漏雨造成了屋内电器受损。

六、台风致灾因素分析及减灾降险对策

通过现场调查、问卷与访谈,以及上述致灾事件、暴露与脆弱性分析,就富禄里地区台风

灾害的致灾因素进行讨论，并针对这些致灾因素提出防灾减灾的措施建议。

（一）致灾因素分析

1. 台风大风致灾因素分析

年代久远老化的建筑大风损失较大，旧砖木结构建筑的大风损失明显高于其他类型建筑。其次，大部分的损失是因为居民自行安装的晾衣架、雨蓬、小店招牌和放置在阳台上的小物件被大风吹落、损坏而造成。

2. 台风暴雨致灾因素分析

台风暴雨损失基本是随着淹没深度的增大而增加，并且在0.15～0.2 m深度增加明显，这是因为居民家中的电器插头一般在这个高度，一旦受淹，会造成相对大的损失。

相比台风大风的损失，台风暴雨要更为严重，而它的致灾因素也比大风更为多样复杂。除地势高低外，还有以下致灾因素。

其一，建筑结构老化。因暴雨积水造成损失的房屋中，有十多户不是因为大水直接从门口漫入家中，而是建筑结构为老化砖木，房屋周围的积水从房屋底部渗入屋内地面，造成0.15～0.2 cm的水淹深度。除了积水淹没外，还有屋顶漏雨也会造成财物损失。一些砖木结构的瓦片被大风吹翻，雨水漏到房屋内，或者旧砖混结构建造时间稍长，再加上本身翻建质量较差，雨水也会渗进墙体。

其二，台阶/门槛高度。虽然有些区域地势平均较高，暴雨积水也不深，但是个别房子受淹较为严重。原因是台阶没有改建垫高，只有4～5 cm，门外弄堂仅0.15 m积水就能轻易漫进屋内造成损失。而通过走访得知，并不是这些住户不愿意加高，更不是没有资金，而是其他各种客观原因。比如，30 cm的台阶对于老人来说，上下较为困难；部分住户家有电动车和摩托车，加高台阶造成每天进出不方便等。

其三，下水管道和窨井。目前上海大多数下水管道的排涝能力只能承受36 mm/d的降雨强度，而且还有部分老城区没有达到这一基本标准。富禄里地区杨树浦路2125弄和周家牌路302弄在2007年经过下水道改造后台风暴雨的积水情况有了很大的改善，但杨树浦路2081弄和2099弄的居民现在每年还是会有较深的积水。此外，窨井的位置也会影响雨水淤积的深度和时间。因为通常窨井所处的地点周围地势较低，所以别处的积水会壅集到这一点及附近，造成积水长时间高水位，因此一般靠近窨井的房屋更易受到积水淹入的威胁。

（二）韧性对策与建议

（1）加强排涝能力等工程措施建设。建议水务部门加大泵站的抽水能力，因为仅仅有排水能力强的下水道还不够，还需要把短时间汇集的积水及时排出去。调研中发现，部分居民会把一些生活固体垃圾直接倒入排水窨井，很容易造成窨井堵塞以致下水道排水不畅。建议管理部门定期疏通窨井，确保台风来临之际，不会因为下水道堵塞造成积水。

（2）合理摆放室内物品。地势低洼的一层住户和商户，尽量把电线线路和插座排到离地较高的墙壁上，贵重的电器如电脑、冰箱、电视机等垫高摆放，衣物被褥尽量避免放在衣橱内最低处。

（3）加固房屋易损部件。台风大风会造成瓦片屋顶损坏。因此，建议做好屋顶加固工作，调换已经破损或缺失的瓦片，瓦片下面敷设油毡，防止瓦片被大风掀掉后雨水漏到房屋内。在台风到来之前，加固容易被大风吹落的非固定部件等。

（4）重视自然灾害财产保险。走访发现，富禄里地区购买自然灾害财产及房屋保险的住户极少，保险意识淡漠，一旦发生灾害往往需要承担较大财产损失。所以建议加大自然灾害财产险的宣传和设计，采取政府和居民共担机制，以减少和转移潜在风险。

（5）重视外来人员的灾害风险意识教育。富禄里地区属于外来人员相对集聚的地区，租客较多，人口流动性大，对社区防台减灾措施和预案了解较少。建议管理部门定期组织宣讲会，向他们讲解防灾减灾的具体措施，以减少台风灾害对外来人员的损失。

七、结　语

本研究基于本地知识，应用概率（情景）风险分析与 GIS 方法开展社区一级的灾害风险研究。利用 60 a 的台风气象数据计算了强度—超越概率关系，然后基于某一概率下的台风最大风速和过程雨量进行杨浦区富禄里地区的台风灾害损失和风险评估，并且绘制出基于情景的暴露和风险分布图。对于脆弱性与损失数据的获取选择了问卷调查以及走访相结合的方法。尽管本研究的分析与结果都较初步，没有评估多种情景下的风险，但应用参与式 GIS 方法，基于概率（情景）开展社区一级的风险分析是近年来国际上的一个研究热点与趋势，对我国开展这一领域的研究有借鉴意义。

依据 1949—2008 年的台风数据，结合访谈、问卷调查和实地测量，对富禄里社区的台风灾害进行风险分析，讨论了致灾因素，提出了防灾减灾对策建议。得出以下主要结论。

（1）近 60 a 影响上海市区的台风中，最大风速大于 10.8 m/s 的比例占到 52.5%；而最大风速大于 17.2 m/s 的比例只有 12%。近 60 a 影响上海市区的台风中，过程雨量超过 50 mm 的比例占到 60%；过程雨量超过 200 mm 的概率为 3.6%，上海市区最大的一次台风过程雨量为 306.5 mm，其超越概率为 1.8%。

（2）在最大风速 AEP 为 12%的情景下，共有 52 幢建筑物（占研究区域内全部建筑物的 15.3%）有台风大风损失，损失程度为 0～600 元。其中，大部分（34 幢）损失数额小于 100 元。只有 2 幢损失数额达到 600 元。居住类建筑共 47 幢，占到有损失总数的 9 成以上。

在台风过程雨量 AEP 为 1.8%的情景下，区域内地面积水最深处达 0.61 m。有 143 户建筑物受台风暴雨影响，其中，有 115 幢建筑物（占全部建筑物的 33.8%）有经济损失。约近一半建筑物（55 幢）损失为 201～500 元，另有超过 1/4（31 幢）的建筑物损失为 501～1000 元；有 5 幢的建筑物损失在 2000 元左右。所有台风暴雨损失的建筑物都为居住类建筑。

（3）台风大风灾害的主要致灾因素为脆弱的建筑结构与建筑年代久远老化；以及建筑上附属物的多少及性质。台风暴雨的致灾因素比大风更复杂，包括淹没深度、建筑结构、台阶/门槛高度、下水管道和窨井、地势。

（4）在上述情景下，台风大风与过程雨量造成的损失对当地居民尚属可接受风险，但整个社区的累积损失当属不小，有必要制定应急预案和采取防灾降险措施，以应对未来更严重的极端大风与暴雨事件。

第二节　基于社区的洪水灾害概率风险评估

一、引　言

社区是应对灾害风险的直接主体，是防灾减灾管理的基本单元。2005年《兵库行动框架》中强调，需要“发展和加强基于社区的灾害风险管理”（史培军等，2005），社区灾害风险管理模式（CBDRM）日益受到重视。目前，许多国际非政府组织（NGO）组织、社区组织、国际红十字会、联合国开发署等都在发展中国家积极推进CBDRM计划。

CBDRM的核心是参与原则，它强调了地方社区自身在灾害风险评估（包括致灾因子、脆弱性和减灾能力）和灾害风险减少方面的参与性（Van Aalst et al.，2008）。关于社区风险的知识更多地存在于本地居民的经验和知识中。特别是在一些缺少关于灾害长序列记录的地区，本地居民关于历史灾害的频率、强度、位置、影响范围等知识，具有重要价值。

参与式地理信息系统（PGIS）是把通过参与式理念与方法获取的信息用GIS进行表达的一个交叉应用领域（Sheppard et al.，1999）。利用PGIS方法，紧密结合地方知识和需求，标识出社区历史灾害发生的强度和范围，勾画出社区易于致灾的和脆弱性的区域，形成参与式的社区风险地图，对于提升居民的风险意识、编制风险应对预案，进而有效应对、减轻灾害风险具有重要意义（Haynes et al.，2007；Tran et al.，2009）。应用PGIS方法整合本地风险知识，成为近来年国际社区灾害风险研究倡导的一套方法（White et al.，2010）。

本研究采用PGIS方法，以福建省泰宁县城区为例，通过参与式的实地调研、居民访谈等，了解社区历史洪灾情况，分析社区自然和社会经济环境中的风险要素，并从致灾因子、暴露和脆弱性三方面入手，评估给定概率情景下的洪灾风险，模拟洪灾损失与风险的空间分布，为相关研究提供方法借鉴。

二、数据与方法

（一）研究区域

本研究选择福建省泰宁县城区作为研究区域（图3.7），研究区域面积为4.1 km^2，居民5.0万人。该区域居于福建省西北部武夷和杉岭山脉的溪谷盆地，北溪、朱溪、黄溪等支流在城区东部汇入主河流杉溪。杉溪自东而西穿城而过，流入闽江上游的重要分支金溪。在每年4—6月汛期，由于流域降水范围广、强度大、降雨时间相对集中、上下游地势落差大等原因，导致城区杉溪水位短时间内暴涨，并具有水量流速大、水流中携带泥沙和石块等特点，形成突发性、短历时暴雨山洪。由于沿河地势低洼，人口和经济相对聚集，是泰宁古城和老旧建筑主要分布区，受洪涝灾害影响较为频繁，并造成巨大损失。

据统计，自新中国成立以来，城区共发生致灾洪水13次。例如，2010年6—7月20 d内发生2次洪水，“2010.6.18”洪水杉溪城区段最大洪峰流量达2929.18 m^3/s，最高水位达281.5 m，超警戒水位4.7 m，城区主要商业区和居住区进水，许多房屋倒塌，东洲桥、水南桥等主要桥梁被冲毁，财产损失严重，并造成人员伤亡。“2010.7.7”洪水城区短时间内最高水位达279.57 m，超过警戒水位2.77 m。“1968.6.18”洪水，据县志记载，城区杉溪超越警戒线

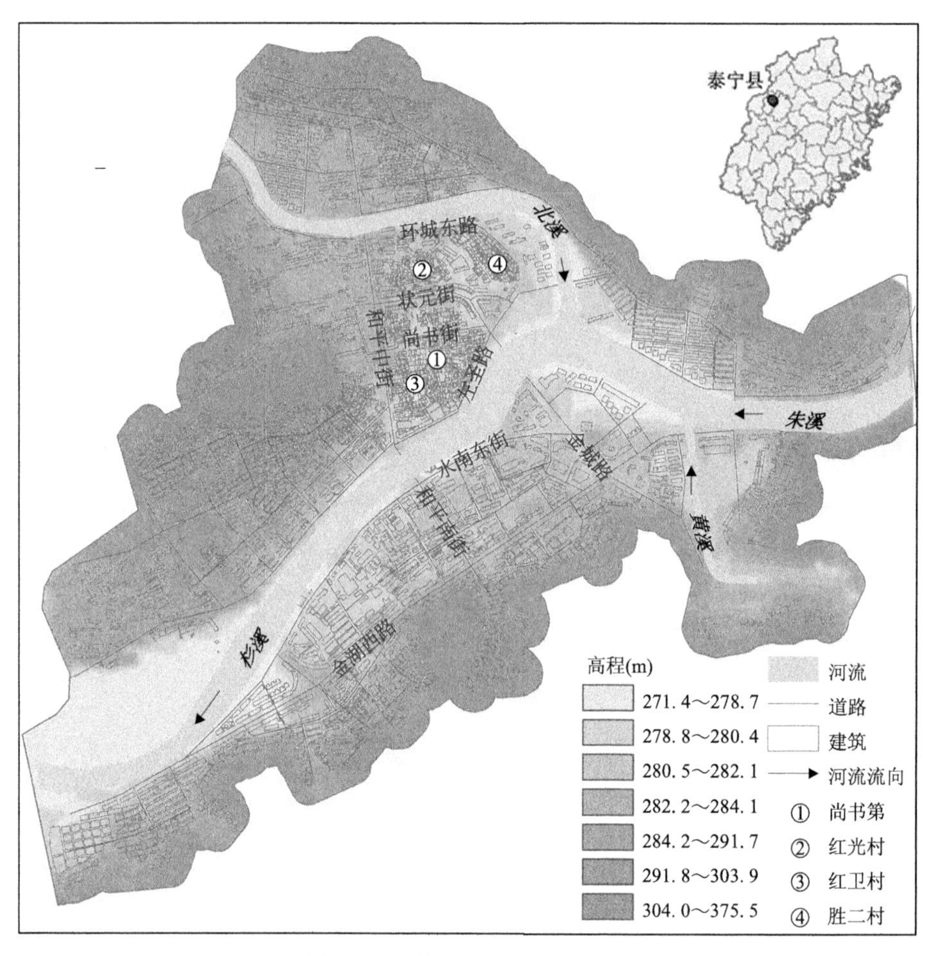

图 3.7　区域概况及海拔高程图

3.98 m，濒河街道水深没胸，泥墙崩塌，农田、桥梁、水利工程、民宅多处受灾，淹没国家粮库存粮 377729 kg，漂没商业与供销部门商品、物资，损失达 658362 元，溺死 6 人，压伤 4 人。

一方面，泰宁县地处中国东南沿海典型的中山、低山丘陵地区，是山地丘陵型洪水频发区。另一方面，泰宁县是世界自然遗产保护区和著名的旅游目的地，快速城市化和人口、财富聚积的同时，仍然面临自然灾害高风险的挑战。因此，选择泰宁县城区作为研究区域，具有一定的典型性。

(二)研究思路与框架

从不同角度，对自然灾害风险的认识有所差异。如从风险自身角度，将灾害风险定义为某一灾害发生后可能造成的全部损失或部分暴露物损失(Maskrey，1989；Morgan et al.，1990)。从致灾因子的角度，认为灾害风险是致灾因子出现的概率(Smith，1996)。而目前被学界多数所接受的，是从灾害风险系统论角度，把灾害风险看作是致灾因子、暴露和脆弱性共同作用结果，认为灾害风险是三者的函数，用公式可表示为(Coburn et al.，2003)：

$$R_{ie}\big|_t = f(A_i, V_e)\big|_t \tag{3.4}$$

式中，A_i 是时间段 t 内，强度大于或等于 i 的事件发生的概率；V_e 是强度为 i 事件发生所导致的暴露 e 的脆弱性；R_{ie} 是强度大于或等于 i 的事件所导致的暴露的概率损失。

按照该模型，自然灾害风险是在给定的时间段和区域内，危险事件可能发生概率及其所造成的暴露物预期损失，即基于概率情景的灾害风险。结合 GIS 方法，可以用不同超越概率下的损失空间分布图表达（Apel et al.，2006）。

评估和模拟社区自然灾害风险，需要综合理解致灾因子危险性、承灾体及其脆弱性。这方面，当地社区居民有着许多知识和经验。通过 Internet 或者对社区受灾居民进行实地调研，听取他们对于历史灾害的频率、强度、位置、影响范围以及潜在风险的认识，了解房屋建筑和财产损失情况以及采取的防范措施等，有助于准确辨识自然灾害风险要素，提高风险评估精度（Alcántara-Ayala，2004）。

（三）数据获取与研究方法

（1）由于研究区域所处的杉溪流域缺乏系统的水文实测资料，主要通过基于 PGIS 的方法，对受灾区域历史洪水痕迹调查、地方居民实地访谈，查阅地方志、搜集 Internet 信息资源等途径，推算和获取历史洪水的频率和强度，进而计算不同洪水的年超越概率。然后选择超越概率最小（即洪峰流量最大和洪峰水位最高）的情景下，调查和推算区域淹没范围、深度和历时等参数，进而讨论洪灾的损失与风险。

（2）利用泰宁县城区 2009 年 AutoCAD 格式 1：500 比例尺地形图，提取高程数据，经过误差检验和格式转换，在 ArcGIS 中空间插值得到 5 m 分辨率的 DEM 数据。

（3）利用城区 2009 年 1：500 比例尺地形图数据，经过 GIS 格式转换，得到建筑物的图形信息。在此基础上，利用 PGIS 方法对受灾地区实地调查，以及 Internet 信息搜索和分析等方法进行暴露和脆弱性分析。暴露分析以社区建筑物为对象，按照国家有关建筑标准，从用途、建筑结构、建筑年份、层数、住户数、门槛和台阶高度等方面进行属性调查。洪水致灾情况主要以泰宁“2010.6.18”洪水为例，获得淹没区域范围、淹没深度、淹没时间、家庭财产损失以及采用的防御性措施等参数信息。

三、洪水强度与频率分析

以 1993 年《泰宁县志》（欧阳英，1993）中所记载自然灾异录、2002 年《三明市志》（福建省三明市地方志编纂委员会，2002）以及泰宁县政府网站 2000 年以来的大事记等文献资料为依据，通过手工摘录和结构化整理，以及实地考察、社区居民访谈，获得 1949—2011 年以来的泰宁城区致灾洪水事件。根据洪灾事件中所记录的杉溪主河道最高洪峰水位信息，利用大断面资料及曼宁公式推算出其最大洪峰流量。进而利用公式（3.3）得到洪水－频率超越概率表（表 3.4）。其中，“2010.6.18”洪水的强度最大，洪峰水位达到 281.50 m，洪峰流量达到 2929.18 m^3/s，相应的超越概率最小，为 1.6%。

表 3.4　1949—2011 年泰宁城区致灾洪水强度与超越概率

日期（年.月.日）	最大日降雨量（mm/d）	实测洪峰水位（m）	洪峰流量推算（m^3/s）	重现期（a）	超越概率（%）
2010.6.18	225.0	281.50	2929.18	62.5	1.6

续表

日期（年.月.日）	最大日降雨量（mm/d）	实测洪峰水位（m）	洪峰流量推算（m^3/s）	重现期（a）	超越概率（%）
1968.6.18	110.0	280.78	2640.18	32.3	3.1
2010.7.7	214.0	279.57	2165.34	21.3	4.7
1989.6.30	103.1	279.33	2072.79	15.9	6.3
1969.6.27	190.4	278.98	1938.82	12.8	7.8
1982.6.18	135.1	278.65	1813.57	10.6	9.4
1976.7.9	104.1	278.60	1794.68	9.2	10.9
1982.5.17	135.1	278.55	1775.82	8.0	12.5
1962.6.27	134.2	277.97	1558.81	7.1	14.1
2002.6.16	158.0	277.85	1514.32	6.4	15.6
2005.6.21	215.2	277.80	1495.82	5.8	17.2
1961.6.10	112.5	277.75	1477.35	5.3	18.8
1973.6.25	124.8	277.49	1381.70	4.9	20.3

四、地形与淹没参数获取

基于1∶500比例尺地形图提取研究区域的高程点集。本区最高点375.5 m，最低点271.4 m，地形总体呈现南北两侧高，中间低，且自东向西倾斜。采用泛克里格法对高程点进行插值，获得研究区域5 m分辨率DEM栅格图（图3.7）。同时，根据前述方法，计算AEP为1.6%情景下的洪水淹没参数。

估算洪水淹没深度的方法是，以泰宁“2010.6.18”洪水（即AEP 1.6%的情景）为对象，通过分析地方社区网站上所发布的地标性建筑物洪水淹没照片，以及实地测量水淹留在建筑物墙壁上的青苔和水渍痕迹，推算其淹没水深。然后，通过地理编码和地址匹配进行地图定位，把该点的水深加上相应的DEM高程值得到其淹没水平面高度。最后，对实地调查的淹水深度数据进行逆距离加权插值，得到淹没深度空间分布图（图3.8）。采集的样本点203个，并且在空间上随机分布，能够满足空间插值的需要。研究区内淹没面积达到1.3 km^2，占县城总面积的31.0%。淹没最深处超过3.5 m，主要集中于杉溪沿岸以及城中红卫村、尚书第等地势低洼的老城区。

同时，根据样本点的调查淹没时间，通过逆距离加权插值，得到淹没时间的空间分布图（图3.9）。研究区域内淹没时间最长超过10.0 h。

五、洪灾承灾体的暴露分析

暴露是致灾因子与承灾体相互作用的结果，反映了可能暴露于自然灾害风险下的承灾体的类型和数量，如人口、房屋建筑、室内财产、生命线系统、交通设施、生活与生产构筑物、基础设施等。这里重点针对房屋建筑的洪灾暴露进行调查和分析。以2009年泰宁县城区1∶500比例尺基本地形图为基础，经建筑物轮廓提取、现状调查、修正和统计，得到研究区

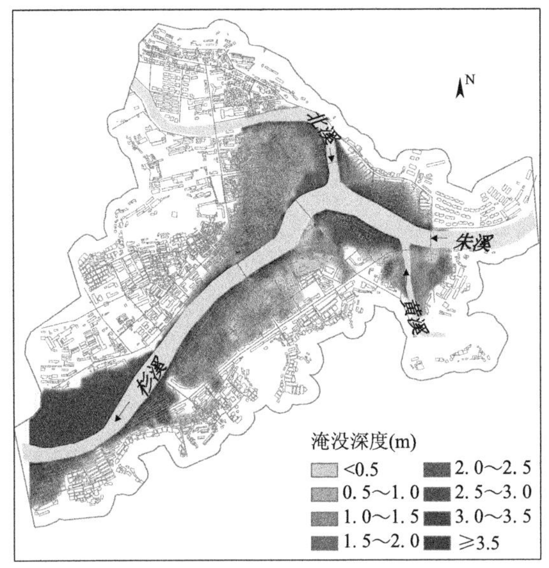

图 3.8　1.6%AEP 情景下洪水淹没深度分布

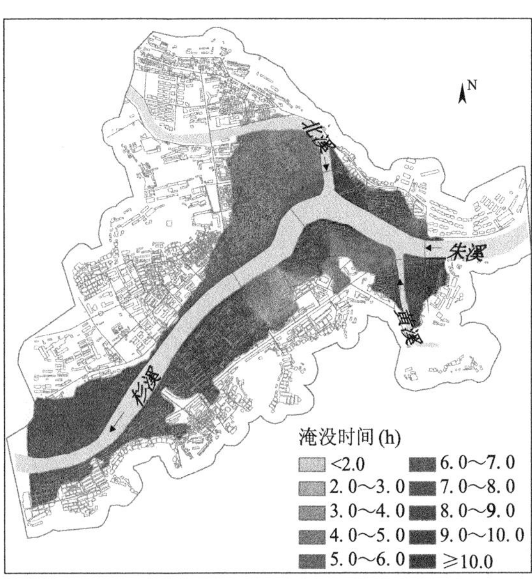

图 3.9　1.6%AEP 情景下洪水淹没时间分布

域房屋建筑 4374 幢。然后从使用性质、建筑结构、建筑年份、层数、住户数、门槛和台阶高度等方面对房屋属性进行调查。

房屋使用性质不同，其遭受洪灾所造成的损失也不同。本书借鉴《城市用地分类与规划建设用地标准》(GB 50137—2011)，对泰宁县城区房屋的使用性质进行分类调查和统计(表 3.5)。

表 3.5　房屋按使用性质分类统计表

用途	幢数	比率(%)
住宅	2596	59.35
商业	869	19.87
公共服务设施	335	7.66
市政公用设施	184	4.21
文物古迹	117	2.67
工业	118	2.70
仓储	55	1.26
其他	100	2.28
合计	4374	100

房屋使用材料和结构、建筑年代等，也是影响其洪灾损失程度的重要因素。因此，按照建筑结构(钢混结构、砖混结构、砖木结构、土木结构)和建筑年代对房屋进行细分(表 3.6)。

表 3.6　房屋按建筑结构和建筑年代分类统计表(%)

建筑年代 建筑结构	2000 年以后	1980—2000 年	1950—1980 年	1950 年以前	合计
钢混结构	3.18	2.72	0.02	0.00	5.92

续表

建筑结构 \ 建筑年代	2000年以后	1980—2000年	1950—1980年	1950年以前	合计
砖混结构	26.26	36.24	3.52	1.02	67.04
砖木结构	0.00	6.93	8.76	3.46	19.15
土木结构	0.00	0.00	6.54	1.35	7.89
合计	29.44	45.89	18.84	5.83	100

台阶和门槛对浅淹水具有阻挡作用，一定程度上会减小洪灾造成的房屋建筑及其室内财产损失，所以对房屋台阶和门槛高度进行统计，结果见表3.7。在计算房屋的室内外实际淹水深度时，需要根据台阶(门槛)高度进行修正。

表3.7 房屋台阶和门槛高度统计表

台阶/门槛高度(m)	数量(幢)	占总数比例(%)
0	1240	28.35
0～0.1	99	2.26
0.1～0.2	1699	38.84
0.2～0.3	197	4.50
0.3～0.4	243	5.56
0.4～0.5	280	6.40
>0.5	616	14.08

六、洪灾承灾体脆弱性分析及损失评估

承灾体脆弱性是不同承灾体受洪灾影响所表现出的易于受损性，通常需要通过建立洪灾强度参数与各类承灾体损失(率)之间的量化关系进行研究。由于承灾体种类较多，这里重点针对建房屋建筑以及室内财产的脆弱性进行分析。影响房屋建筑洪灾脆弱性的因素很多(Guarin et al.,2005)，如致灾因子洪水的水深、历时、流速等决定其承受浸泡的程度和外界冲击的大小；房屋自身的建筑结构、材料、年限、体积、室内地面高度等决定其抵抗洪灾的能力；建筑物所处社会经济环境影响其内部财产的数量、品质和价值的差异，并进一步导致其遭受洪灾损失不同。由于当地居民很少对住房和室内财产投自然灾害保险，所以无法采用调查居民保单的做法评估灾害损失，或从工程学角度进行实验模拟。因此，本研究采取问卷调查结合实地走访，半定量地评估在某种洪灾情景下的损失情况及其脆弱性。

(一)房屋脆弱性及其损失评估

针对泰宁"2010.6.18"洪水致灾情况进行调查，得到在AEP为1.6%情景下，受淹区域房屋1846幢。实地调查发现，房屋承受洪灾能力与自身的建筑结构、建筑年代、组合形态、离地高度等属性密切相关，并且受淹没深度、历时、冲击力等因素影响。因此，综合考虑以上因素，将受淹区域的房屋按照属性特征和损失程度，划分为五种类型，分类探讨其脆弱性，并

计算损失额(表 3.8)。

表 3.8　1.6%AEP 情景下的房屋受损分类统计表

类型	房屋特性	洪灾脆弱性	损坏率(%)	幢数(幢)	建筑面积(m^2)	单价(元/m^2)	主要分布区域
Ⅰ	钢混结构,建筑年代新,形态大,8～11 层,承重结构好	对淹没深度、时间等因素敏感性小;结构损失小,底层室内装修损失较大	1.0	42	171729	1500	城南金城路沿线宾馆、酒店
Ⅱ	砖混结构,年代较新,2～6 层,联排,结构较好	对淹没深度、时间等因素敏感性较小;室内装修损失较大,有一定结构损失	5.0	912	704855	1000	主要街道两侧商业用房;主要居住小区房屋等
Ⅲ	砖木和土木结构,年代较长,木承重,多为 1 层,独栋,小体量	受淹深度小于 1.0 m,历时小于 5.0 h,木质承重结构受到浸泡而发生一定程度变形和结构损坏,室内装修受损	25.0	327	33096	500	民主村、红光村外围部分地势较高、淹水较浅的房屋
Ⅳ	同Ⅲ	结构老化,抗洪水冲击力差;不耐浸泡,受淹深度超过 1.0 m,历时超过 5.0 h,会严重损毁或坍塌	100	462	45013	500	城北红卫村、胜二村、红星村、民主村;城南胜一村;城中古城保护区房屋
Ⅴ	建筑结构和年代不限,离地高度较大	离地高度大于淹水高度,在一定程度上避免淹水的影响,室内积水较少,并留给室内住户财产转移的缓冲时间	0	103	54796	不计	城北和平中街沿线、城南水南东街沿线部分房屋

2000 年以来的新建钢混结构(Ⅰ类)占受淹房屋总幢数的 2.3%。房屋以 8～11 层为主,承重结构好。虽然淹没深度在 2.0 m 左右,但房屋结构几乎不受影响,只有底层室内装修受损。房屋平均损坏率在 1.0%,洪灾脆弱性小。

1980 年以来的较新砖混结构房屋(Ⅱ类)占受淹房屋总幢数的 49.4%,房屋一般以联排形式出现,房屋高 2～6 层,形态较大,承重结构较好。其受损程度对淹水深度、历时等因素敏感性较小。因为,房屋内部一旦浸水,即造成地面木地板、墙裙角、电路等装修损坏。随着淹水深度增加,会造成内墙墙面和部分木质窗户继续受损,但损失率增加不大。此外,受淹时间过长,也会造成一定程度的地基和墙体结构损坏。该类房屋平均损失率在 5.0%,与钢混结构相比,其洪灾脆弱性较大。

部分以木承重为主体的砖木结构和土木结构房屋,由于建造时间较长,承重结构老化,抗洪水冲击能力差,并且对淹没深度、历时等因素较为敏感。其中,327 幢砖木或土木结构房屋,占 17.7%,在淹没深度小于 1.0 m,时长小于 5.0 h 的情景下(Ⅲ类),木质承重结构受到浸泡而发生一定程度变形和受损,部分土质墙体受到浸泡而局部坍塌,其平均损坏率基本在 25.0%。当受淹水深度超过 1.0 m,历时超过 5.0 h 后(Ⅳ类),房屋主体结构、室内装修已经严重损毁和完全倒塌,损坏率达到80%~100%,失去原有的使用功能,洪灾的脆弱性较大。据GIS统计和实地核实,倒塌或受损严重的房屋约462幢,占25.0%,涉及479户居民或单位,主要分布在和平中街—环城东路—左圣路围成的老城区。如北部的红光村、胜二村,中部的红卫村等老式居民区,以及古城保护区中尚书第部分砖木结构建筑。这些地区房屋多为1980年以前所建的1层独幢,小体量,砖木结构和土木结构,年久失修,所处地区地势低洼,淹水时间较长。如红光村平均淹水深度为1.0~1.5 m,历时达到5.0 h;胜二村平均淹水深度为1.3~1.8 m,历时达到6.0 h;红卫村及尚书第附近,平均淹水深度为2.0~3.0 m,历时在7.0 h以上。

台阶、门槛对浅淹水具有一定的阻挡作用,一定程度上会减少淹水对房屋外部的浸泡和漫入室内的程度,从而降低房屋的洪灾脆弱性。基于GIS地图和数据库,计算淹没深度小于台阶和门槛高度的房屋。分析发现,位于城北和平中街沿线、城南和平南街与水南东街附近的约103幢房屋(Ⅴ类),虽然分布在洪水影响范围内,但是由于地基较高,部分还设置了挡水门槛,相对抬高了房屋的离地高度和降低了室外淹水深度,使房屋内外免受淹水影响。该部分房屋离地高度一般为0.3~0.8 m,损失率忽略不计。

针对Ⅰ~Ⅴ类房屋,参照相关研究(朱静,2010),通过实地调查和修正,在确定表3.8相关参数的基础上,建立房屋灾损方程:

$$BL_{\text{total}} = \sum_{i=1}^{m} \sum_{j=1}^{n} \alpha_i A_{ij} F_{ij} P_i \tag{3.5}$$

式中,BL 为房屋建筑总损失额;i 为房屋灾损类型,类型Ⅴ不计入;j 为每种类型房屋的幢数;α 为每种类型房屋的平均损坏率;A 为每幢房屋的占地面积;F 为每幢房屋的层数;P 为每种类型房屋的平均成本。

根据公式(3.5)计算得出,超越概率为1.6%的情景下,房屋总损失价值约为6575万元。

(二)室内财产脆弱性及其损失评估

漫入室内的淹水对室内财产或物品具有浸泡作用。受房屋使用性质、室内家具物品价值、淹水深度、历时等因素影响,相应地其财产损失和洪灾脆弱性也不同。首先经台阶和门槛高度修正,剔除免受室内淹水影响的房屋,并获得其他房屋真实的室内淹水深度。经GIS数据库统计,受影响的居住用房781幢,占42.3%;个体工商业和超市用房749幢(其中,商住混合类475幢,一楼为商用,二楼及以上为居住),占40.6%。此外,还包括少量的市政公用设施、文物古迹、行政办公、工业、医疗卫生、教育科研用房。从房屋使用性质来看,居住和商业用房所占比重较大,可利用的样本较多,所以重点针对上述两类房屋的室内财产损失展开实地调查,获取灾害损失数据,并建立灾损曲线,以更好理解室内财产的洪灾脆弱性。

1.居民室内财产损失评估

居民家庭室内财产损失额与陈设物品价值有关,同时对室内淹水深度和淹水时间较为敏感。实地调查发现,淹水深度在0.3 m以下时,损失额一般小于800元;淹水深度达到0.3~2.0 m时,损失额急剧上升,由于电器插座插头(0.3 m)、衣柜、书桌(0.8 m)、木床(0.5 m)、冰箱(1.8 m)、洗衣机(0.8~0.9 m)、衣物等都居于这一高度范围内,受到浸泡后会不同程度损坏,损失额可达到3000元;淹水深度超过2.0 m以后,由于吊顶灯、空调等设施遇水受损,损失额则持续上升,达到5500元。床、椅、凳等木制家具对淹水时间因素较为敏感，浸泡超过 5.0 h，有不同程度损坏。同时，通过抽样调查发现，受淹深度和历时接近的情形下，家庭经济条件较好的住户，由于室内家具、家电等设施品质和价格相对较高，财产损失和洪灾脆弱性就大。因此，有必要考虑家庭收入因素对居民室内损失的影响。鉴于居民家庭收入数据获取非常困难，使用家庭人均建筑面积指标（即户房屋建筑面积/户人数）代替家庭收入情况。抽样调查和计算受淹区域家庭年收入指标与人均建筑面积指标的相关系数，超过 0.8。

根据对 50 户居民样本调查情况，拟合并建立泰宁城区居民室内财产洪灾损失方程：

$$RL = 516.5B^{0.185}D^{0.734}T^{0.342} \quad R^2 = 0.785 \tag{3.6}$$

式中，RL 表示每户居民室内财产损失额（元）；B 表示家庭人均建筑面积（m^2），通过受淹家庭房屋建筑面积/户人数计算获得；D 表示淹水深度（m），T 表示淹水时间（h）。根据公式(3.6)计算，约 28.3%居民损失在 0～1000 元，29.0%在 1000～2000 元，31.2%为 2000～3000 元，8.7%为 3000～4000 元，2.8%为 4000～5500 元。损失较为严重的居民主要集中在沿河低洼地，淹没深度在 2.0 m 以上，淹没时间在 5.0 h 以上。特别是县城东部 2000 年以后新建的部分成套高档住宅小区，由于受淹深度大、时间长，室内设施新、价值大等原因，损失达到 5000 元左右(图 3.10(彩))。

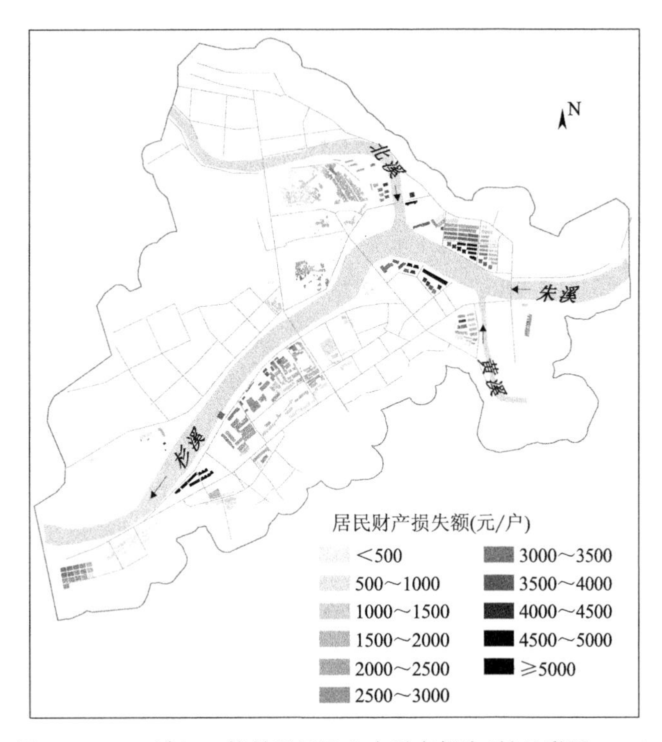

图 3.10　1.6%AEP 情景下居民室内财产损失(另见彩图 3.10)

根据 $RL_{total} = \sum_{i=1}^{n} RL_i$ 计算得出，超越概率为 1.6%的情景下，受灾居民室内财产总损失额约 156.74 万元。其中，i 表示受灾居民户数，RL_{total} 表示居民室内财产损失总额。

2.个体商户室内财产损失评估

个体商业损失额以户为单位进行调查，由于损失额与营业面积有关，同时调查营业面积和损失额，并换算成单位营业面积损失额。根据50个商户抽样调查数据，建立泰宁城区个体商户损失额的评估方程：

$$CL = 34.207D^{0.774}T^{0.568} \quad R^2 = 0.813 \tag{3.7}$$

式中，CL 表示单位营业面积的商业财产损失额（元），D 表示淹水深度（m），T 表示淹水时间（h）。根据公式（3.7）计算，约1250个体商户受影响，其中，52.4%商户单位营业面积损失在100元以下，40.4%为100～200元，6.1%为200～300元，1.0%为300～400元，0.1%为400～500元。损失较为严重的商户主要集中在左圣路—状元街—尚书街—和平中街所围成的中心商业区（图3.11（彩）），该地区地势低洼，商业网店密集，主要以经营旅游食品、旅游纪念品和服装类商品为主，极易受到淹水浸泡而遭受损失。

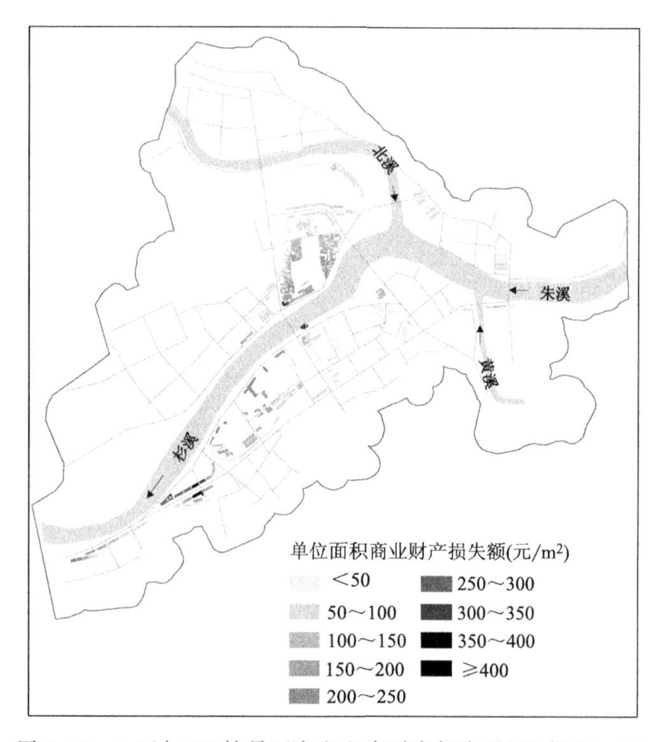

图3.11 1.6%AEP情景下商户室内财产损失（另见彩图3.11）

根据 $CL_{\text{total}} = \sum_{i=1}^{n} CL_i \times A_i$ 计算得出，超越概率为1.6%的情景下，受灾商户总损失额约1021.8万元。其中，i 表示受灾商户数，A_i 表示营业面积，CL_{total} 表示商户损失总额。

七、结论与讨论

（1）本研究尝试基于PGIS和概率（情景）风险分析方法，结合本地知识，开展社区尺度的洪涝灾害风险研究。以泰宁县城区为例，利用1949—2011年13次历史洪水灾害事件资料，计算了洪水的强度－超越概率关系，然后基于某一概率下的洪峰水位和洪峰流量进行洪水灾害损失和风险评估，并绘制出基于情景的暴露和风险分布图。基于社区尺度的灾害风险评估是近年来国际社会和学术界关注的热点，该方法对国内开展相关研究具有借鉴意义。

（2）本研究利用PGIS方法，通过实地调研和历史资料收集，得到社区洪水致灾因子（强度与频率、淹没深度、淹没时间等）、承灾体暴露（房屋幢数、空间分布、建筑结构、年代、使用性质、层数、住户数、门槛和台阶高度等）和脆弱性（建筑物及其室内财产损失程度、影响因素）数据，并进行灾害损失和风险的空间模拟。实践证明，采用PGIS方法，能够较为便捷、准确地获取地方社区各类灾害风险数据，有效弥补小尺度区域可利用基础资料缺乏的不足。同时，通过实地调研，可以更深入理解致灾因子危险性以及各承灾体的暴露及脆弱性，使灾害风险研究结果更贴合地方社区实际情况。

（3）本研究利用概率（情景）风险分析方法，构建特定概率下的洪水灾害场景，评估和模拟承灾个体的脆弱性和风险。实践证明，概率（情景）分析方法能够借助GIS和各种模型，评估和模拟未来不同概率灾害的发生对各承灾体的影响程度、范围及造成的损失。由于该方法需要一定的基础数据，更适合社区小尺度的风险灾害研究。

（4）洪涝灾害对泰宁县城区造成的损失不容忽视，是影响地方发展和安全的主要风险因素之一。有必要采取综合性的工程和非工程措施，以应对未来更严重的洪水事件。工程措施诸如提升防洪堤标准，充分发挥排涝站、水库等工程设施的合理蓄洪、调洪功能，及时实施河道清障工程等。从承灾体角度，对于城中低洼地老旧的、易受灾的建筑，在保护其原有历史风貌的前提下，实施加固和改造工程，以提升抗洪能力。非工程措施诸如多部门协同建立网络监测、预报、速报、响应机制，以提高洪灾的早期预警和应急响应能力。

（5）本研究只对房屋建筑、居民室内财产、商户室内财产等直接损失进行了研究，而洪灾所造成的社会经济系统的其他损失和影响，以及灾害影响扩散的综合研究有待深入。此外，本研究仅选择泰宁城区进行洪涝灾害风险评估和模拟，实际上洪灾影响的范围很大，有必要进一步开展县域尺度和流域尺度的洪涝灾害风险研究。

第三节　暴雨内涝对社区居民出行影响分析

一、引　言

快速城市化和气候变化背景下，中国城市极端暴雨洪涝成灾，“到城市看海”现象频发，对城市社会经济、居民生活造成严重影响（刘敏等，2012）。不少学者对暴雨内涝案例进行分析，定性讨论城市内涝产生原因和防范对策（王建鹏等，2008；裘书服等，2009；张志国等，2009；朱政等，2011），并在城市暴雨强度公式推算（邵尧明等，2012；周玉文等，2012），灾害危险性（孙阿丽等，2010）、承灾体暴露（权瑞松等，2011）、脆弱性（石勇等，2010；刘耀龙等，2011；尹占娥等，2011；董姝娜等，2012）、风险评估（尹占娥等，2010；薛晓萍等，2012）、数值模拟（陈鹏等，2011）和监测预警等方面开展了大量研究。暴雨积水除造成城市社区居民的财产损失外，还影响着居民健康、日常生活和出行，引起了国内外学者的广泛关注。灾害对人的影响（受影响的人数，以及死亡、受伤和无家可归人数）是灾害损失评估的重要内容，其中，暴雨积水淹没道路对居民出行的影响，是居民最关心的问题之一。但总体而言，前人大多以建筑和房屋财(资)产为承灾体,开展暴雨内涝的风险评估(Shi et al.,2010),少有对居民自身的影响分析。本研究综合应用GIS技术和整合本地风险知识,通过对上海普陀区金沙居委居民的现场调查、问卷和访谈,获得暴雨积水的历史灾情,从致灾因子、暴露分析入手,基于金沙居委地区详细的人口分布信息,分析暴雨积水出行受影响的人口数。

二、数据与方法

(一)研究区概况

上海地处亚洲大陆东部中纬度沿海地带,长江三角洲冲积平原前缘、太湖下游,四周滨江临海、地势低洼;上海位于亚热带东亚季风气候区,温和湿润,气团活动明显,在汛期易受梅雨和热带气旋影响,强对流天气高发。每到汛期,城市暴雨内涝频发,对居民生活和出行产生影响。如2012年8月7日上海遭台风"海葵"袭击,多地出现狂风暴雨,累积雨量250~400 mm,造成众多道段发生积水,航班、铁路、长途巴士均受影响,数万旅客出行受阻,给市民出行带来极大不便。

金沙居委位于上海市普陀区长风街道。辖区北至宁夏路,西临凯旋路以及轨道交通,南至顺义路且与苏州河大拐弯处接壤,东为白兰路,面积约为0.12 km^2(图3.12)。由于不同时期的建设、拆迁重建等原因,辖区内现有金沙新村、解放村等旧式砖木结构房屋;中化新村、南林家港等砖混结构老公房;康泰公寓、白玉苑等钢筋混凝土结构商品房等跨越半个多世纪不同时期的建筑存在,外加部分由居民私自搭建以及破墙开店形成的半临时性建筑。该区为典型的旧式建筑和新建住宅混合区。同时,该区地势低洼,是上海台风暴雨内涝灾害频发的地区之一。金沙居委所在地区虽然面积不大,但辖区内居民人口众多,共有在住居民6891人,此外还有部分外来流动人口,而且多集中在金沙新村等地势较低的旧式公房内,导致暴雨积水影响众多的居民生活与出行。

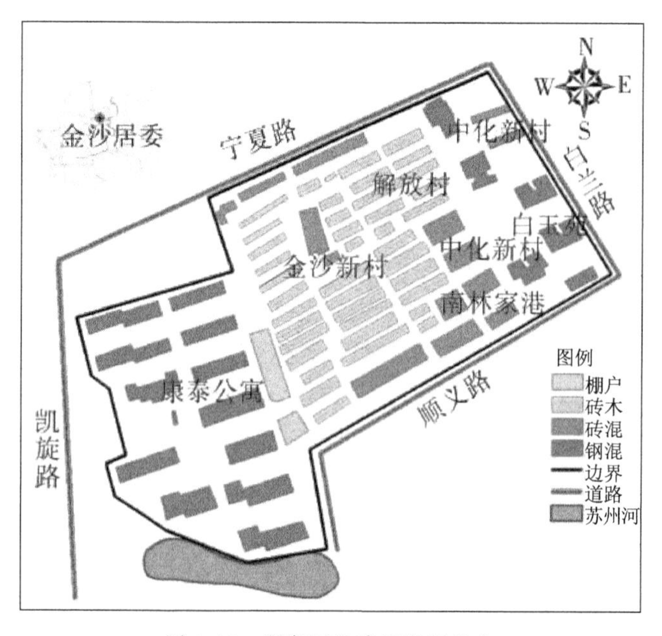

图3.12 研究区及建筑类型分布

(二)数据采集和处理

本研究涉及的主要数据包括研究区的航片、地势高差数据、区内建筑信息、在住人口信息、实地调查获得的易积水区分布、房屋淹没以及对居民出行造成影响的信息。

(1)利用 www.googleearth.com 网站所提供的卫片资料,下载该社区的遥感影像,对研究区进行数字化。首先将需要数字化的航片进行配准,利用上海行政图作为已知投影,将航片上的关键点与现有行政图上的关键点一一对应配准,从而定义了研究区的数据的投影。然后对道路、建筑、绿化等要素进行数字化,通过实地考察得到研究区建筑分布(图 3.12)。

(2) 研究区的地势相对高差由实地测量获得。在建筑物密集、地形起伏较大的地方,以及容易造成积水的区域测量的点更密集一些,而对研究区东西两侧两个新建住宅区则相对采集的点要稀疏一点,最后总共采集到 96 个高程点。

(3) 金沙居委地区建筑物数据、在住人口信息数据、易集水区分布、房屋淹没以及对居民出行造成影响情况通过实地调查、访谈和问卷调查获得。

三、暴雨内涝情景模拟

城市暴雨积水主要与降雨强度、地势高低以及排水设施三个因素相关。通过对不同重现期暴雨积水过程的情景模拟,分析不同情景下研究区淹没深度与范围,分析暴雨积水致灾因子。在参考已有城市内涝模型基础上(Dutta et al.,2003;王林等,2004;赵思健等,2004;Jonkman et al.,2008;殷杰等,2009),利用降水模型、产汇流模型、暴雨积水情景模型,基于研究区地势起伏数字模型和 GIS“等体积法”模拟暴雨积水淹没区域和淹没深度,选择重现期 50 a、100 a、500 a 的降水情景,同时考虑到管网系统的排水能力,建立了九个模拟情景。分析在九种不同情景下,暴雨积水淹没道路的情况和影响出行的人数。

(一)降水模型

城市降水模型主要是利用上海市暴雨强度公式,计算出降雨过程中任意时间段内的平均降水量。由于选取的研究区面积较小,可假设降水在研究区域内是均匀分布的。依据研究区暴雨强度公式,计算不同发生概率下的降水强度,将不同概率(1/重现期)下的降水进行情景模拟分析,该概率下的降水强度乘以降水历时就是整个研究区域内的降水量。本研究利用了上海市市政部门的暴雨强度公式(3.8),其表达式为:

$$q = 1995.84(P^{0.30} - 0.42)/(t + 10 + 7\lg P)^{0.82+0.07P} \tag{3.8}$$

式中,P 为暴雨重现期(a);q 为暴雨强度(mm/h);t 为降雨历时(min)。

依据公式(3.8)可得,研究区内,500 a 一遇的暴雨强度为 129.6 mm/h;100 a 一遇的暴雨强度为 101 mm/h;50 a 一遇的暴雨强度为 91 mm/h。

(二)产汇流模型

产汇流是整个流域中各种径流成分生成的过程。降水径流损失包括雨期蒸发、植物截留、填洼、土壤蓄水。和其他自然环境下的地表不同,由于城市地表多为人工建造的水泥路面、房屋屋顶、柏油路等,与自然的土壤相比相差明显,下渗率的变化由土壤类型和下垫面的下渗特性等决定,所以对地面产流过程起到决定性作用,而其他因素则相对影响不大。

采用美国水土保持局提出的降雨径流计算方法(Soil Conservation Service,SCS),SCS 模型是当前被广泛应用于小流域降水径流的一种方法,它根据土壤和降雨因素来确定径流总量(Novotny et al. ,1981)。该模型具有参数较少、计算简便、精度较好且资料易于获取的优点。由于该模型是由美国学者设计,其土壤渗透性以及城市的下垫面情况与上海城区的情况有所不同,直接采用SCS模型会导致计算出的径流量与实际情况有较大误差(权瑞松等,2009)。在使用时须结合上海地区的实测数据对参数进行修正。贺宝根等(2003)相关研究得出上海城市地区流域饱和储水量经验系数为0.05S,并给出了径流曲线数值CN的测算方法。城市径流模型为:

$$Q=(P-0.05S)^2/(P+0.95S) \tag{3.9}$$

式中,Q为径流深度(mm);P为降雨量(mm);S为饱和储水量(mm)。

根据公式(3.10)确定S值(史培军等,2001;刘家福等,2010):

$$S=25400/CN-254 \tag{3.10}$$

将研究区的绿化率看作透水面积比率,经测算透水面积比例为14.97%。由此求得研究区的CN值为94.1,S=15.03 mm。将S值代入公式(3.9)可得,研究区在50 a、100 a、500 a重现期的暴雨时,其产生的径流深度分别为77.36 mm、87.18 mm、115.39 mm。

(三)排水能力概算

城市暴雨引起的积水是由于暴雨径流超过城市排水管网系统排水量而引起的局部地区地面积水受淹。上海的室外排水系统设计标准是按照抵御36 mm/h(按市政部门采用公式一年一遇)的降水强度进行设计。由于排水管网的排水能力以及系统的运行状态受人为因素影响,在研究中无法控制,所以采取情景的方法来进行研究,并且假设集水区内的排水能力一致。

对排水系统管网的管理情况分别假设失效、一般、良好三种情况。由于管理者的失误,泵站出现问题或者没有提前排干管道内的积水导致排水功能暂时丧失,按完全没有排水能力计算;由于管理或运行中存在疏漏,管网系统中有部分的积水没有及时排干,只有一半的排水能力,按18 mm/h的排水能力计算;由于管理运行良好且泵站工作正常,能完全发挥系统的排水能力,按36 mm/h的排水能力计算(曹羽,2010)。因此,本研究确定研究区暴雨积水量计算公式为:

$$W=(Q-V)\times S \tag{3.11}$$

式中,W为积水总量(m^3);Q为径流深度(mm);V为排水量(mm/h);S为研究区面积(m^2)。

最终,选择50 a、100 a、500 a一遇暴雨强度,结合排水管网系统管理情况良好、一般、失效情景,得出积水量结果,见表3.9。

表3.9 不同情景下的积水量

	重现期		
	50 a	100 a	500 a
暴雨强度(mm/h)	91	101	129.6
径流深度(mm)	77.36	87.18	115.39
积水量(排水良好)(m^3)	4500	5569	8638

续表

	重现期		
	50 a	100 a	500 a
积水量(排水一般)(m^3)	6459	7527	10596
积水量(排水失效)(m^3)	8417	9485	12554

(四)地势与暴雨积水情景模拟

研究区的地势高度通过实地测量获得。从地形因素来看,城市社区暴雨造成的积水问题主要是由地表相对高差造成。因而,采用研究区内的相对高程变化进行分析,没有采用数字高程模型。利用水准仪总共采集了 96 个相对高程点,采用 ArcGIS 软件中的泛克里格法对采集的相对高程点进行插值,建立研究区的地势起伏数字模型(图 3.13(彩))。

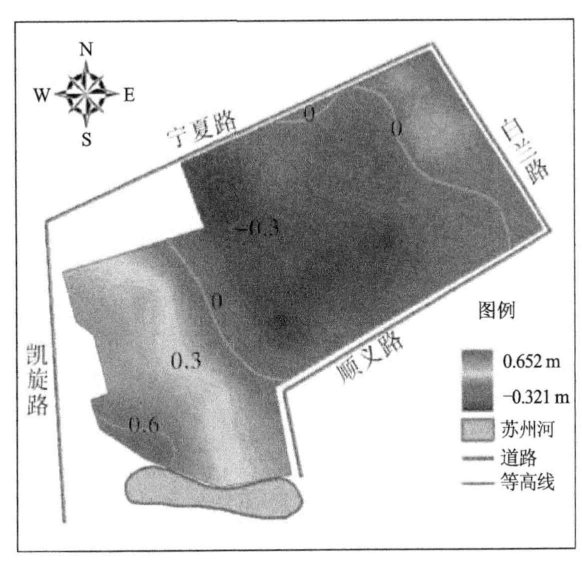

图 3.13　研究区相对高程图(另见彩图 3.13)

由于研究区较小,本研究中的情景模拟基于等体积法,即假设所有的积水处于相对静止的状态,模拟暴雨造成的积水区域和积水深度(张犁,1995)。基于重现期为 50 a、100 a、500 a 的 1 h 暴雨情景,结合排水管网系统管理情况良好、一般、失效情况,模拟 9 种积水情景,并分别得到总积水量。采用基于 GIS 的"等体积法"模拟暴雨积水区域和深度(刘仁义等,2001;郭利华等,2002;陈凯,2009),凡是高程低于水位的都作为被淹没区。这种方法简化了整个径流的过程,只考虑最终的积水情况,根据地形的高低将暴雨造成的总积水量分配到研究区内所有地势低洼之处。利用 ArcGIS 计算出集水区内九种情景 1 h 降水的淹没深度(表 3.10)以及淹没区域。

表 3.10　不同情景下的淹没深度

	重现期		
	50 a	100 a	500 a
降水量(mm)	91	101	129.6
径流深度(mm)	77.36	87.18	115.39

续表

	重现期								
	50 a			100 a			500 a		
径流深度(mm)	77.36			87.18			115.39		
排水系统	良好	一般	失效	良好	一般	失效	良好	一般	失效
总积水量(m^3)	4500	6459	8417	5569	7527	9485	8638	10596	12554
淹没深度(m)	0.273	0.295	0.346	0.311	0.329	0.376	0.343	0.359	0.405

四、居民暴露分析

本研究重点讨论暴雨积水影响城市社区居民出行的人口数量。根据 2007 年上海市在住人口普查获得的详尽信息，将人口数叠加到研究区相应的建筑上，得到图 3.14 所示的人口分布。从图 3.14 可见，人口最密集的地方主要集中在研究区两侧的高层建筑以及研究区中央的金沙新村地区。高层建筑的人口密集是因为建筑楼层数多，所以单位面积的家庭、人口数量多，而金沙新村地区的人口密集则是由于老房子每一幢的面积相对很小，且房屋密集，之间的间距小。对比图 3.13 和图 3.14 可以发现，位于研究区域中心的金沙新村的人口密集区同时也是社区相对低洼地区，表明该区域的暴雨积涝暴露程度相对较高。

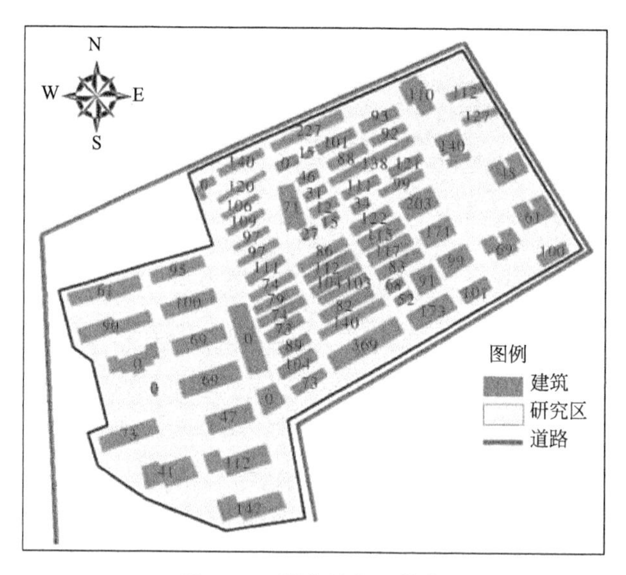

图 3.14　研究区人口分布

五、居民出行影响初步分析

本研究对因暴雨积水道路淹没，出行受到影响的人口数进行分析。根据上述得到的 9 种情景下暴雨积水深度计算出地面的积水区域，经现场考察和访谈，得出积水深度超过 0.05 m 的地方确定为居民出行受影响的区域。可以获得居民出行受影响的房屋分布的具体位置。

居民出行受影响的房屋分布如图 3.15 所示。

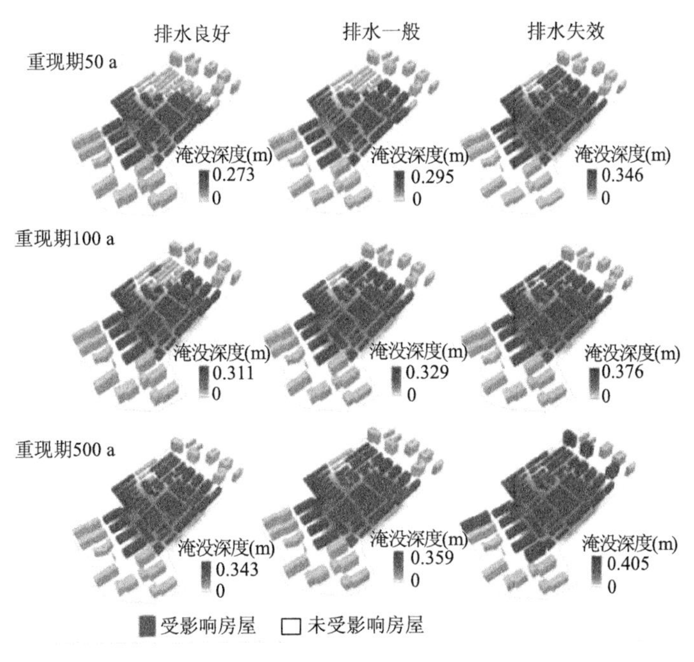

图 3.15　不同情景下居民出行受影响房屋分布

通过分析得出周边道路积水对房屋内居民的出行造成影响的房屋具体分布后，再叠加房屋内现有人口信息（图 3.14），即可以得到九种情景下，由于暴雨积水造成出行不便的受影响人数（表 3.11）。

表 3.11　不同情景出行不便受影响人数

	重现期		
	50 a	100 a	500 a
人数（排水良好）	4033	4301	5255
人数（排水一般）	4472	5162	5528
人数（排水失效）	5255	5301	5970

由表 3.10 和表 3.11 可知，在重现期为 50 a 的情景下，若排水系统运转良好，研究区内的最大淹没深度为 0.273 m，受道路积水影响出行的人数为 4033 人，只占研究区内全部人口的 58%，影响人口数相对较少。随着排水系统运转失效，由道路积水影响出行的人数超过 5000 人，约占到研究区人口的 75%。而在重现期为 100 a 的情景下，排水系统运转一般，由道路积水影响出行的人数就超过 5000 人。随着排水系统功能的失效，影响的人口数不断上升。在重现期 500 a 的情景下，不管排水系统运转情况如何，影响的人数都超过 5000 人，其中在排水系统完全失效的情况下，最大淹没深度可达 0.405 m，由道路积水影响出行的人数达到 5970 人，占研究区内全部人口的 87%。结果表明，排水管网系统的运行是否良好，对暴雨积水产生的影响同样显著。

通过对研究区内居民的实地走访和调查，可以大致了解近年来强暴雨造成的积水情况，并且与本研究分析所得到的数据结果进行比较。通过实地调查验证，本研究所得的积水区分布、对居民出行影响等与实际情况基本相符，仅模拟计算的积水深度略有偏小。

六、结论与讨论

(1)基于重现周期 50 a、100 a、500 a 三种不同情景下的降水强度，并结合上海市排水管网系统的运行状况，利用上海市暴雨经验公式、SCS 径流模型，基于 ArcGIS 软件，计算了上海市普陀区金沙居委地区九种情景下暴雨总积水量和暴雨积水的淹没深度，得出不同情景下居民出行受影响的房屋分布图以及出行受影响的人口数。

(2)地势相对最低的研究区中部最容易发生暴雨积水，随着暴雨强度的增强以及排水管网系统功能逐渐失效的情景，积水区域逐渐扩大，出行不便受影响的人数也逐渐增加。当暴雨强度达到 100 a 一遇，或者排水管网系统彻底失效时，即使是研究区东部新建的高层建筑白玉苑地区，小区内道路也会积水，影响居民的出行。在暴雨强度达到 500 a 一遇以及排水系统彻底失效的最糟糕的情景之下，整个研究区内由于暴雨积水引起出行不便的居民数量达到 5970 人，占研究区内全部在住人口的 87%，已经严重影响到居民的出行以及日常生活。

(3)暴雨积水是否成灾、成灾大小与排水管网系统排水能力的大小有很大关系。对城市排水管网系统的良好维护和管理，提高排水能力，是今后减少暴雨积水影响的重要措施。

(4)本研究采用的是以经验公式计算得出的降水强度，积水计算中采用的是 1 h 的降水量，并且还进行了各种情景假设。根据实际暴雨观测量，如暴雨强度、持续时间等历史记录来分析其出现的强度与频率，以及全球变暖背景下极端降水的强度与频率变化趋势研究是今后需进一步深入的工作。

第四章　城市产业经济灾害影响与风险评估

第一节　极端洪灾情景下上海制造业经济损失评估

一、引　言

上海地处典型河口三角洲地区，地势低平，历来属于台风、风暴潮、洪涝灾害的高发区和高风险地区（许世远等，2006；王洪波，2016）。全球变暖导致的海平面加速上升和台风风暴潮强度的增加（Hartmann et al.，2013；Rahmstorf，2017），以及快速城市化诱发的严重地面和海塘沉降以及大型工程建设带来的河口三角洲水下地形剧烈改造等的复合影响（宋城城等，2014），将导致极端风暴洪水的发生概率不断上升。同时，大量产业和重大工程暴露在滨海沿江低地，进一步加剧风暴洪水的致灾风险。特别是台风风暴增水与其他影响因素（如天文大潮）耦合产生的异常高潮位及暴雨洪水叠加，势必会对地区人口和产业经济系统造成严重影响。上海是全国乃至全球重要的制造业中心之一，规模以上制造企业达到9000多家，用工规模达到400万人，总产值接近3.2万亿元。由于制造业的强关联性，上海市作为全球制造业网络的重要节点，一旦遭受极端风暴洪水灾害侵袭，将对地区、中国乃至全球产业经济造成严重的间接扩散和关联影响。因此，如何有效评估极端风暴洪水可能造成的制造业经济损失与风险，并增强其气候变化的适应性和弹性成为亟待解决的热点和难点问题。

自然灾害依次对产业系统造成物理损失（Asset damage）、产出功能损失（Production capacity loss）和产业间关联损失（Ripple loss）。物理损失通常归结为直接损失，产出功能损失和产业间关联损失归结为间接损失（Rose，2004）。灾害物理损失是防洪工程领域关注的重点，主要评估方法是利用脆弱性曲线或者灾损曲线。产出功能损失是企业BCP（Business Continuity Planning）领域关注的重点，是由于企业资产或劳动力投入要素受损导致的正常生产能力失效部分，若考虑中断和恢复时间，产出功能损失又可以延伸为运行中断损失（Business interruption loss）。宏观产业部门间的关联损失及区域影响是政府管理部门关注的重点，主要评估方法是利用投入产出（IO）、可计算的一般均衡（CGE）等经济计量模型。由于分属于不同的研究领域和方法（Meyer et al.，2013），评估立场和目的各异，导致目前难以系统模拟灾害影响从局部个体扩散到整个宏观产业系统的过程，并综合评估灾害造成的经济损失。特别是，在使用IO、CGE等模型进行间接关联损失评估时，主要依靠灾后统计或者特定假设获得产业物理损失或运行中断损失数据，这使得模型主要局限应用在灾后（Ex-post）恢复重建阶段。因此，从灾前（Ex-ante）情景风险分析的视角，构建包括灾害事件场景、产业暴露、局部物理损失和产出功能损失、宏观产业间关联损失于一体的经济损失集成评估方法体系成为解决问题的关键（Koks et al.，2015）。

与农业等其他产业部门相比，制造业的灾害损失评估研究起步较晚，相关灾损样本资料缺乏。同时，制造业门类复杂多样，厂房建筑、生产设备和库存结构差异性较大，生产过程中原材料、生产设施、劳动力、基础设施等要素投入依赖程度不尽相同，各门类之间存在复杂关联性，导致其物理脆弱性、物理损失、产出功能损失和关联损失建模以及集成评估难度进一步加大(Merz et al.，2010；李卫江等，2018)。针对以上存在的问题，本研究主要聚焦于人口和产业经济高度集聚的上海地区，以极端风暴洪水为情景，以制造业企业为对象，综合利用灾损曲线、生产函数和IO模型，尝试构建物理损失、产出功能损失、产业间关联损失于一体的动态、多尺度、多过程集成评估方法体系，以综合估算灾害可能造成的经济损失，为合理的防灾工程规划、灾害保险设计、企业BCP以及政府宏观决策等提供依据。

二、数据来源

研究对象为上海市域制造业企业，涵盖《国民经济行业分类》(GB/T 4754—2011)标准中的C大类及相应二位数代码C13～C43部分(表4.1)。数据来源为国家统计局发布的《2013中国工业企业数据库》，该数据库包括全部国有和年主营业务收入500万元及以上的非国有工业法人企业，与《中国统计年鉴》的工业部分和《中国工业统计年鉴》中的统计范围一致，覆盖了全域工业企业总产值的95%左右，是较为全面和权威的企业层面数据库。基于该数据库，共提取上海市制造业企业8970个，包括企业地址、二位数行业代码、资产总值、固定资产净值(包括厂房建筑和生产设备)、存货净值、工业总产值、利润总额、从业人数等关键字段信息。然后，参照美国联邦应急管理署(FEMA)的HAZUS-MH制造业分类把二位数行业企业划分为IND1～IND5类型(表4.1)，以便于利用相关灾损样本资料和灾损曲线进行物理损失评估。同时，根据2012年上海市42部门投入产出表中的部门分类把二位数行业企业归并到06～24制造业部门(表4.1)，以便于借助IO表进行关联损失评估。

表4.1　二位数制造业及类型划分

IND类型	二位行业代码与名称	IO表中部门代码与名称
IND1 重工业	C30 非金属矿物制品	13 非金属矿物制品
	C33 金属制品	15 金属制品
	C34 通用设备制造	16 通用设备
	C35 专用设备制造	17 专用设备
	C36 汽车制造；C37 铁路、船舶、航空航天运输设备制造	18 交通运输设备
	C42 废弃资源综合利用	23 废品废料
	C43 金属制品、机械和设备修理	24 金属制品、机械和设备修理服务
IND2 轻工业	C17 纺织	07 纺织品
	C18 服装服饰；C19 皮毛制品和制鞋	08 纺织服装鞋帽皮革羽绒及其制品
	C20 木材加工及相关制品；C21 家具制造	09 木材加工品和家具
	C22 造纸；C23 印刷；C24 文体用品	10 造纸印刷和文教体育用品
	C38 电气机械和器材	19 电气机械和器材
	C41 其他制造业	22 其他制造产品

续表

IND 类型	二位行业代码与名称	IO 表中部门代码与名称
IND3 食品/医药/化学	C13 农副食品加工；C14 食品制造；C15 酒、饮料；C16 烟草	06 食品和烟草
	C25 石油化工	11 石油、炼焦产品和核燃料加工品
	C26 化学原料和制品；C27 医药；C28 化学纤维；C29 橡胶和塑料制品	12 化学产品
IND4 金属/矿物加工	C31 黑色金属冶炼加工；C32 有色金属冶炼加工	14 金属冶炼和压延加工品
IND5 高新技术	C39 计算机、通信和其他电子设备制造	20 通信设备、计算机和其他电子设备
	C40 仪器仪表制造	21 仪器仪表

三、研究框架与方法

(一)研究思路与框架

本研究以极端风暴洪水为情景，以制造业企业为暴露对象，借助灾损曲线、生产函数和 IO 模型，尝试构建物理损失、产出功能损失、产业间关联损失于一体的集成评估方法，以模拟灾害影响从局部节点扩散到整个产业网络系统的放大过程，并综合估算灾害可能造成的经济损失。研究思路与框架见图 4.1。

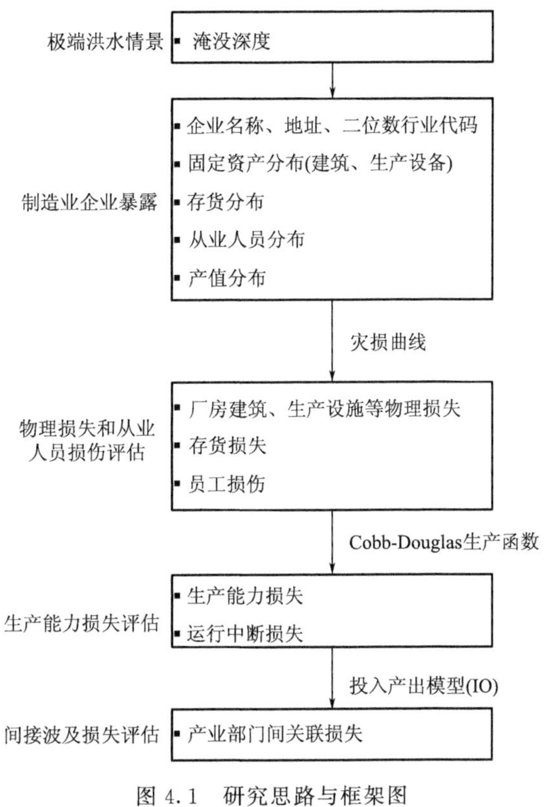

图 4.1　研究思路与框架图

(二)研究方法

1.风暴洪水情景选取

目前,国际上 DINAS-COAST 极值海平面数据库(DCESL)(Vafeidis et al.,2008)、全球潮浪再分析数据库(GTSR)(Muis et al.,2017)利用全球大尺度模式对上海沿海地区典型重现期极值水位及淹没情景进行初步估计,荷兰代尔夫特水力研究所 Ke(2014)则重点针对上海市极端风暴洪水淹没情景进行了精细模拟。其实现方法是基于上海市 DEM、河网水系、黄浦公园和吴淞口验潮站历史水位监测数据,通过水文频率分析得到不同重现期(包括 50 a、100 a、200 a、500 a、1000 a 和 10000 a)的极值水位,然后利用 SOBEK 1D/2D 水动力模型模拟无防汛墙保护、漫堤、防汛墙决堤、水闸关闭失效等多种情景下黄浦江沿江低地的淹没深度和范围。考虑到研究尺度的近似性和结果精度,采用 Ke(2014)模拟的无防汛墙保护措施下 1000 a 一遇洪水淹没情景。2008 年国务院在《国务院关于太湖流域防洪规划的批复》(国函〔2008〕12 号)中要求上海市黄浦江干流及城区段按 1000 a 一遇高潮位进行设防,而目前黄浦江防汛墙的实际设防水平仍然未达到相应防汛标准(刘敏等,2016),因此选择本情景具有一定现实意义。

2.产业暴露建模

产业暴露的构建具有多尺度性,在国家层面通常以行政区为基本单元(例如,省、市、县),在城市层面通常以土地利用功能区或以企业个体为基本单元。利用企业个体数据,可以在一定程度上避免聚合统计数据空间化处理所造成的误差。首先根据制造业企业地址信息,利用百度地图 API 对个体数据进行地理编码和空间定位,构建企业点状空间数据库;然后利用 GIS 对企业固定资产、存货、从业人员的空间分布及暴露程度进行分析。

3.物理损失与人员损伤评估

极端风暴洪水会造成企业厂房、生产设备、存货等物理损坏,主要评价方法是通过工程试验模拟、历史灾情调查等方式建立灾害强度参数与损失率(损失金额)之间的关系曲线。国际上,美国 HAZUS-MH(Scawthorn et al.,2006)、德国 FLEMOcs(Kreibich et al.,2010)、英国 Multicoloured Manual(Penning-Rowsell et al.,2005)等灾害风险评估系统,都针对制造业部门分别构建了各自的洪水物理灾损曲线,但是这些曲线在灾害强度参数、承灾体类型划分、评估内容、损失表达形式等方面有所差异。其中,HAZUS-MH 的灾损样本数据主要来源于美国陆军工程兵团(USACE),面向 Coastal A、Coastal V、Riverine 三类区域,划分为 IND1(重工业)、IND2(轻工业)、IND3(食品/医药/化学)、IND4(金属/矿物加工)、IND5(高新技术)和 IND6(建筑业)六大类型,分别构建厂房建筑(Structure)、生产设备(Contents)和存货(Inventory)三方面灾损曲线。相比于 FLEMOcs、Multicoloured Manual 等把制造业看作一个整体,HAZUS-MH 对制造业类型划分最为细致,充分考虑了其内部各部门资产暴露和脆弱性的差异性。

目前,国内风暴洪水的产业脆弱性研究刚起步,灾损资料缺乏,仍以定性探讨为主(冯爱青等,2016);少数研究对于制造业脆弱性模拟较为粗略,从土地利用角度,仅把工业仓储用地作为一个整体。因此,本研究主要从最新的 HAZUS-MH4.0 中提取灾损样本,分别构建固定资产(包括厂房建筑、生产设备)和流动资产(主要包括存货)的灾损曲线,并利用相关研究成果(殷杰等,2012)进行初步校正和本地化验证。在我国《国民经济行业分类》(GB/T 4754—2011)标准中,建筑业对应 E 大类,不属于制造业范畴,因此,本研究的灾损曲线类型仅包括 IND1～IND5。

极端风暴洪水还会导致从业人员损伤，造成产业所需劳动力短缺。有关水灾人员脆弱性的文献中，Jonkman 等(2008)基于荷兰、日本、英国、美国历史上多次典型事件造成的人员损伤调查资料，利用经验统计方法建立了人员损伤率与淹没水深的指数方程，可用于评估劳动力短缺程度，如公式(4.1)所示。

$$F(h)=e^{\frac{h-5.58}{0.82}} \qquad 0\leqslant h\leqslant 5.58 \tag{4.1}$$

式中，h 为淹没水深，$F(h)$ 为人员损伤率。

基于物理设施和人员灾损曲线，结合灾害情景(淹没深度)以及资产和从业人员暴露，计算得到物理损失额和从业人员损伤程度。

4. 产出功能损失评估

资产和劳动力等投入要素受损会导致制造业企业活动受阻，引发产出功能损失。由于投入要素的产出边际性，自然灾害对产业造成的物理损失并不等于其最终的产出损失。鉴于缺少上海及周边地区企业洪灾功能损失调查资料，以 IND1～IND5 制造业企业个体为样本，分别构建 Cobb-Douglas 生产函数(王海滋等，1998)(公式(4.2))，模拟投入生产要素转换为经济产出过程。

$$Q=CK^{\alpha}L^{\beta} \tag{4.2}$$

式中，Q 是企业总产出水平，用年产值(万元)表示；K 是投入生产的资产规模或存量，用企业资产总额(万元)表示；L 是劳动力投入规模，用从业人员数量(人)表示；C 是综合技术系数；α、β 分别是产出弹性系数。

在建立生产函数基础之上，根据企业资产和劳动力损失(减少)估算其潜在的年产值损失。

$$\Delta Q=C\Delta K^{\alpha}\Delta L^{\beta} \tag{4.3}$$

式中，ΔQ 是企业年产值损失；ΔK 和 ΔL 分别是资产和劳动力损失；ΔK 由固定资产损失(包括生产设备、建筑厂房)和流动资产损失(包括存货)组成。年产值损失是企业一年内正常产出水平的失效部分，亦即产出功能损失。如果企业恢复到正常产出水平需要 T 年，则运行中断损失可以简单表示为 $\Delta Q\times T$。

根据表 4.1 的 IND1～IND5 类型对受灾企业年产值损失进行汇总，得到分类的年产值损失总规模。同时，按照表 4.1 的投入产出表 06～24 部门代码对所属企业年产值损失进行汇总，作为直接受灾部门的产出损失和 IO 模型输入参数，用于估算制造业部门受损导致的其他产业关联损失。

5. 关联损失评估

制造业自身产出功能受损，会通过部门之间的投入产出关联性，间接影响到其他部门，形成关联损失。估算产业部门间关联损失主要方法有投入产出法(IO)(Fasullo et al.，2013；孟永昌等，2015)、可计算的一般均衡模型(CGE)(Rose et al.，2005；Kajitani et al.，2018)、社会核算矩阵模型(SAM)(Cole，1995)或者基于特定灾害事件的混合模型(ARIO)等(Hallegatte，2008；Wu et al.，2012)。本研究主要借助 2012 年上海市 42 部门投入产出表和 IO 模型，以直接受灾制造业部门的年产值损失(产出功能损失)为参数，估算产业部门间的间接关联损失(表 4.2)。

表 4.2　投入产出表结构

		中间使用			最终使用	总产出
		部门 1	…部门 j …	部门 n		
中间投入	部门 1	X_{11}	X_{1j}	X_{1n}	Y_1	Q_1
	…					
	部门 i	X_{i1}	X_{ij}	X_{in}	Y_i	Q_i
	部门 j	X_{j1}	X_{jj}	X_{jn}	Y_j	Q_j
	…					
	部门 n	X_{n1}	X_{nj}	X_{nn}	Y_n	Q_n
增加值		Z_1	Z_j	Z_n		
总供给		Q_1	Q_j	Q_n		

如表 4.2 所示，设定直接消耗系数 a_{ij} 为 1 单位 j 部门总产出 Q 所直接消耗 i 部门产品的数量，用公式(4.4)表示。a_{ij} 组成直接消耗系数矩阵 $\boldsymbol{A}$。

$$a_{ij}=X_{ij}/Q_j \qquad (i,j=1,2,\cdots,n) \tag{4.4}$$

完全需要系数 b_{ij} 为 1 单位 j 部门最终使用 Y 对 i 部门产品直接和间接需要量。b_{ij} 组成完全需要系数矩阵(列昂惕夫逆矩阵)$\boldsymbol{B}$，$\boldsymbol{B}$ 与 $\boldsymbol{A}$ 的关系表示为：

$$\boldsymbol{B}=(\boldsymbol{I}-\boldsymbol{A})^{-1} \tag{4.5}$$

式中，$\boldsymbol{I}$ 为单位矩阵。

若灾害直接造成 j 部门总产出损失为 ΔQ_j，其他部门 i 最终需求不变(即 $\Delta Y_i=0, i\neq j$)，则 j 部门最终使用减少额 ΔY_j 表示为：

$$\Delta Y_j=\Delta Q_j/b_{jj} \tag{4.6}$$

j 部门最终需求减少额 ΔY_j 所引发的 i 部门总产出减少额(包括直接和间接消耗) ΔQ_{ij} 表示为：

$$\Delta Q_{ij}=b_{ij}\times\Delta Y_j \tag{4.7}$$

极端灾害同时造成多个制造业部门 $j(j=1,2,\cdots,n)$ 直接受损，引发其他多个产业部门 $i(i=1,2,\cdots,m)$ 关联损失。从 IO 表的列角度，j 制造业部门诱发的关联损失总额表示为：

$$\Delta Q_{0j}=\sum_{i=1}^{m}\Delta Q_{ij} \tag{4.8}$$

从 IO 表的行角度，间接诱发的 i 部门关联损失总额 ΔQ_{i0} 表示为：

$$\Delta Q_{i0}=\sum_{j=1}^{n}\Delta Q_{ij} \tag{4.9}$$

制造业受损诱发的整个产业系统关联损失总额表示为：

$$\Delta Q_0=\sum_{j=1}^{n}\Delta Q_{0j}=\sum_{i=1}^{m}\Delta Q_{i0} \tag{4.10}$$

四、暴露分析与损失评估

(一)极端风暴洪水情景

对 Ke(2014)模拟的 1000 a 一遇洪水淹没情景(不包括崇明、长兴、横沙三岛)进行格式和坐标系统转换，得到淹没深度栅格图（图 4.2（彩））。该情景中，淹没范围主要集中在黄浦江上游青浦、松江，以及下游浦东、宝山和杨浦等两岸地势低洼地区，淹没深度为 0～3.0 m，淹没面积达 606.4 km^2。

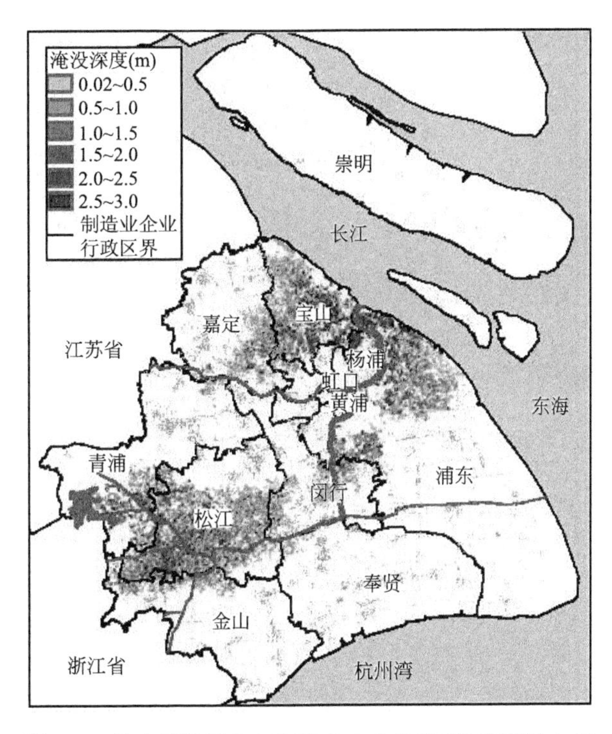

图 4.2　洪水淹没情景与制造业企业分布（另见彩图 4.2）

（二）制造业暴露

基于数据库对上海市 8970 个规模以上制造业企业进行统计，得到其资产总值为 29416.4 亿元（其中，固定资产净值 6130.1 亿元，存货 4267.3 亿元），从业人员 402.2 万人，年工业产值 30178.6 亿元。然后，以乡镇为基本单元，对固定资产（包括建筑厂房和生产设备）、存货等物理设施，以及从业人员的空间暴露度进行专题地图分析，定量数据分级方法采用 Jenks 自然断点法（图 4.3）。

按照区县统计固定资产、存货及从业人员比例，得出制造业企业资产和从业人员主要集中在浦东、松江、闵行、宝山、嘉定、奉贤、青浦、金山等郊区县。

按照二位数行业统计固定资产、存货以及从业人员占比，得出固定资产主要集中在 C26 化学原料和制品（13.10%）、C39 计算机和通信电子（12.44%）、C31 黑色金属冶炼加工（11.71%）、C36 汽车制造（11.54%）、C34 通用设备制造（9.17%），合计占比 57.96%；存货主要集中在 C34（14.82%）、C39（11.05%）、C38 电气机械和器材（7.72%）、C36（7.24%）、C35 专用设备制造（7.12%），合计占比 47.95%；从业人员主要集中在 C39（11.79%）、C34（11.28%）、C38（9.68%）、C36（7.32%）、C33 金属制品（7.17%），合计占比 47.24%。

（三）物理损失与从业人员损伤

基于 HAZUS-MH 中抽取的灾损资料，经过初步校验，分别得到固定资产（包括厂房建

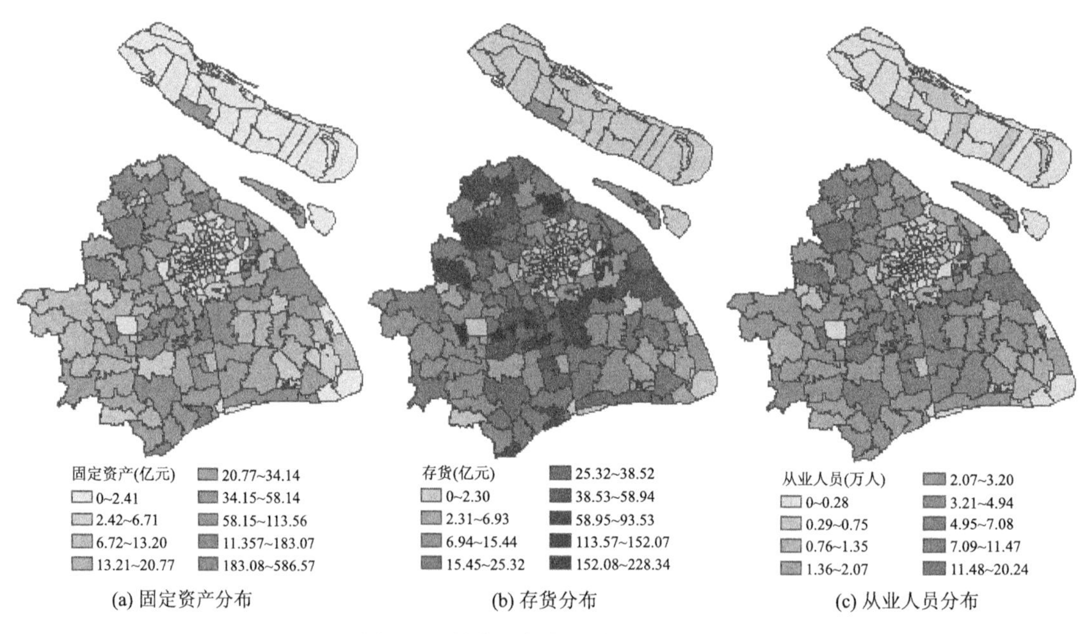

(a) 固定资产分布　(b) 存货分布　(c) 从业人员分布

图 4.3　制造业资产及从业人员暴露

筑和生产设备)、存货的灾损曲线(图 4.4)。从图 4.4a 得出,厂房建筑和生产设备损失率在水深 0～1.5 m 区间上升较快,随着水深增加则趋于平缓;不同类型制造业固定资产脆弱性存在差异,IND3(食品/医药/化学)和 IND5(高新技术)显著高于其他类型,IND4(金属/矿物加工)最低。从图 4.4b 得出,存货损失率在水深 0～1.5 m 区间整体上高于固定资产,不同类型制造业存货的脆弱性差异及变化趋势与固定资产近似。

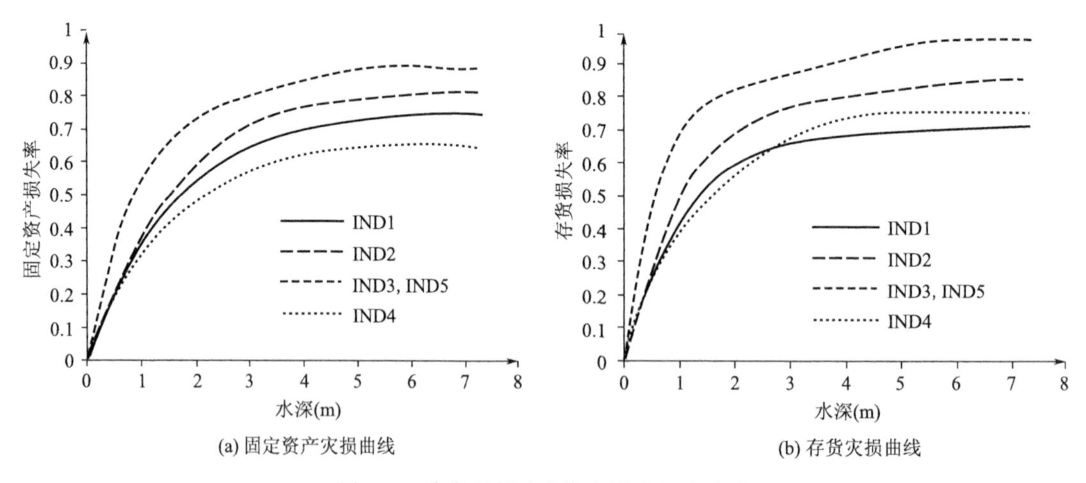

(a) 固定资产灾损曲线　(b) 存货灾损曲线

图 4.4　分类型制造业资产洪灾损失曲线

叠加风暴洪水淹没情景和制造业企业暴露(图 4.2)、结合资产灾损曲线(图 4.4)和人员脆弱性曲线(公式(4.1)),分别计算每个受灾企业的固定资产和存货损失以及从业人员损伤程度,并利用 GIS 核密度方法建立其资产损失和从业人员损伤地图(图 4.5)。

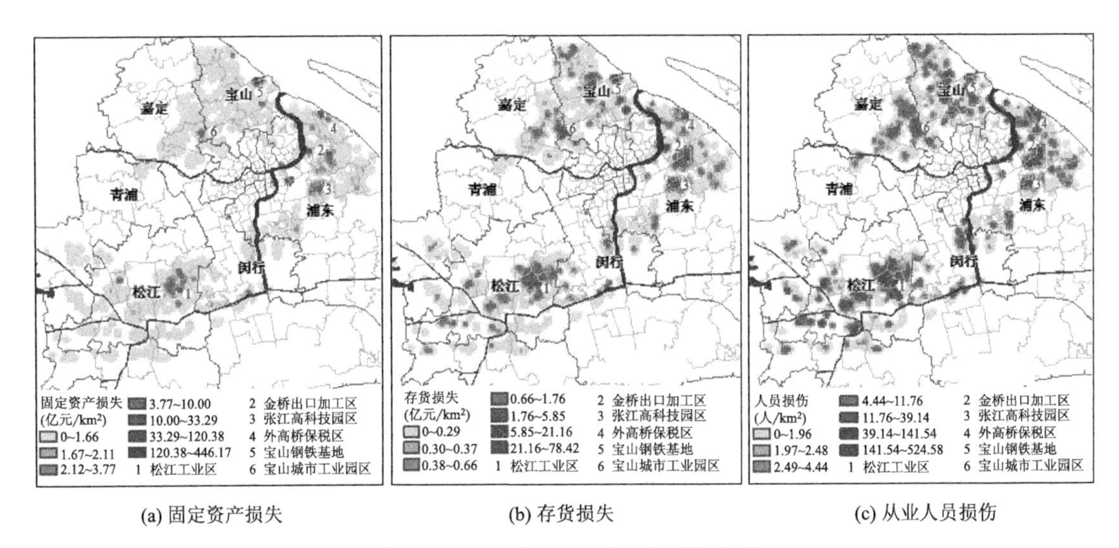

(a) 固定资产损失　　(b) 存货损失　　(c) 从业人员损伤

图 4.5　资产损失与从业人员损伤分布

根据图 4.5a 和图 4.5b,极端洪水将对松江、浦东和宝山三个地区的制造业造成较为严重损失,对嘉定、闵行和青浦三个区制造业造成轻微损失,并且形成以松江工业区(包括外围的新桥镇、车墩镇、中山街道),浦东金桥出口加工区(包括外围的金桥镇),张江高科技园区(包括外围的张江镇),宝山钢铁基地(包括邻接的杨行镇、月浦镇、友谊路街道)为核心的损失高值区。其中,松江工业区以 C39(计算机与通信电子)、C38(电气机械和器材)、C26(化学原料和制品)等产业为主导,分布有达功电脑、友达光电、台积电、国基电子等计算机、智能手机、通信设备硬件制造企业。由于区域平均淹没水深达 1.26m,受灾企业固定资产和存货规模较大且集中分布,单位面积分别达到 5.69 亿元/km^2 和 3.30 亿元/km^2,且部分受灾企业集中在计算机等洪灾易损性较高的行业,导致其潜在资产损失较大且密集分布。浦东金桥出口加工区以 C36(汽车制造)、C39(计算机与通信电子)、C34(通用设备制造)、C38(电气机械和器材)、C26(化学原料和制品)等产业为主导,是上海通用、上海贝尔、联合汽车电子、夏普等大企业制造基地。由于区域平均淹没水深达 1.14 m,最深达 3.0 m,单位面积固定资产和存货值分别达到 14.45 亿元/km^2 和 9.74 亿元/km^2,同时部分受灾的电子信息和化工企业的洪灾易损性较高,使得该区域成为资产损失高值区。张江高科技园区以 C27(医药)、C39(计算机与通信电子)产业为主导,分布有罗氏制药、联想、惠普等制造企业。该区域平均淹没水深达 1.12 m,最深达 3.0 m,单位面积固定资产和存货价值分别达到 19.34 亿元/km^2 和 9.34 亿元/km^2,同时区域支柱产业医药和电子信息的洪灾易损性最高,导致其资产损失较大且分布密集。宝山钢铁基地所在的宝山区杨行镇、月浦镇和友谊路街道,以 C31(黑色金属冶炼和压延)和 C33(金属制品)产业为主导。由于该区域平均淹没深度达 1.53 m,企业固定资产和存货价值总规模分别达到 627.01 亿元和 221.8 亿元,导致其潜在的资产损失较大。宝山城市工业园区以及嘉定南翔镇、马陆镇邻接区域,属于汽车零部件、精密合金材料、精品钢延伸加工等产业集聚区,虽然受淹企业总数达到 264 家,但是其平均淹没水深

0.87 m,企业固定资产和存货价值较低,潜在资产损失小于其他工业区。此外,浦东外高桥保税区及毗邻的高东镇、高桥镇、高行镇,平均淹没深度达到 1.39 m,对区内 C25(石油化工)、C26(化学原料和制品)、C13(农副食品加工)、C35(专用设备制造)等制造业造成一定程度损失。

根据图 4.5c,潜在的从业人员损伤也相对集中在松江工业区、宝山钢铁基地、金桥出口加工区、张江高科技园区、外高桥保税区、宝山城市工业园区等制造业密集区。但是与资产损失格局相比,空间极化程度较低,其主要与制造业从业人员行业间和区域间分布的相对均衡性有关。

根据 IND1～IND5 对受损企业分类汇总,估算得到分类型资产损失和从业人员损伤规模(表 4.3)。总体上,极端风暴洪水直接造成 2166 个制造业企业受损,固定资产损失 832.62 亿元,存货损失 617.08 亿元,从业人员损伤 8513 人,分别占上海市整个制造业企业数量、固定资产、存货和从业人员总规模的 24.15%、13.58%、14.46%和 0.21%。

表 4.3　资产损失与从业人员损伤分类估计

类型	受灾企业数量(个)	固定资产损失(亿元)	存货损失(亿元)	从业人员损伤(人)
		ΔK		ΔL
IND1	724	197.51	124.89	2676
IND2	515	53.72	52.31	1808
IND3	314	128.31	166.35	1003
IND4	420	324.92	166.32	1437
IND5	193	128.16	107.21	1589
总计	2166	832.62	617.08	8513

(四)产出功能损失

以公式(4.2)为原型,剔除异常企业样本,在 Excel 中利用对数法拟合 IND1～IND5 不同类型企业年产值 Q 与资产总额 K 以及从业人员数量 L 的回归方程,主要系数及拟合度见表 4.4。然后,根据企业的资产损失 ΔK 和从业人员损伤数量 ΔL,估算其年产值损失 ΔQ 及其空间分布(图 4.6),以此作为产出功能损失。同时,分类统计得到其年产值损失总值(表 4.4)。

根据表 4.4,由于资产及从业人员受损,共计造成制造业企业 1601.08 亿元年产值损失(产出功能损失),约占全部制造业年产值 30178.68 亿元的 5.31%。不考虑劳动力投入因素,进一步分类计算年产值损失 ΔQ 与资产损失 ΔK 比值,发现资产损失与产出损失转换过程中,不同类型产业的损失放大效应具有差异性。其中,IND1、IND4 的 $\Delta Q/\Delta L$ 比值小于 1,不具有损失放大性;IND3、IND5 的 $\Delta Q/\Delta L$ 比值大于 1,损失放大性则较显著。究其原因,与不同行业的资产产值率(总产值与总资产之比值)有关。按照 IND1～IND5 分类计算全市制造业的资产产值率,依次为 0.83、1.11、1.19、0.87、1.45。

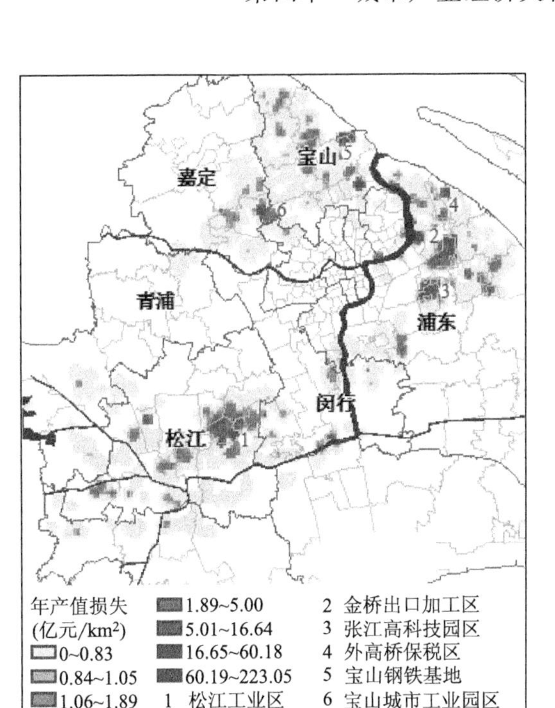

图 4.6　产出功能损失分布

表 4.4　生产函数参数及产出功能损失分类估计

类别	C	α	β	R^2	年产值损失 ΔQ(亿元)	$\Delta Q/\Delta L$
IND1	0.619	0.921	0.184	0.808	258.66	0.80
IND2	0.621	0.882	0.298	0.716	113.22	1.07
IND3	0.636	0.947	0.229	0.723	412.50	1.40
IND4	0.488	0.896	0.276	0.816	354.97	0.72
IND5	0.645	1.037	0.079	0.897	461.73	1.96

根据图 4.6，产出功能损失(年产值损失)较为严重的区域仍主要分布在松江工业区、金桥出口加工区、张江高科技园区、外高桥保税区、宝山钢铁基地、宝山城市工业园区等受淹水深较大、制造业企业高度集聚的地区。进一步计算以上主要产业区的年产值损失与资产损失(包括固定资产和存货损失)比值，发现物理损失转换为产出功能损失过程中，由于产业结构的差异性，不同区域的损失放大程度也各异。其中，松江工业区的产出功能损失与资产损失比值为 2.24，张江高科技园区为 1.92，金桥出口加工区为 1.25，宝山城市工业园区为 0.95，宝山杨行镇为 0.89。以松江工业区为例，统计区内制造企业的类型构成，C39(计算机与通信电子)类型的资产存量与工业产值占整个区域的比例分别达到 63.79%和 77.05%。以 IND5 类型为主导的产业结构，导致其区域产出功能损失呈现显著放大性。

(五)产业部门间关联损失

按照上海市 42 部门投入产出表代码(表 4.1)，将受损企业的年产值损失分配到 06～15 制造业各部门作为产出损失，并利用投入产出分析方法评估间接诱发的其他产业部门关联损失。

利用公式(4.8),从列角度计算得到各制造业部门诱发关联损失(表4.5)。其中,完全需要系数列和 b_{oj} 是对应 j 制造业部门1单位最终使用引发的区域总产出增量合计,反映了其对关联产业部门的拉动能力大小。可以看出,制造业各部门 b_{oj} 介于2.50~5.09,产业关联效应较为显著。其中,20(通信设备、计算机和其他电子设备)、19(电气机械和器材)、18(交通运输设备)、16(通用设备)、17(专用设备)等部门的关联性和带动性最强,属于区域产业经济网络中的核心和关键节点,也是灾害风险防范的重点,应关注其直接受损所引发的整个产业经济关联影响。从诱发关联损失的各制造业部门看,由于20(通信设备、计算机和其他电子设备)、14(金属冶炼和压延加工品)、12(化学产品)、11(石油、炼焦产品和核燃料加工品)、18(交通运输设备)、19(电气机械和器材)、16(通用设备)、17(专用设备)、60(食品和烟草)等关联性强的部门产出功能损失严重,导致整个产业系统的间接损失显著放大。

表4.5 制造业部门诱发关联损失估计

IO代码	产出损失 ΔQ(亿元)	最终使用减少 ΔY(亿元)	完全需要系数列和 b_{oj}	关联损失(亿元)	IO代码	产出损失 ΔQ(亿元)	最终使用减少 ΔY(亿元)	完全需要系数列和 b_{oj}	关联损失(亿元)
06	69.03	54.77	2.50	136.93	16	61.41	46.33	3.86	178.83
07	4.74	2.63	3.77	9.92	17	45.88	40.94	3.70	151.48
08	17.03	13.19	3.36	44.32	18	129.36	84.55	3.92	331.44
09	9.07	6.82	3.60	24.55	19	67.37	52.52	4.00	210.08
10	19.02	16.06	3.72	59.74	20	434.61	247.22	5.09	1258.35
11	129.56	115.79	3.11	360.11	21	26.28	22.65	3.49	79.05
12	240.89	141.39	3.68	520.32	22	0.46	0.46	3.31	1.52
13	25.38	19.90	2.97	59.10	23	4.31	1.65	4.03	6.65
14	273.19	169.98	3.45	586.43	24	2.44	1.85	3.36	6.22
15	41.03	35.71	3.54	126.41	合计	1601.08	1074.41		4151.44

利用公式(4.9),从行角度计算得到各关联产业损失(表4.6)。其中,完全需要系数的行向合计 b_{i0} 是所有制造业部门同时增加1单位最终需求,带来的 i 产业部门产出增量合计。从表中看,制造业部门自身的关联效应最大,其次是B(采矿)、D(电力、热力、燃气及水生产和供应)、L(租赁和商务服务)、G(交通运输、仓储和邮政)等。从潜在关联损失分布产业看,依次主要集中在C、B、D、L、G、J、I等门类。因此,在防范制造业自身的灾害损失同时,还应关注相关联产业的间接影响。

表4.6 关联产业损失估计

关联影响行业	完全需要系数行和 b_{i0}	关联损失(亿元)	关联影响行业	完全需要系数行和 b_{i0}	关联损失(亿元)
A农林牧渔业	0.27	11.12	K房地产业	0.48	25.46
B采矿业	5.38	384.53	L租赁和商务服务业	2.55	131.74
C制造业	49.42	3039.10	M科学研究和技术服务业	0.09	5.03

续表

关联影响行业	完全需要系数行和 b_{i0}	关联损失（亿元）	关联影响行业	完全需要系数行和 b_{i0}	关联损失（亿元）
D电力、热力、燃气及水生产和供应业	2.62	137.11	N水利、环境和公共设施管理业	0.00	0.19
E建筑业	0.07	3.58	O居民服务、修理和其他服务业	0.28	14.30
F批发和零售业	1.89	116.04	P教育	0.04	2.25
G交通运输、仓储和邮政业	2.36	120.72	Q卫生与社会工作	0.00	0.00
H住宿和餐饮业	0.35	17.65	R文化、体育和娱乐业	0.03	1.34
I信息传输、软件和信息技术服务业	0.83	41.21	S公共管理、社会保障和社会组织	0.03	1.85
J金融业	1.76	98.22	合计		4151.44

利用公式(4.10)计算得出，制造业产出受损及最终使用减少，将间接诱发整个产业系统年产值损失4151.44亿元，是制造业自身产出功能损失1601.08亿元的2.59倍，呈现出显著的损失乘数效应。

五、结论和讨论

(一)结　论

针对复杂产业系统，定量、合理评估灾害造成的直接和间接经济损失，是科学进行灾害风险计算、费用效益分析和空间应对的重要性基础工作。

(1)本研究基于情景风险分析的视角，以制造业为对象，构建了一种多过程、多尺度的灾害经济损失集成评估方法。给定自然灾害强度情景，能够综合评估其造成的物理损失、产出功能损失和关联损失。首先，基于微观企业层面普查数据进行暴露分析，有效避免了聚合统计数据空间化处理造成的误差，同时为相关区域资产暴露评估研究提供可比较依据；其次，考虑到制造业各部门资产暴露和脆弱性的差异，划分五大类型建立灾损曲线，分别评估固定资产和存货物理损失；接着，考虑到生产活动过程的规模报酬性，以微观企业为样本，分类构建Cobb-Douglas生产函数，把资产物理损失和劳动力损失转换为产出功能损失；最后，利用产业部门之间的关联性和IO模型，评估制造业产出功能损失所诱发的宏观产业系统间接影响。

(2)实证研究结果表明，在1000 a一遇无防汛墙防护情景下，极端风暴洪水可能造成上海市制造业物理损失1449.7亿元(其中，固定资产损失832.62亿元，存货损失617.08亿元)，从业人员损伤8513人。物理损失主要分布在受淹水深较大、制造业企业高度集聚的产业区，并形成以松江工业区、金桥出口加工区、张江高科技园区、宝山钢铁基地为中心的损失高值区。由于资产和劳动力投入要素受损，造成制造业产出功能损失（年产值损失）1601.08亿元。从物理损失到产出功能损失的转换过程中，不同类型制造业、不同产业区的损失放大程度具有差异性。由于制造业在整个产业系统的强关联性，其受损所诱发的间接关联损失达4151.44亿元，呈现出显著的损失乘数效应。研究结果对于合理进行滨海沿江地区防汛墙、挡潮闸等工程措施的成本—效益分析，以及实施有针对性的企业规划选址和弹性策略等具有重要借鉴意义。

(二)讨　论

相关研究表明,低强度自然灾害事件造成的直接损失通常大于间接损失;随着事件强度和直接损失的增加,间接损失则会呈现非线性增长趋势,间接损失将在总损失中呈现绝对性份额(李宁等,2017;温家洪等,2018)。因此,如何合理模拟直接损失和间接损失随灾害强度变化的关系,综合评估灾害可能造成的损失和风险,一直是学界关注的热点。但是由于产业经济系统的门类多样性、多尺度性和复杂关联性,合理计算其灾害总损失和影响仍然非常困难。本研究利用灾损曲线、生产函数和投入产出模型,能够实现物理损失、产出功能损失和产业间关联损失的集成评估,但是各个环节仍然存在一些不确定性以及有待拓展研究的问题。

(1)由于历史灾损样本资料的缺乏,本研究主要基于 HAZUS-MH 构建灾损曲线并评估物理损失。灾损曲线是损失评估结果不确定性的主要来源(De Moel et al. ,2011)。需要进一步结合上海本地实际,精细划分制造业门类,并考虑企业规模、防灾与预警措施等弹性因素,综合利用企业参与式调查访谈、自然灾害险保单分析、情景模拟等方法,建立更为细致的、本地化的灾损曲线,以减小物理损失评估的不确定性。

(2)在物理损失转换为产出功能损失的过程中,对于 Cobb-Douglas 生产函数存在不同的参数理解和指标选取方法。例如,常用做法是从某个时间节点角度,K 被理解为已投入生产的资产规模或存量,L 被理解为劳动力投入规模,采用本研究的参数和指标。但是从某个时间段看,K 则可以理解为资产的消耗量,即固定资产折旧;L 可以理解为劳动消耗量,即支付给职工的劳动报酬;Q 可以理解为生产活动的增值部分,即增加值。在灾后的恢复和重建阶段,由于时间较短,K 和 L 的替代弹性较小,亦可以采用固定投入比例生产函数(列昂惕夫生产函数)。因此,需要针对各地区和行业特点,合理选择和优化生产函数,降低产出功能损失评估的不确定性。此外,有待于进一步研究不同类型产业的中断时间和恢复进程中的产出功能损失变化函数,估算其运行中断损失,使研究结果更为合理。

(3) 利用投入产出表评估产业间的关联损失过程中,关联系数分为完全需要系数和完全消耗系数。与完全消耗系数相比,完全需要系数既包括对中间产品的需要,又包括对最终产品自身的需要。二者选择的不同,可能导致损失评估结果出现偏差。就 IO 模型自身而言,存在线性模拟、缺乏行为响应、市场价格缺失等不足,需要进一步结合 CGE 模型对关联损失结果进行比较和验证。此外,制造业受损,除了对本区域产业系统造成间接影响外,还可能波及外部区域,有待于进一步利用区域间投入产出表或者其他区域间产业关联测度模型,评估灾害影响的空间波及效应。

第二节　极端洪灾情景下上海汽车制造业经济损失评估

一、引　言

政府间气候变化专门委员会(IPCC)的第五次评估报告指出,随着气候变暖,全球正处于极端天气气候事件的多发期,这将大大增加社会—经济—自然复合生态系统的风险。世界气象组织等机构基于紧急灾害事件数据库(EM-DAT)的分析表明,最近几十年,在区域和全球层面,极端气象水文事件造成的损失一直在持续增加。2005 年“卡特里娜”飓风(Travis,2005)、2008 年“纳尔吉斯台风”(Fritz et al. ,2009)、2012 年“桑迪”飓风(Rosenzweig et al. ,2014)、2013 年“海燕”台风(Lagmay et al. ,2015)等引发的特大风暴洪水(storm surge flooding),均给受灾地区带来了巨大的经济损失。在海平面上升和风暴洪水等自然灾害日益多发的背景下,沿海低地地区(Low Elevation Coastal Zones,LECZ)大量人口和资产面临的灾害风险不断增大(Neumann et al. ,2015)。特别是在台风、暴雨和高潮位等因素作用下形成的极端复合洪水,使沿海低地地区面临着土地淹没、海岸侵蚀等风险隐患,进而危及经济和社会稳定(Aerts et al. ,2014)。

灾害经济损失评估是灾害与风险管理的基础。灾害经济损失分为直接经济损失和间接经济损失两个部分。直接经济损失是指灾害对直接暴露的资产造成的物质形态破坏,是灾害造成的资产损失的总和,主要包括灾害对产业部门的厂房建筑、生产设备、存货等资产造成的实物损失,是一种静态的概念,属于浅层次的经济损失。相关学者对极端洪灾情景下人口、经济的直接暴露和直接经济损失开展了丰富的研究。Hanson 等(2011)分析评估了 2005 年和 2070 年极端风暴洪水影响下的全球 136 个港口城市人口和资产的暴露情景,得出到 2070 年受影响的人口将增加 3 倍以上,资产损失将增加 10 倍以上的结论。Hallegatte 等(2013)评估了沿海主要城市在未来风暴洪水下的暴露、损失和风险,并识别出了最为脆弱且损失增长最快的城市名单。Hinkel 等(2014)借助动态交互脆弱性评估模型分析了全球风暴洪水下的人口和资产的风险,指出如果不采取适应措施,到 2100 年,基于全球平均海平面上升 23～123 cm 的情景,每年遭受风暴洪水影响的人口约占全球人口的 0.2%～4.6%,预计每年造成的损失将占全球 GDP 的 0.3%～9.3%。

间接经济损失包括直接经济损失引起的停产损失,以及通过产业部门之间前后向关联产生的产业关联损失等,属于深层次的经济损失(李春华等,2012;李宁等,2017)。相关学者主要采用区域以及全国的投入—产出模型、社会核算矩阵、可计算一般均衡模型等方法进行产业部门之间或者地区之间的间接经济损失分析(Okuyama,2007;Okuyama et al. ,2014)。Pan(2015)利用美国联邦应急管理署所开发的 HAZUS-MH 软件并结合区域投入—产出模型和空间分配模型,评估了飓风对大休斯顿地区造成的财产损失以及产业中断引发的波及效应。Okuyama(2014)利用神户大地震受灾地区灾前、灾中、灾后的投入—产出表,分析了受灾地区的经济结构变化,发现在灾后重建带来的建筑业及相关行业的短期发展效应消失后,产业停产和转移的波及效应逐渐显现,灾后人口减少以及人力资本下降等进一步导致灾区经济的长期低迷。

汽车等机械制造业具有较长的产业链(李仙德,2016),在即时生产、零库存的生产体制下,其产业局部的关键节点一旦直接遭受损坏而失效,关联影响可能通过供应链前向和后向扩散,对整个产业经济系统形成波及效应,引发系统性风险。2011 年东日本大地震(Kajitani et al. ,2014)、2011 年泰国洪水(Haraguchi et al. ,2014)等对受灾地区的汽车制造业等产业造成的破坏及其对全球经济的波及效应,使得产业网络的灾害风险扩散及其引发的间接损失问题日益受到关注(Helbing,2013)。加强产业供应链的管理,使之更加适应极端灾害事件成为全社会面临的迫切命题(Levermann,2014)。

上海地处长江三角洲冲积平原的太湖尾闾，地势低平、三面环水，黄浦江、苏州河穿城而过，是中国典型的沿海低地地区(Liu et al.，2015)。特殊的地理位置与环境导致上海极易遭受洪涝灾害的影响。未来气候变化、海平面上升以及快速城市化都将使上海所面临的极端洪涝灾害风险持续上升(Wang et al.，2012；温家洪等，2012)。2005—2015 年，汽车制造业占全市工业总产值的比例从 6%逐步上升到 15.7%，已成为上海第一大制造业门类。其中，上海大众和上海通用分别是德国大众和美国通用全球生产网络中的重要节点。上海汽车制造业一旦遭受极端洪涝灾害，将对上海市、中国乃至全球产业造成一系列严重的经济损失。

本研究以 Ke(2014)模拟的上海黄浦江极端洪水结果为灾害情景，结合 2013 年经济普查数据中上海汽车制造企业微观个体数据，评估了极端洪灾情景影响下上海汽车制造业的直接经济损失、停产损失，并结合投入—产出模型评估了相关产业部门受到汽车制造业停产波及效应影响后造成的产业关联损失，提出了上海汽车制造业应对极端洪灾风险的对策建议，可为沿海城市的气候变化适应和灾害风险管理提供新的思路和方法，具有一定的理论与现实意义。

二、数据来源

本研究使用的数据主要包括极端洪灾淹没情景、2013 年上海汽车制造业经济普查数据、2012 年上海 139 部门投入—产出表。

1. 极端洪灾淹没情景

最新的研究表明，到 2100 年全球海平面上升将可能超过 2 m(Oppenheimer et al.，2016)，海平面每上升 1 m，上海百年一遇的洪水事件的发生概率约增加 40 倍。2008 年国务院在《国务院关于太湖流域防洪规划的批复》(国函〔2008〕12 号)中指出，上海市黄浦江干流及城区段应按 1000 a 一遇高潮位设防。刘敏等(2016)在其开展的极端洪灾模拟中发现：500 a 一遇、1000 a 一遇的洪灾情景可能淹没整个黄浦江两岸滨江地区，而目前黄浦江防汛墙的实际设防水平仍然无法保证可以达到 1000 a 一遇的防汛标准。以往对黄浦江极端洪水的模拟较多考虑洪水漫堤情景(Wang et al.，2011)。Ke(2014)利用荷兰代尔夫特水力研究所开发的 Sobek 水文模型，基于上海市数字高程模型、水系、验潮站水文历史记录及台风等数据，分析水位频率曲线，模拟了防汛墙失效(无防汛墙保护措施、洪水漫堤、防汛墙决堤)、水闸关闭失效等多种情景下黄浦江极端洪水的淹没深度和范围。

鉴于中国国务院将上海黄浦江干流及城区的防汛标准设定为 1000 a 一遇，因而采用 Ke(2014)提供的无防汛墙保护措施情景下 1000 a 一遇的洪水淹没栅格数据。在该情景模拟中，1000 a 一遇的洪水情景淹没范围主要集中在黄浦江河口以及黄浦江中下游地区，淹没深度区间为 0～3.0 m，淹没面积达 606.4 km^2，占上海市(除崇明岛、长兴岛、横沙岛以外)土地面积的 11.7%。

2. 2013 年上海汽车制造业经济普查数据

在 2013 年上海市第三次经济普查数据库中，汽车制造企业的基本属性包括地址、行业代码、营业收入、从业人员数量等。鉴于崇明地区(崇明岛、长兴岛、横沙岛)的汽车制造业及其相关产业的发展相对薄弱，本研究使用的极端洪水情景影响范围也未涉及崇明地区，因此,研究区设定为除崇明地区以外的上海市辖区。根据2013年上海市第三次经济普查数据库,研究区内汽车制造业的企业样本数量为1960家,其中包括整车制造企业11家、汽车零部件及配件制造企业1909家、汽车车身及挂车制造企业9家、改装汽车制造企业30家、低速载货汽车制造企业1家。

3.2012年上海139部门投入—产出表

投入—产出分析是研究产业之间前向、后向关联最为重要的研究方法;投入—产出表是分析产业之间波及效应的基础数据。上海市统计局于2012年展开了第六次投入—产出调查,本研究使用上海市统计局发布的2012年上海139产业部门投入—产出表来分析产业关联损失(表4.7)。

表4.7　上海市2012年139部门投入—产出表示例(单位:万元)

行业	汽车整车	汽车零部件及配件	铁路运输和城市轨道交通设备	……	最终产品	总产出
汽车整车	1781147	0	0	……	31291604	24640742
汽车零部件及配件	8659071	5524539	105	……	10781079	20875657
铁路运输和城市轨道交通设备	0	177	21096	……	3689314	394961
……	……	……	……	……	4563004	1819624
总投入	24640742	20875657	394961	……	31291604	24640742

资料来源:上海市统计局。

三、研究框架与方法

根据汽车制造企业的具体地址,利用百度公司提供的在线服务"地图拾取坐标系统"进行查询,可得到汽车制造企业的经度和纬度。由于百度所用的地理坐标系与WGS1984地理坐标系存在着一定的偏离,因此需要将之与WGS1984地理坐标系相互校正。利用ArcGIS10.2软件将校正后的企业经纬度进行地理编码,得到2013年上海汽车制造企业的点状矢量数据。

利用ArcGIS10.2软件将上海黄浦江极端洪灾情景栅格数据与2013年上海汽车制造企业的点状矢量数据相叠加,采用该软件空间分析工具箱中"值提取到点"工具,可将极端洪灾栅格数据的水深信息提取至企业点矢量数据中,根据淹没水深数据可识别出极端洪灾情景下受影响的汽车制造企业。

根据相关数据与公式,可分别计算出上海汽车制造业的直接经济损失、停产损失,继而利用投入产出模型分析汽车制造业停产波及效应造成的产业关联损失。研究框架如图4.7所示。

(一)直接经济损失评估方法

直接经济损失是指厂房建筑、生产设备、存货等资产的物理损坏所造成的经济损失。由于厂房建筑、生产设备、存货等资产在不同的洪水淹没深度下的脆弱性不同,因此分别对应着不同的损失率。

1.厂房建筑经济损失评估

标准化工业厂房通常仅有一层,因此本研究在计算工业厂房建筑损失时,只考虑了汽车

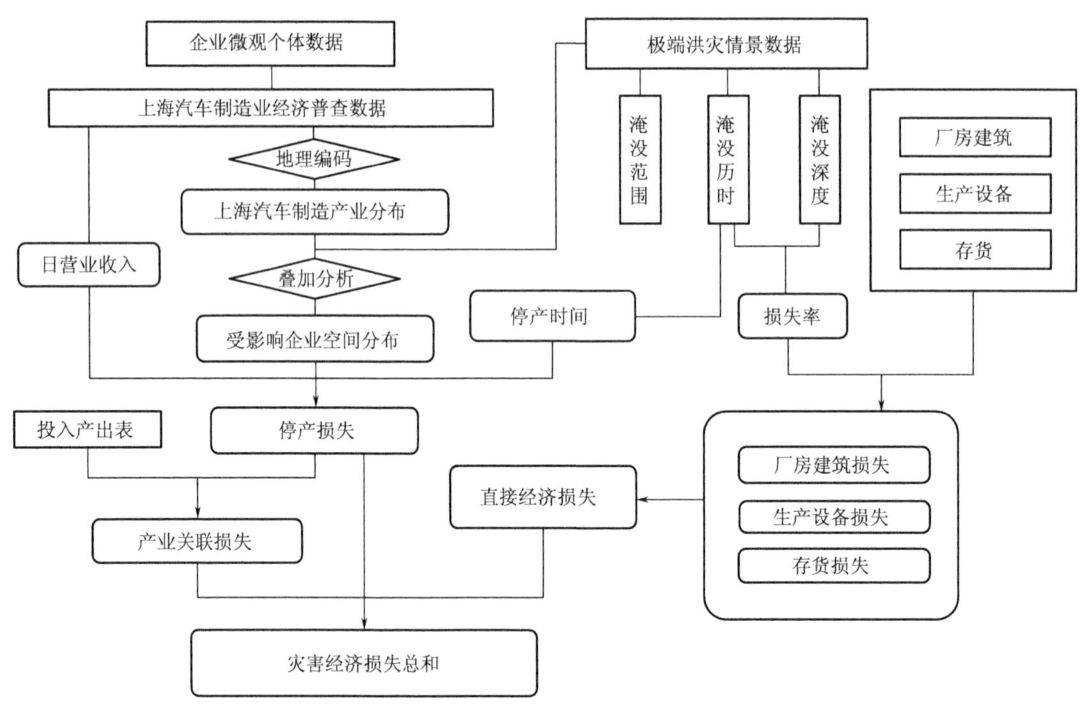

图 4.7 研究框架

企业厂房建筑一楼造价。利用百度公司提供的卫星地图,可根据受到极端洪灾影响的汽车制造企业地址进行搜索得到企业工业厂房的具体位置。根据百度地图提供的测距服务测算出工业厂房各个建筑物的长度和宽度,进而可以计算得出各企业的工业厂房一楼建筑面积。工业厂房单位造价可利用上海城测工程造价咨询公司 2011 年发布的《上海市各类建筑工程造价参考标准》中 1100 元/m^2 标准工业厂房的造价基准。上海汽车制造企业工业厂房一楼造价 Z 计算公式为:

$$Z = F \times 1100 \tag{4.11}$$

式中,F 为利用百度卫星地图测量并计算得出的工业厂房一楼总建筑面积。

厂房建筑直接经济损失的计算公式为:

$$L_{bd} = \sum_{k=1}^{n} \sum_{i=1}^{j} Z \times V_k \tag{4.12}$$

式中,L_{bd} 为厂房建筑直接经济损失,Z 为不同进水深度区间的汽车制造企业工业厂房一楼造价,V_k 为不同淹没深度区间的厂房建筑损失率,n 为淹没深度区间分级数,j 为被淹的企业数量。

目前,厂房建筑脆弱性曲线研究并未将其细分到具体的工业行业门类。由于工业厂房的日益标准化,厂房建筑在不同行业间的差异正在逐步缩小,工业生产设施的差异主要体现在生产设备上而并非体现在厂房建筑上。因此,本研究采用 Ke(2014)参考上海等城市历史灾害损失数据所建立的极端洪灾情景下上海工业厂房建筑物脆弱性曲线来评估上海汽车制造业厂房建筑损失。当淹没深度分别为 0~0.5 m、0.6~1 m、1.1~1.5 m、1.6~2 m、2.1~

2.5 m、2.6～3 m时，工业厂房建筑损失率 V_k 分别为3%、8%、11%、15%、19%和22%。按照上述损失率将不同淹没深度下的汽车企业相应分为6个区间，因此在公式(4.12)中 n 为6。

2. 生产设备直接经济损失评估

Kajitani等(2014)对东日本大地震后受灾工厂的调查发现，受到海啸影响的区域内工厂生产设施受到浸水影响遭受到严重破坏。根据国家标准《建筑电气工程施工质量验收规范》(GB 50303—2002)，标准工业厂房的电源插座应当高于地面0.3 m。若淹没深度超过0.3 m，可能对厂房的电力系统及生产设备造成较大的损害，导致生产设备无法继续投入使用。在计算生产设备直接经济损失时选取了淹没水深大于0.3 m的汽车制造企业进行评估，假设0.3 m以上水深区间内生产设备的期望损失率为1。

上海汽车制造业生产设备直接经济损失的计算公式为：

$$L_{\mathrm{fd}} = \sum_{i=1}^{r}(e \times V/E - Z) \tag{4.13}$$

式中，r 为处于水深在0.3 m以上区间的企业数量，e 为从业人员数量，V 为上海汽车制造业规模以上企业固定资产价值，E 为汽车制造业规模以上企业从业人员数量，V/E 为上海汽车制造业规模以上企业的人均固定资产价值，Z 为企业的厂房建筑一楼工程造价。其中，V 和 E 两项指标数据来自于《中国经济普查年鉴—2013》。

3. 存货直接经济损失评估

上海汽车制造业整车企业存货直接经济损失的计算公式为：

$$L_{\mathrm{id}} = \sum_{i=1}^{j} e \times P/E \times V_P \tag{4.14}$$

式中，V_P 为汽车进水后随高度变化的损失率。根据中国人寿财产保险股份有限公司云南分公司发布的《保险机动车辆涉及水灾损失理赔工作指导意见》，汽车被淹资产损失率应根据水淹高度进行确认。该水淹高度以汽车内部零部件所在位置为标准。结合国家标准《客车车内尺寸》(GB/T 13053—2008)中对车辆内部零部件位置的规定，确定淹没深度在0～0.3 m、0.4～0.7 m、0.8～1.0 m、1.1～1.65 m、1.65 m以上时，汽车整车制造企业的存货资产损失率 V_P 分别为2.5%、5.0%、15.0%、30%和60%。P/E 为汽车制造业规模以上企业人均存货价值，E 为被淹企业从业人员数量，P 为上海汽车制造业规模以上企业的存货价值，P 数据来自于《中国经济普查年鉴—2013》。j 为进水的整车企业数量，在本研究中 j 等于4。

(二)停产损失评估方法

在本研究中，停产损失是指在极端洪灾情景下上海汽车制造企业由于生产设备、厂房建筑等固定资产被淹、周边交通运输路线受阻等原因导致的生产中断所造成的经济损失。上海市第三次经济普查数据库中并未给出每家企业的产出数据，考虑到工业企业的营业收入与产出相对接近，本研究采用汽车制造企业的日营业收入替代日产出。

受灾的汽车制造企业的日营业收入 D_r 的计算公式为：

$$D_r = Y_r/365 \tag{4.15}$$

式中，Y_r 为企业的年营业收入。

企业恢复生产时间(TTR)是影响企业停产损失评估的重要因素(Simchi-Levi et al.,2015)。Haraguchi 等(2014)从汽车行业全球供应链的角度,探讨了 2011 年泰国洪水对泰国汽车制造业以及对世界经济的影响。泰国洪水影响下的 7 个汽车工业园区的平均停产时间为 46 d。由于 2011 年泰国洪水与本研究中的洪灾情景类似,并且上海和泰国的汽车制造企业大多以工业园区的形态分布。根据泰国洪水经验,本研究假定上海汽车制造企业最少需要 46 d 的时间,可以将洪水排净并恢复生产,即企业停产时间 T 为 46 d。

如前所述,依据国家标准《建筑电气工程施工质量验收规范》(GB 50303—2002),标准工业厂房的电源插座到地面距离应大于 0.3 m。因此当极端洪灾的淹没水深小于 0.3 m 时,该区间内的汽车制造企业将不会因为被淹而造成停产。在计算停产损失时选取了淹没水深大于 0.3 m 的汽车制造企业。据统计,上海一共有 373 家汽车制造企业水淹深度在 0.3 m 之上并造成了停产损失。

汽车制造企业停产损失的计算公式为:

$$L_s = T \times \sum_{i=1}^{r} D_r \tag{4.16}$$

式中,T 为停产时间,D_r 为受灾企业的日营业收入,r 为水深在 0.3 m 以上区间的企业数量。

(三)波及效应引发的产业关联损失评估方法

国家标准《地震灾害间接经济损失评估方法》(GB/T 27932—2011)提供了可推广到其他灾害情景下的产业停产引发产业关联损失的计算方法。

根据这一国家标准,汽车制造业 i 由于停产而受到影响的最终产品 Y'_i 的计算公式为:

$$Y'_i=(Y_i^{\circ}/X_i^{\circ}) \times L_s \tag{4.17}$$

式中,Y_i° 汽车制造业 i 未受到极端洪灾影响时的最终产品;X_i° 为汽车制造业 i 未受极端洪灾影响时的总产出,数据来自 2012 年上海 139 部门投入—产出表;L_s 为停产损失。

第 j 产业受汽车制造业 i 停产损失的影响值 Y_j^i 的计算公式为:

$$Y_j^i=(Y_j^{\circ}/Y_i^{\circ}) \times Y'_i \tag{4.18}$$

式中,Y_j° 为第 j 产业未受灾害影响时的最终产品,数据来自 2012 年上海 139 部门投入—产出表。

第 j 产业受汽车制造业 i 停产损失的影响,减少的总产出 G_j^i,即汽车制造业 i 停产后对其他后向的中间投入部门造成的产业关联损失 G_j^i 的计算公式为:

$$G_j^i=Y_j^i \times a_{ji} \tag{4.19}$$

式中,a_{ji} 为投入—产出表计算得出 $(\boldsymbol{I}-\boldsymbol{A})^{-1}$ 矩阵(王岳平等,2006)(即完全需要系数矩阵)第 j 行第 i 列的值。

这些后向产业部门的停产或者减产又会减少对汽车制造业的使用,造成波及效应,引发关联损失。

极端洪灾对汽车制造业 i 的最终影响数值计算公式为:

$$Y_{\max}=\max(Y_j^1, Y_j^2, Y_j^i, \cdots, Y_j^n) \tag{4.20}$$

汽车制造业 i 总的间接经济损失 L_{Ti} 计算公式为:

$$L_{Ti}=a_{ij} \times Y_{\max} \tag{4.21}$$

式中，L_{Ti} 为汽车制造业 i 总的间接经济损失，a_{ij} 为投入—产出表计算得出 $(\boldsymbol{I}-\boldsymbol{A})^{-1}$ 矩阵(即完全需要系数矩阵)第 i 行第 j 列的值。完全需要系数矩阵根据 2012 年上海 139 部门投入—产出表计算。

汽车制造业 i 受到的产业关联损失 G_i，即计算公式为：

$$G_i = L_{Ti} - L_s \tag{4.22}$$

式中，L_{Ti} 为汽车制造业 i 总的间接经济损失，L_s 为停产损失。

四、受灾企业暴露分析

自然灾害风险受到致灾因子、承灾体脆弱性、承灾体在该致灾因子作用下的暴露三个因素的影响(李宁等，2016)。史培军等(2014)指出，暴露是指孕灾环境中扰动形成的致灾因子在承灾体子系统表面的投影，承灾体对致灾因子的暴露是损失形成的前提。具体而言，人员、经济、社会或文化资产等要素均有可能暴露在致灾因子的作用下并受到威胁，暴露于致灾因子中的人员和财产越多，其可能遭受的潜在损失及面临的灾害风险也就越大(史培军等，2014)。

利用 ArcGIS10.2 软件将 1000 a 一遇极端洪灾淹没情景与 2013 年上海汽车制造业经济普查数据进行叠加，得到暴露在极端洪灾情景下的上海汽车制造企业空间分布情况(图 4.8(彩))。

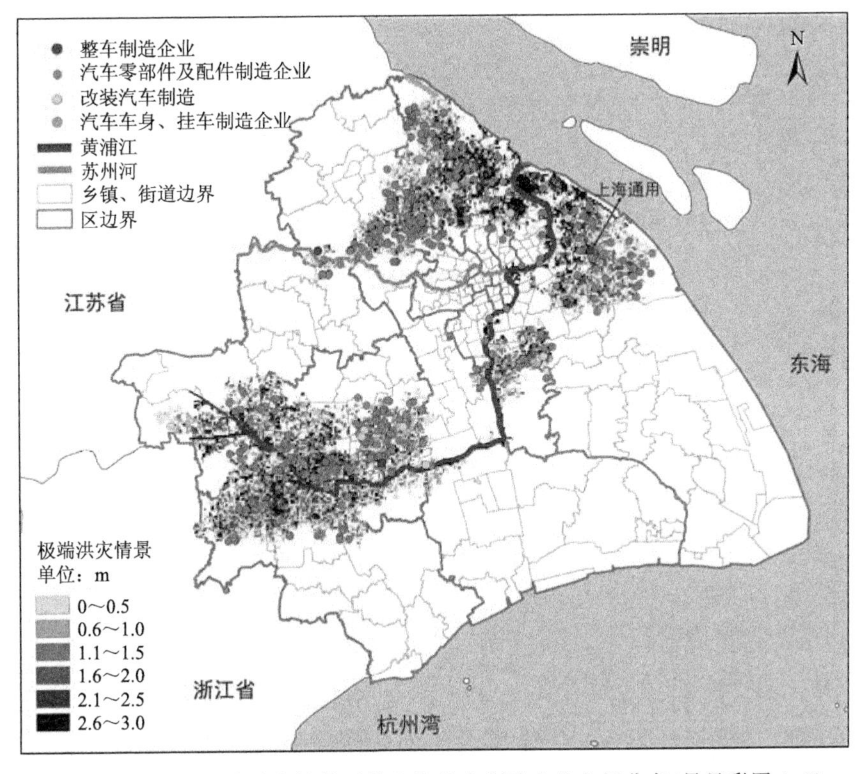

图 4.8　暴露在极端洪灾情景下的上海汽车制造企业空间分布(另见彩图 4.8)

统计发现，上海市共有 451 家汽车制造企业直接受到极端洪灾影响，占上海汽车制造企业总数的23.1%。共有67953名汽车制造业的从业人员直接受到极端洪灾影响,占上海汽车制造业从业人员总数的25.9%。受影响的汽车制造企业2013年营业收入之和为2206.9亿元,占全市汽车制造企业营业收入总额的39.8%。

从汽车制造行业类型来看,分别有4家汽车整车制造企业、435家汽车零部件及配件制造企业、10家改装汽车制造企业、2家汽车车身和挂车制造企业直接受到极端洪灾的影响,分别占受灾汽车制造企业总和的0.9%、96.5%、2.2%、0.4%。其中,包括上海通用在内的4家整车制造企业的总营业收入之和为1640.1亿元,占受灾汽车制造企业营业收入总额的74.3%。零部件及配件制造行业是受灾企业数量最多的汽车制造行业,2013年总营业收入之和为547.6亿元,占受灾汽车制造企业营业收入总额的24.8%。

从不同水深区间内汽车制造企业的暴露情况来看,0~0.5 m和0.6~1.0 m淹没水深区间内受灾的汽车制造企业数量最多,分别有122家、138家,分别占全部受灾企业的27.1%、30.6%,但这些汽车制造企业的规模相对较小,从业人员和营业收入所占比例相对较小(表4.8)。在2.1~2.5 m、2.6~3.0 m淹没水深区间内分别有50家、24家汽车制造企业被淹,分别占受灾汽车制造企业数量的11.1%、5.3%。该极端淹没水深区间内的企业从业人员之和分别为16927人、35402人,分别占受灾企业从业人员总量的24.9%、52.1%;营业收入之和分别为129.6亿元、2025亿元,分别占被淹汽车制造企业营业收入总额的5.9%、91.8%。可见,2.1~2.5 m、2.6~3.0 m淹没水深区间内的汽车制造企业的规模相对较大,淹没深度较深,受灾后有可能造成较为严重的经济损失。

表4.8 不同淹没水深区间企业暴露情况

淹没水深(m)	企业数量(家)	企业数量比例	从业人员(人)	从业人员比例	营业收入(亿元)	营业收入比例(%)
0~0.5	122	27.1%	2073	3.1%	0.7	0.0
0.6~1.0	138	30.6%	2721	4.0%	7.0	0.3
1.1~1.5	67	14.9%	3990	5.9%	13.7	0.6
1.6~2.0	50	11.1%	6840	10.1%	30.9	1.4
2.1~2.5	50	11.1%	16927	24.9%	129.6	5.9
2.6~3.0	24	5.3%	35402	52.1%	2025	91.8
合计	451	100.0%	67953	100.0%	2206.9	100.0

五、受灾企业经济损失评估

(一)直接经济损失评估

利用公式(4.11)和公式(4.12)可计算得出极端洪灾情景下上海汽车制造业的厂房建筑损失为3.1亿元;利用公式(4.13)可计算得出上海汽车制造业的生产设备直接经济损失为196.1亿元;利用公式(4.14)可计算得出上海汽车整车制造企业存货直接经济损失为9.7亿元。

从各类直接经济损失在上海各行政区的分布情况来看,松江区、浦东新区、宝山区和嘉定区的厂房建筑直接经济损失金额分别为1亿元、0.7亿元、0.6亿元、0.4亿元,合计占全市比例为86.7%,是汽车制造企业厂房建筑损失较为严重地区。浦东新区、嘉定区、松江区和宝山区生产设备直接经济损失分别为93.4亿元、32.3亿元、27.4亿元、26.2亿元，合计占全市比例为91.5%。其中，浦东新区生产设备直接经济损失最为严重，占全市比例为47.6%。

从各类直接经济损失在上海各乡镇、街道及开发区分布情况来看，上海市一共有66个乡镇、街道及开发区的汽车制造企业受到极端洪灾情景的影响。厂房建筑直接经济损失占前10位的金桥出口加工区、松江工业区、顾村镇、外高桥保税区、车墩镇等地的厂房建筑直接经济损失总和为1.6亿元，占全市比例为50.5%(图4.9)。

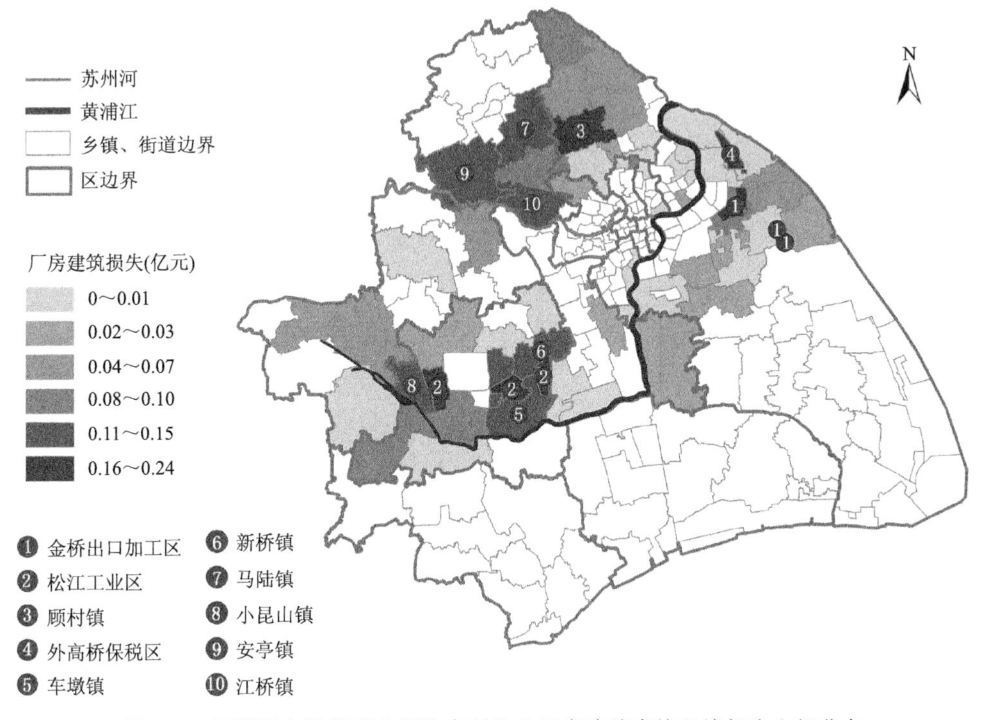

图4.9　极端洪灾情景下上海汽车制造业厂房建筑直接经济损失空间分布

生产设备直接经济损失占前10位的金桥镇、金桥出口加工区、宝山城市工业园区等地的该项经济损失总和为132.9亿元，占全市该项损失总额的67.8%(图4.10)。

从各类直接经济损失在不同水深区间的分布情况来看，分布于0～0.5 m、0.6～1.0 m、1.1～1.5 m、1.6～2.0 m、2.1～2.5 m、2.6～3.0 m淹没水深区间内的厂房建筑直接经济损失分别为0.7亿元、0.5亿元、0.6亿元、0.7亿元、0.5亿元。汽车制造企业厂房建筑直接经济损失分布情况较为平均。生产设备直接经济损失在0～0.5 m、0.6～1.0 m、1.1～1.5 m、1.6～2.0 m、2.1～2.5 m、2.6～3.0 m淹没水深区间分别为1.4亿元、6.8亿元、10.6亿元、19.2亿元、49.5亿元、108.6亿元，呈现出损失随着淹没水深数值增大而逐渐扩大的特点。

(二)停产损失评估

利用公式(4.15)和公式(4.16)及相关数据，可计算得出极端洪灾情景下上海汽车制造业的停产损失为278.1亿元。从停产损失在上海各行政区的分布情况来看，浦东新区、嘉定区、宝山区、松江区停产损失最为严重，分别为221.7亿元、28.3亿元、12.6亿元、11.7亿元，

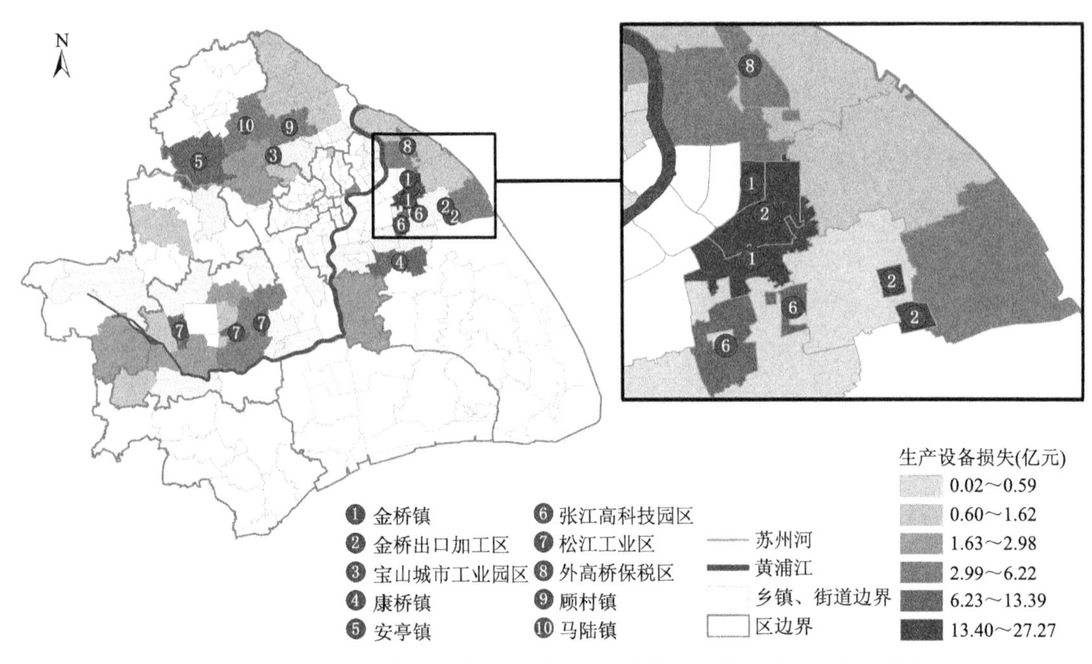

图 4.10 极端洪灾情景下上海汽车制造业生产设备直接经济损失空间分布

占全市汽车制造企业停产损失总额的比例分别为 79.7%、10.2%、4.5%和 4.2%，合计占比达 98.6%。其余地区的停产损失之和占全市汽车制造企业停产损失总额的比例仅为 1.4%。

从停产损失在各乡镇、街道及开发区的空间分布情况来看，停产损失金额占前 10 位的地区停产损失合计为 258.7 亿元，占全市汽车制造企业停产损失总额的 93%(图 4.11)。其中，金桥镇、安亭镇、金桥出口加工区、张江高科技园区停产损失较为严重，停产损失分别为 184.1 亿元、22.8 亿元、8 亿元、5.3 亿元。上海通用整车厂所在的浦东新区金桥镇是此次极端洪灾情景下上海汽车制造业经济损失最为严重的地带。

从停产损失在汽车制造业内部各行业的分布情况来看，汽车整车制造、汽车零部件及配件制造、改装汽车制造、汽车车身及挂车制造企业的停产损失分别为 260.7 亿元、69 亿元、2.3 亿元、0.1 亿元，分别占全市汽车制造企业总停产损失的 74.3%、24.8%、0.8%、0.1%。由此可见，受到极端洪灾影响而停产后，由于汽车整车制造企业规模较大，而汽车零部件及配件制造企业的受灾企业数量较多，这两个行业损失较为严重。

从停产损失在不同的淹没水深区间的分布情况来看，分布于 0～0.5 m、0.6～1.0 m、1.1～1.5 m、1.6～2.0 m、2.1～2.5 m、2.6～3.0 m 淹没水深区间的汽车制造企业分别造成了 0.1 亿元、0.9 亿元、1.7 亿元、3.9 亿元、16.3 亿元、255.2 亿元的停产损失，占全市汽车制造企业停产损失的比例分别为 0.03%、0.3%、0.6%、1.4%、5.9%和 91.76%。其中，2.5～3.0 m 淹没水深区间内的两家乘用车整车厂分别造成了 183.7 亿元和 22.8 亿元的停产损失，从而使得该区间停产损失最为严重。

(三)产业关联损失评估

2012 年上海 139 部门投入—产出表列出了两个汽车制造业门类，即汽车整车制造、汽车零部件及配件制造企业的投入产出情况。利用第三次经济普查使用的《国民经济行业分类

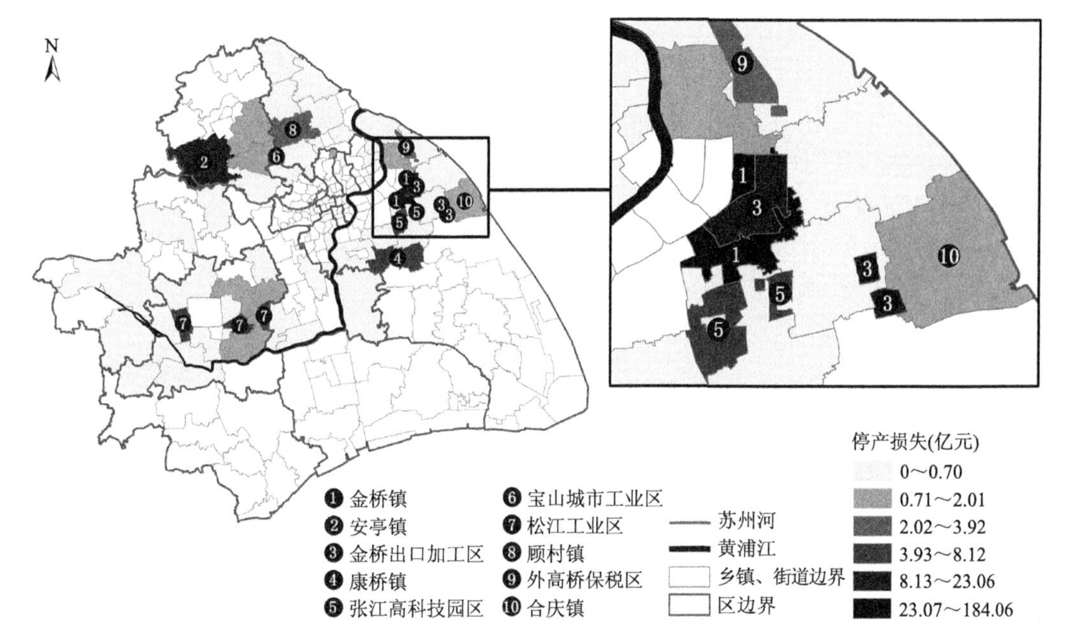

图 4.11　极端洪灾情景下上海汽车制造业停产损失空间分布

标准》(GB/T 4754—2011)中对汽车制造业各个行业的界定,将经济普查数据中的汽车整车制造、改装汽车制造、低速载货汽车制造、电车制造、汽车车身、挂车制造归并为投入—产出表中的汽车整车行业。

利用公式(4.17)、公式(4.18)、公式(4.19)可以计算出汽车整车制造业、汽车零部件及配件行业对产业网络后向相关行业造成的关联损失分别为 1037.6 亿元、144.7 亿元,合计为 1182.3 亿元。

汽车制造业产业关联损失前 30 名的行业情况如表 4.9 所示。前 30 名行业部门的产业关联损失之和为 1053.9 亿元,占到产业关联损失总额的 89.1%。由于整车是由各种汽车零部件及配件整合而成,因此整车制造企业一旦停产,将会对汽车零部件及配件的生产造成巨大的波及效应。在极端洪灾情景下,汽车整车制造业停产后,汽车零部件及配件产业关联损失为 138.7 亿元(表 4.9)。零部件及配件制造企业拥有不同的集成层级,越高层级的零部件供应商停产,对下级零部件的生产造成波及效应就越大。在极端洪灾情景下,汽车零部件及配件停产对该行业本身造成的产业关联损失为 48.7 亿元(表 4.9)。此外,钢压延加工业、有色金属及其合金和铸件、废弃资源和废旧材料回收加工品、批发和零售等产业关联损失分别为 60.4 亿元、49.9 亿元、47.3 亿元、46.4 亿元。这些行业与汽车制造行业密切相关,受汽车制造行业停产的波及影响后,产生了较为严重的产业关联损失。

表 4.9　汽车制造业停产对若干产业造成关联损失情况(单位:亿元)

行业	汽车整车产业停产关联损失(A)	A 损失所占比例(%)	汽车零部件及配件产业停产后向关联损失(B)	B 损失所占比例(%)	合计损失($A+B$)
汽车整车	287.6	27.7	0.2	0.1	287.8

续表

行业	汽车整车产业停产关联损失(A)	A损失所占比例(%)	汽车零部件及配件产业停产后向关联损失(B)	B损失所占比例(%)	合计损失(A+B)
汽车零部件及配件	138.7	13.4	48.7	33.6	187.4
钢压延产品	54.3	5.2	6.0	4.2	60.4
有色金属及其合金和铸件	38.3	3.7	11.6	8.0	49.9
废弃资源和废旧材料回收加工品	39.6	3.8	7.7	5.3	47.3
批发和零售	42.2	4.1	4.2	2.9	46.4
商务服务	32.6	3.1	3.7	2.5	36.3
电力、热力生产和供应	24.5	2.4	4.6	3.1	29.1
有色金属压延加工品	21.6	2.1	6.4	4.4	28.0
金属制品、机械和设备修理服务	22.6	2.2	4.0	2.8	26.6
精炼石油和核燃料加工品	21.0	2.0	3.3	2.3	24.3
石油和天然气开采产品	20.7	2.0	3.3	2.3	24.0
货币金融和其他金融服务	19.9	1.9	2.6	1.8	22.5
电子元器件	17.0	1.6	4.3	3.0	21.3
其他通用设备	18.2	1.8	1.2	0.8	19.4
黑色金属矿采选产品	12.9	1.2	1.7	1.2	14.6
塑料制品	13.0	1.2	1.4	1.0	14.3
煤炭采选产品	11.4	1.1	1.7	1.2	13.1
基础化学原料	10.1	1.0	1.5	1.1	11.7
道路运输	9.5	0.9	1.3	0.9	10.8
合成材料	8.0	0.8	1.5	1.0	9.5
家具	8.1	0.8	0.4	0.3	8.6
钢、铁及其铸件	6.7	0.6	1.8	1.3	8.6
其他服务	7.8	0.8	0.5	0.3	8.3
有色金属矿采选产品	6.4	0.6	1.7	1.2	8.1
橡胶制品	7.3	0.7	0.6	0.4	8.0
金属制品	6.4	0.6	1.3	0.9	7.6
房地产	6.7	0.6	0.8	0.6	7.6
水上运输	5.7	0.5	0.8	0.6	6.5
铁合金产品	5.5	0.5	0.7	0.5	6.2
合计	924.5	89.1	129.4	89.4	1053.9

利用公式(4.18)、公式(4.19)、公式(4.20)、公式(4.21)可计算汽车整车制造业和汽车零部件和配件行业总的间接经济损失分别为330亿元、316.1亿元。利用公式(4.22)可以计算得出汽车整车制造业、汽车零部件及配件行业受到相关行业停产、减产影响后的产业关联

损失分别为120.9亿元、247.1亿元。

六、结论与讨论

极端灾害情景下产业系统脆弱性和风险评估问题是目前被普遍关注的热点问题(袁海红等,2015)。本研究以上海汽车制造业为例,基于情景分析方法,揭示了极端洪灾情景下汽车制造产业的暴露情况,对汽车制造产业系统的直接经济损失、停产损失以及停产波及效应造成的产业关联损失进行了集成评估,并识别出产业损失最为严重的空间。在直接经济损失评估中,利用上海工业厂房建筑、生产设备、整车制造企业存货等资产在洪涝灾害中的脆弱性曲线,结合厂房建筑造价以及生产设备、整车制造企业存货的价值,分别评估了极端洪灾影响下上海汽车制造产业的厂房建筑损失、生产设备损失以及极端洪灾对整车存货造成的经济损失;在企业停产损失评估中,利用企业恢复生产时间结合企业日营业收入数据,对极端洪灾情景范围内受灾的汽车制造企业的停产损失进行了评估;在波及效应评估中,利用投入产出模型,评估了上海汽车制造企业停产引发的产业关联损失。

研究表明,在极端洪灾情景下:

(1)上海市共有451家汽车制造企业暴露在极端洪灾之中,受灾企业占上海汽车制造企业总数的23.1%。这些企业从业人员为67953人,年营业收入2206.9亿元,占全市比例分别为23.1%、25.9%。

(2)从经济损失的层次结构来看,上海汽车制造业厂房建筑、生产设备直接经济损失分别为3.1亿元、196.1亿元,整车制造企业存货直接经济损失为9.7亿元。上海市整车制造企业、零部件及配件制造企业的停产损失分别为209.1亿元、69亿元,对相关联的产业分别造成了1037.6亿元、144.7亿元产业关联损失。汽车整车制造业、汽车零部件及配件行业受到相关行业停产、减产影响后形成的产业关联损失分别为120.9亿元、247.1亿元。

(3)从经济损失的空间结构来看,上海汽车制造业经济损失呈现出向浦东新区、松江区等区集中的格局。其中,松江区厂房建筑直接经济损失为1亿元,占全市厂房建筑直接经济损失总额的32.3%,是损失最为严重的地区。浦东新区生产设备直接经济损失和停产损失较为严重,两项损失分别为93.4亿元、221.7亿元,占全市比例分别为47.6%和79.7%。其中,上海通用整车厂所在的浦东新区金桥镇停产损失为184.1亿元,是此次极端洪灾影响下上海汽车制造业停产损失最为严重的地带。

(4)从经济损失在不同水深区间的分布来看,2.6～3.0 m水深区间内的汽车制造企业停产损失最为严重,高达255.2亿元。该淹没水深区间内的两家汽车整车厂分别造成了183.7亿元、22.8亿元停产损失。

对灾害风险进行灾前监测、管理和识别,并对灾害风险进行量化与评估,可以极大提升产业系统的韧性(Zhai et al.,2015)。目前国内外损失评估研究大多集中于灾后的应急救援和恢复重建阶段,本研究从灾前风险分析的角度对评估上海汽车制造企业经济损失,可以使决策者充分认识到自身产业系统的脆弱性和潜在损失,并采取有针对性的风险防范措施。

从政府层面来看:

(1)在工程性措施方面,政府应继续加高和巩固黄浦江、苏州河等薄弱区段的防汛墙,使之达到抵御 1000 a 一遇极端洪水风险的标准，并采取建设调节池、构建生态排水系统等措施。

(2)在非工程性措施方面，政府应将洪涝灾害风险管理纳入城市规划并完善洪涝灾害防御工程设施建设体制，提高灾害的预报精度。

从企业层面来看：

(1)汽车制造企业在进行企业选址时尽量选择地势较高的位置，减少企业在洪涝灾害中的暴露；在灾前应制定详细的防洪预案，在灾害发生前做好充足准备，如建设企业防洪工程措施，准备充足的沙袋，设立厂房防水挡板，配备应急水泵，加强排水管网的建设等。同时加强对工业厂房特别是厂房内的生产设备、存货的防洪管理，提高企业内的洪水疏通排放能力，进而降低洪涝灾害经济损失风险。

(2)在生产运行过程中，汽车整车制造企业应当制定周密的业务连续性计划，重点加强供应链的可持续性管理与关键零部件的库存管理，提高企业对风险的预防能力以及短时间的复原力，确保在出现紧急情况时，关键零部件库存仍能维持一段时间的供应。整车制造企业以及关键零部件及配件制造企业在汽车制造业网络中具有重要地位，因此上海通用等大型制造企业在生产运行过程中更需要加强企业的灾害风险管理。同时，整车制造企业还应努力推进关键零部件的标准化和采购的分散化，避免某一关键零部件企业受灾后生产中断导致停产损失及其波及效应引发的产业关联损失。

尚存在着以下不足：

(1)利用基于假设无黄浦江防汛墙保护措施的 1000 a 一遇极端洪灾情景，将研究重点放在了探讨直接经济损失和间接经济损失的集成评估方法之上。后续研究需加强多情景下上海复合极端洪水灾害建模与模拟，从而评估不同重现期、不同情景的极端洪水可能对上海产业系统造成的损失及其风险。

(2)由于缺少企业固定资产价值的准确数据，使用了上海规模以上汽车制造企业的从业人员数量和人均固定资产价值估算企业个体的固定资产价值。在汽车制造业自动化生产技术高速发展的今天，利用该方法进行直接损失评估存在一定误差。此外，只估算了整车制造企业的存货损失，并未涉及汽车零部件及配件企业存货损失的评估，后续研究应采取实地调研的方法，建立灾损方程(李卫江等，2014)，评估汽车零部件及配件制造企业的存货损失。

(3)仅利用上海产业部门投入—产出表对汽车产业停产在上海市域范围对其他产业的波及效应进行了分析，后续研究可结合中国区际乃至国际产业部门的投入—产出表来分析上海汽车产业停产对全国乃至全球生产网络的波及效应。

第三节　地震灾害情景下丰田汽车产业空间网络风险评估

一、引　言

近年来，极端自然灾害事件的发生频率及其造成的社会经济损失呈现上升趋势。特别是，2011 年日本东北地震和泰国洪水等自然灾害事件对地方制造业的破坏及其导致的全球经济波及影响，使现代产业经济的脆弱性和风险日益受到关注。如何有效评估自然灾害事件对产业网络的直接损失和间接影响，揭示灾害风险扩散过程和机理，构建兼具效率和弹性产业经济系统，成为灾害风险管理领域亟待解决的问题（Merz et al.，2013；Levermann，2014；Okuyama et al.，2014；袁海红等，2015）。

自然灾害风险评估的角度和服务主体不同，决定了灾害损失计算的空间尺度、内涵、方法和结果意义的差异性。从整个区域角度，需要综合评估灾害所导致的区域环境、经济产出、居民就业和收入等一系列影响。从企业角度，则更多考虑灾害对自身生产系统的固定资产直接损失及生产经营过程中断所造成的间接功能损失。目前，大多数研究是从宏观区域的角度，利用产业部门间或区域间投入产出关联系数以及投入产出法（IO）、可计算一般均衡模型（CGE）等，评估自然灾害在产业系统中的扩散效应及其造成的区域经济间接损失（Rose et al.，2005；Hallegatte，2008；吴吉东等，2009；Wu et al.，2012；李宁等，2012；孟永昌等，2015）。IO、CGE 模型主要应用在聚合的产业或区域尺度，把产业部门或者区域作为整体单元，反映它们之间的关联性。由于对区域产业中微观生产企业个体关注较少，在一定程度上忽视了具体产业网络的物理结构、拓扑及地理特性（Haraguchi et al.，2014），难以深入认识和揭示灾害风险从局部关键生产节点扩散波及到整个产业网络的过程和机理（Meyer et al.，2013）。

企业是产业经济系统最基本的承灾体单元，自然灾害造成的产业损失取决于微观企业个体及其相互关联的网络结构（Henriet et al.，2012）。近年来，随着数据库技术及数据密集型分析方法的发展，利用企业个体数据及其复杂交易关系，从网络分析的视角研究产业风险成为一种新的可选择方法（Saito，2015），它能够更好地模拟产业网络的结构可靠性、关键性节点以及灾害风险扩散的因果机理及依赖路径等。部分研究（袁海红等，2014）关注到企业在区域产业经济中的基础地位，利用企业个体地理分布数据，构建精细空间尺度的产业经济脆弱性评估模型，以探测产业经济脆弱性在连续空间变化。但是，由于数据限制，这些研究没有考虑到企业之间的交易网络及地理空间联系。另外一些研究（闫妍，2009；Garvey et al.，2015）基于企业交易网络的拓扑结构，利用网络分析方法模拟灾害风险的间接扩散效应。但是这些研究更多应用于企业总部（公司）之间的社会交易网络，反映的是资金和信息流关系，而对工厂生产实体及其物流联系组成的地理空间网络涉及较少。自然灾害情景下，直接遭受破坏的是工厂设施，灾害影响扩散依赖的是空间物流网络，因此从地理空间网络层面分析产业风险更具合理性。

本研究主要从产业网络角度，以日本丰田汽车为例，以东南海地震为情景，基于工厂个体数据及其供应链拓扑和空间网络，模拟灾害风险从局部节点扩散到整个产业网络过程，建立灾害对产业网络物理损失与间接功能损失的评估模型。理论意义方面，基于个体粒度基础数据及其地理空间关联网络，可以有效揭示灾害风险的空间扩散和放大机理，提高灾害风险评估结果的空间精度，为产业经济脆弱性和风险的精细尺度研究提供新的思路和方法。现实意义方面，从企业角度，可以使生产决策者充分了解自身产业网络脆弱性，有效识别关键性的脆弱节点，进一步优化产业供应网络结构和空间组织形式，防范和减轻自然灾害的负面影响，合理制定业务连续性计划（Baba，2014）。丰田汽车作为全球著名的制造企业之一，已经构建了全面的部件生产与供应网络。以丰田汽车为典型实例，从地理空间的角度探讨并建立产业网络风险评估理论和方法，可为中国今后开展相关研究提供借鉴。

二、数据来源

主要以丰田汽车集团以及相关企业在日本国内的整车组装厂、不同层级部件供应厂组成的生产和供应网络为研究对象，不包括上游的原材料供应网络，以及下游延伸的销售和服务支持网络。共包括1612个工厂节点，其中整车组装厂11个、一级供应厂177个、二级供应厂357个(图4.12(彩))。

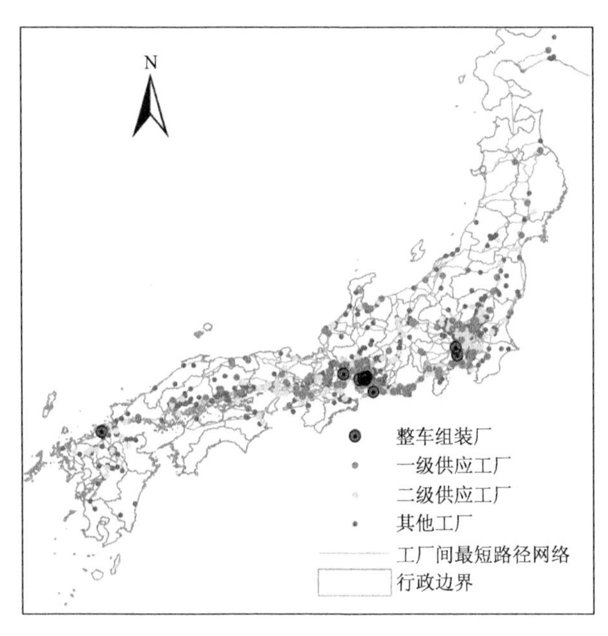

图4.12 研究区域及对象(另见彩图4.12)

(1)地震与海啸强度数据：主要来自于2012年日本内阁府地震专家委员会模拟的地震震度分布数据和海啸淹没深度分布数据。该数据为点状格网格式，包括地理位置、地震震度、海啸淹没深度等信息。

(2)产业网络数据：主要来源于日本产业调查公司IRC出版的《丰田汽车集团实际情况2010年版》文本资料集。该数据包含各个企业及所属工厂的地址、员工人数、建筑面积、主要生产部件名称、生产类型、上下游交易关系等。基于文本信息挖掘的方法，首先将文本资料扫描、识别并转换成电子数据，利用自制系统抽出本研究所需要的信息，自动将信息结构化存入数据库。然后根据企业和工厂的地址信息进行地理编码，生成点状空间数据。由于该资料中缺乏工厂出厂额信息，利用2011年日本工业统计的1 km栅格数据，对落在栅格内所有的企业，将其职工数与栅格内的运输机械制造业的人均出厂额的统计值相乘，得到每个工厂出厂额的估算值，并补充到数据库。基于以上资料，共提取2010年丰田集团和相关企业所属的1364个公司、1612个工厂及2890个部件数据，这些数据主要涉及丰田汽车日本国内生产网络中整车组装工厂、1～3次中大型部件供应工厂。

(3)基本地形图数据、行政区划数据：来源于日本国土地理院的公开数据。

(4)道路网数据:来源于ESRI公司提供的日本全国详细公路网行车导航数据。

三、研究框架与方法

(一)研究框架

自然灾害风险是指在给定的地点和时间段,特定的自然灾害发生所造成的期望损失。按照自然灾害风险系统理论,风险可以概念性地表示为$Risk = f(H, E, V)$。其中,H(hazard)表示自然灾害事件及其强度,E(exposure)表示潜在遭受灾害影响的人员、建筑物及设施等,V(vulnerability)表示暴露要素遭受自然灾害破坏的易损特性。

在本研究中,hazard指东南海地震及其引发的海啸灾害,exposure指丰田汽车产业空间网络,vulnerability指产业网络中工厂节点及物流道路的物理易损性。Exposure和vulnerability决定了直接受灾的工厂设施的物理损失。由于暴露对象是一个关联网络,局部受灾工厂节点又会导致整个网络运行的中断,造成间接的功能损失。因此,地震灾害情景下的产业网络风险评估思路可以用图4.13表示。

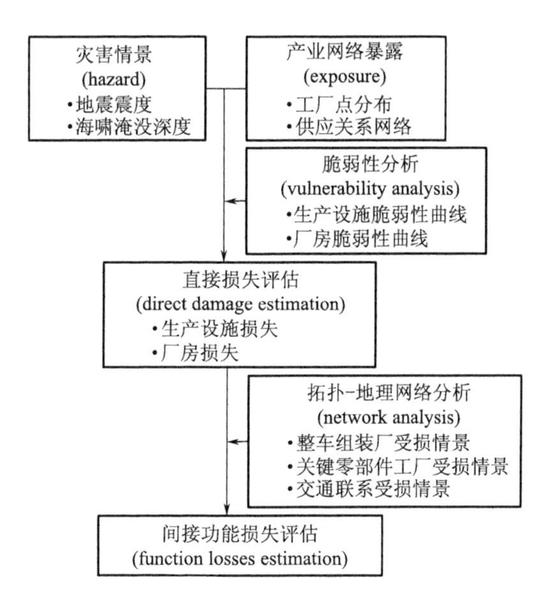

图4.13　研究框架

(二)研究方法

1. 灾害强度情景

基于2012年日本内阁府地震专家委员会发布的东南海地震震度及海啸淹没深度数据库,通过对点状格网数据进行栅格化,得到地震震度图和海啸淹没深度图。

2. 产业空间网络(暴露)的构建

首先,获得各个企业及所属工厂的点状信息(包括地理位置、员工人数、建筑面积、主要生产部件名称、生产类型、出厂额)。

其次,构建企业工厂之间的交易和供应链网络。由于整车部件涉及种类很多,整车企业除了部分关键部件(如发动机)自己制造外,尚需外购于其他的专业部件企业,其交易和供应

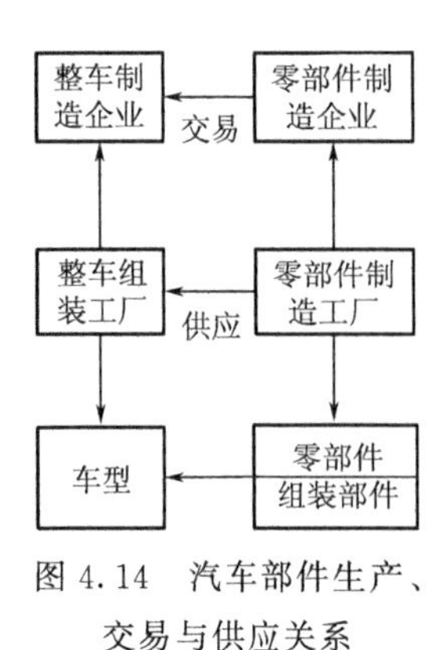

图 4.14 汽车部件生产、交易与供应关系

关系如图 4.14 所示。整车制造企业是指丰田汽车公司及其下属汽车整车组装工厂,分别组装不同车型汽车。汽车部件对应于不同的车型,由相应的部件制造工厂生产,这些工厂归属于不同的企业和集团。公司作为经营实体以交易活动为主,而工厂作为生产实体从事生产活动。公司间的交易关系,以及工厂间的供应关系分别反映了生产网络中的资金流和物流信息。地震灾害对生产网络影响程度最大的是工厂设施及其物流供应关系,因此,基于企业(公司)之间的交易关系数据库(包括企业名称,交易部件名称),在R 软件中利用 igraph 程序包构建企业交易的图网络,然后再把企业所属工厂生产部件名称与交易部件名称进行匹配,使企业间的交易网络转换为工厂间的供应网络。在供应拓扑网络的基础上,分别抽取工厂节点的拓扑属性以及所处的供应层级(图 4.15a)。

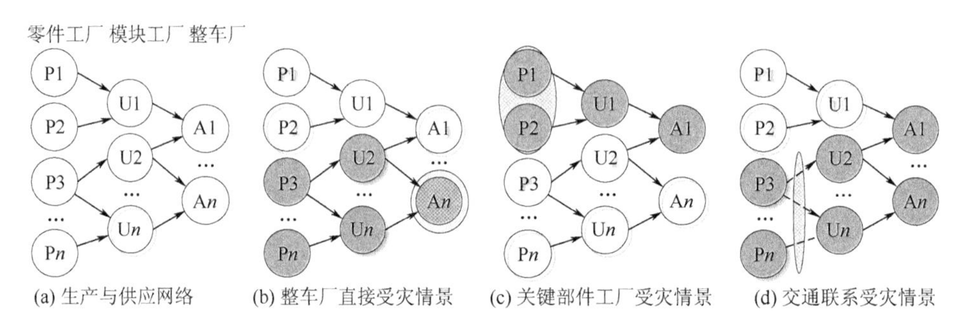

图 4.15 灾害风险间接波及概念图

然后,在拓扑网络的基础上,根据各工厂节点的地理坐标以及它们之间的部件输出和输入供应关系,把拓扑网络转换为地理空间网络,以真实反映各工厂间的空间物流联系。由于工厂间部件实际运输路径存在较大的不确定性并且很难通过实地调查获取,因此,基于运输成本最小假设,把工厂间的最短地理路径视为实际运输线路。丰田汽车部件运输主要依托于公路网络,利用 ESRI 公司提供的 2014 年日本全国详细公路网行车导航数据(包括高速公路、国道、区域道路三个等级,以及行车速度、单双通行、左右转弯限制、交叉口连通性等道路属性),在 ArcGIS Network Analysis 模块中通过最短路径批处理计算,得到任意具有供应关系的工厂节点对之间最短路径,构建空间物流联系网络(图 4.12)。

3. 受灾工厂节点脆弱性及其直接损失评估

地震及海啸会对工厂厂房、设施、原材料、存货等造成直接损坏。丰田汽车实行即时生产(Just In Time,JIT)模式,原材料存货损失可以忽略不计,因此重点考虑灾害对工厂厂房、生产设施的物理损失。评价物理损失的主要方法是建立损失率(损失额)与灾害强度关系的脆弱性曲线。脆弱性曲线可以通过工程试验模拟和历史灾情调查等方式建立。本研究主要基于日本 2004 年中越地震、2007 年中越冲地震和 2011 年东北地震相关调查资料、研究成果以及灾后调查访谈等,分别建立地震—生产设施、地震—厂房、海啸—生产设施、海啸—厂房的脆弱性曲线。然后利用脆弱性曲线评估各工厂节点直接受损程度和损失金额,划定直接受灾区域。

4. 灾害影响的间接波及效应模拟与功能中断损失评估

产业网络中某些关键节点受损或者节点之间的交通联系受阻，将导致整个网络运行中断和生产功能的下降，从而形成功能中断损失（Rose et al.，2002）。模拟产业网络中风险扩散的方法有距离模型、阈值模型、概率图模型等。主要基于丰田汽车部件供应的拓扑和地理网络模拟灾害影响的间接波及效应。如图 4.15b 所示，假设整车厂 A*n* 遭受直接破坏，则导致与其关联的上游模块工厂 U2、U*n* 和零件工厂 P3、P*n* 等运行中断或生产能力受到限制。如图 4.15c 所示，假设零件工厂节点 P1，P2 直接受灾，则导致与其关联的模块工厂 U1、整车厂 A1 受影响而运行中断。如图 4.15d 所示，假设 P3 与 U2、U*n* 之间，以及 P*n* 与 U*n* 之间的物流联系受阻，则导致下游整车厂 A1、A*n* 运行中断。

需要指出的是，在灾害影响的间接波及效应模拟中，除了分析产业网络结构的脆弱性及其导致的风险传递外，还应该考虑网络结构的弹性因素，如上游部件供应的多源结构对网络整体抗灾性能的影响。目前，丰田汽车部件生产存在两种情形。其一，一些关键性的零部件和组装部件（如发动机和动力传动系统部件），由于技术保密原因，一般在丰田集团所属企业和工厂内部独断生产，其他外部企业工厂替代性生产的可能性非常小。其二，一些标准化和模块化的部件（如电子、车轮和内外饰部件），则主要通过充分的市场竞争，委托外部企业进行多源生产和供应，以提高效率。由于汽车整车车型较多，可利用基础数据的限制，无法明确获知部件生产在工厂节点之间的可替代性。因此，仅对整车组装厂、一级工厂（主要是组装部件）、二级工厂（主要关键零部件）组成的供应网络，假定节点不具有可替代性，对其直接受灾情景下的灾害影响扩散过程进行模拟。

生产网络功能中断所产生的经济损失取决于中断的时间以及单位时间的产出水平等因素。利用 Simchi-Levi 等（2015）提出的产业链风险评估模型，首先确定产业链中可能受损关键节点所需恢复时间（TTR），并把节点中最长的恢复时间作为整个产业链的中断时间，然后所有节点在产业链中断时间内的经济损失总和即功能中断损失。

四、地震与海啸灾害强度情景

处于南海海沟（从静冈县骏河湾到四国、九州近海）沿线的日本东南海地区为地震多发区。南海海沟沿线地质活动相关痕迹调查和研究表明，该地区地震平均发生周期为 114 a。据资料记载，最近一次地震发生于 1946 年，地震及海啸造成 1443 人遇难和失踪。2012 年日本内阁府地震专家委员会预测，未来 10 a 内东南海地震发生概率为 10%～20%，30 a 内达到 60%，50 a 内达到 90%，地震震级达到 8.4 级左右。

2012 年日本内阁府地震专家委员会利用 PSHA（Probabilistic Seismic Hazard Analysis）模型得到东南海地震震度分布图。根据震源位置不同，分为基本、东侧、西侧和陆侧四种情景。本研究选择对爱知县影响最大的东侧情景，其震源为平行于海沟轴的东侧平移位置，从静冈县西部/爱知县东部交界到高知县的室户岬之间区域。采用日本气象厅的“震度”等级表示地震烈度，从震度分布图（图 4.16）看，达到 6 级强以上地区包括静冈县、爱知县、三重县、兵库县、和歌山县、德岛县和高知县等。

同时，日本内阁府地震专家委员会利用 PTHA（Probabilistic Tsunami Hazard Analysis）模型，对海啸的高度、浸水区域进行预测。本研究选择第 8 种情景，对应于“骏河湾—爱知县东部外海”和“三重县南部外海—德岛县外海”区域发生大规模地面滑移情况。从海啸淹没深度分布图看(图 4.16),最深达到 21.62 m。

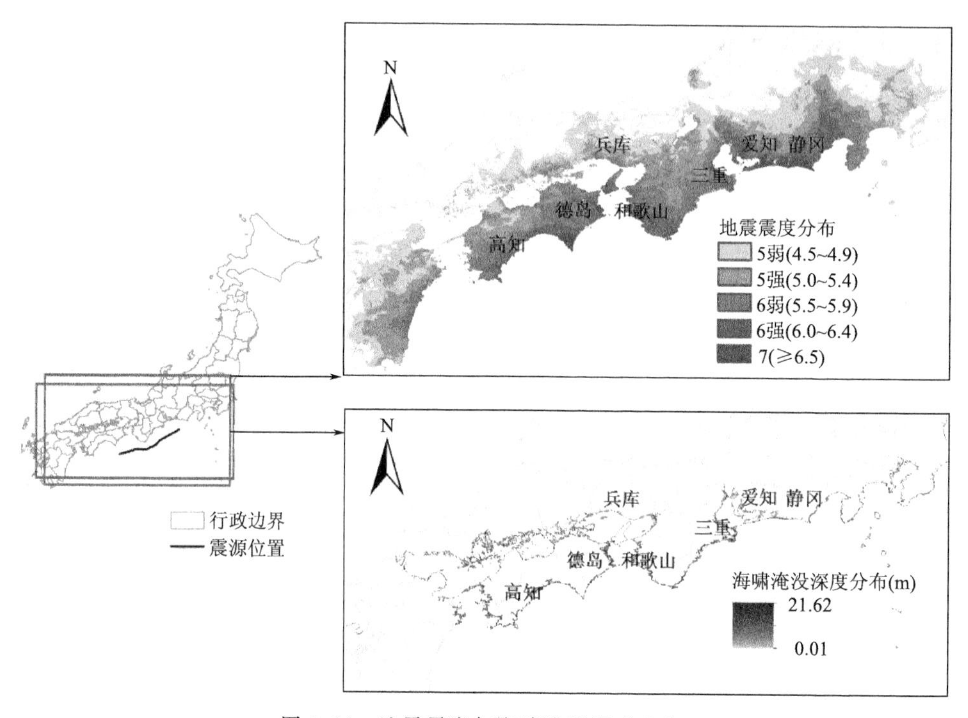

图 4.16　地震震度与海啸淹没深度分布

五、产业网络暴露

工厂节点暴露规模及地理分布是影响产业网络脆弱性及潜在损失的重要因素。从总体规模来看,工厂总数达到 1612 个,厂房建筑面积达到 2361 万 m^2,员工数达到 46.1 万人。从工厂出厂额、员工数、厂房建筑面积等指标的区域构成比例来看(图 4.17),爱知县比例最高,分别达到了 37.9%、34.4%和 42.4%。其次是静冈县,分别达到了 12.4%、10.4%和 9.1%。三重县、群马县、神奈川县、福冈县等各占有 5.0%左右。这表明,丰田汽车在日本的生产工厂主要集聚在爱知、静冈、三重等核心区,并在其他外围区域有少部分拓展。

工厂节点的部件生产类型在一定程度上体现了其在整个产业网络的关键性。对不同部件的生产区域进行分区统计发现(图 4.18),发动机系统(包括发动机主机部件、气门系统、燃油系统、进气排气系统、润滑冷却系统和电气系统)等核心关键性部件,以及动力传动系统和车体系统等体积大的部件主要集中于整车组装厂周围。内外饰部件和车轮系统部件的区域分布则相对分散。

工厂节点关联的拓扑结构在很大程度能够反映灾害风险从局部节点扩散到整个网络系统的依赖路径。从工厂之间的供应关系看,丰田汽车主要采用零部件工厂(Parts plants)→模块工厂(Component plants)→整车组装厂(Assembly plants)多层次供应关系。其中整车组装厂是整个网络中部件流向的最下游,涉及不同的车型组装线。模块工厂直接为整车组

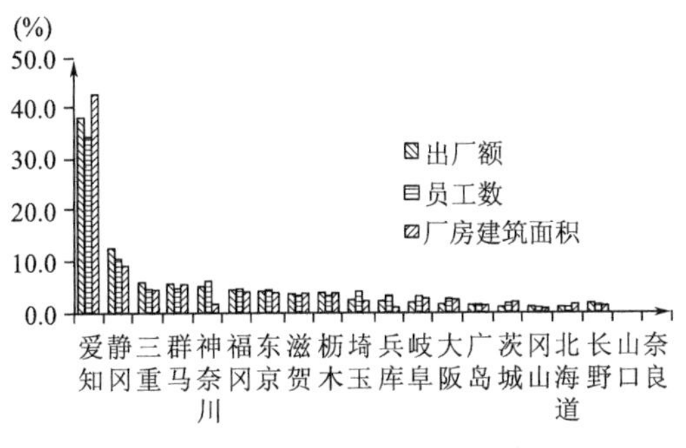

图 4.17　工厂出厂额、员工数和厂房建筑面积比例区域分布

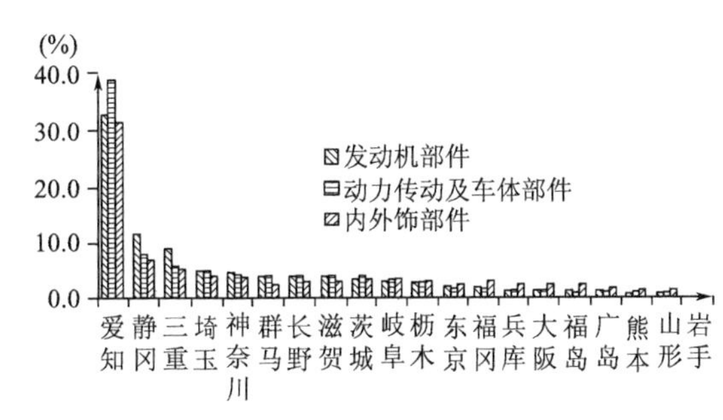

图 4.18　不同类型部件生产比例区域分布

装厂提供如车体、发动机、变速器等主要部件，工艺过程复杂，可替代性较小。处于上游的零部件工厂产品类型相对单一，工艺程序简单，可替代性较强。

工厂节点间的区域联系模式能够反映灾害风险从直接受灾区域可能间接扩散波及的外部空间范围。基于数据库中部件供应关系，对其输出和输入区域特征进行分析，以反映部件供应的区域流向特征和联系模式。其中，部件输出区域比例最高的依次为爱知县、静冈县、神奈川县、岐阜县和滋贺县，总计达到 70.5%。部件输入区域比例最高的依次为爱知县、福冈县、东京都、三重县、神奈川县，总计达到 90.2%。同时，对供应关系的输出-输入区进行频次统计，得到频次较高的模式(表 4.10)。从表 4.10 看，由于爱知县境内整车组装厂和部件配套工厂较多，区域内的部件供应关系比例最高，达到 28.6%。地理位置近邻的静冈县、神奈川县、岐阜县和滋贺县也是爱知县内汽车整车厂主要的部件供应区域。此外，近年来由于丰田汽车整车厂逐步向外扩展，福冈县、神奈川县、三重县等也成为主要部件流向区域，但很大比重的部件仍然依赖于爱知县境内工厂配套供应。同时，对网络中零部件工厂、模块工厂和整车组装厂等不同层级节点的空间联系模式进行分析。其中，整车组装厂高度集聚在爱知县，此外在福冈县、神奈川县和东京都有少量分布。与整车组装厂直接关联的发动机系统、动力传动系统和车体系统模块工厂(如丰田集团、日本电装、爱信精机、丰田自动织机、丰田车体、爱信 AW、山叶发动机、东海理化等企业所属工厂)，其产品体积一般较大，为了缩短运输距离和节约时间成本，实现即时供应，大部分集聚于对应的整车组装厂附近。上游零部件工厂则依托模块工厂进行生产和配套供应，根据零部件类型的不同，空间集聚程度呈现一定的差异性。

表 4.10　部件供应主要输出-输入区域模式

部件输出区域	输入区域	频次(%)
爱知	爱知	28.6
静冈	爱知	8.3
爱知	东京	4.2
爱知	福冈	4.2
爱知	神奈川	3.9
爱知	三重	3.9

续表

部件输出区域	输入区域	频次(%)
神奈川	爱知	3.4
岐阜	爱知	3.2
滋贺	爱知	1.9

六、直接受灾区域及损失评估

(一)生产设施脆弱性曲线及期望损失率

生产设施的地震脆弱性曲线主要通过历史灾损调查获得。典型的如 Kambara 等(2008)对 2007 年中越冲地震中生产设施受损情况进行调查,获得了震度、生产设施规模与受损程度之间的关系。Nakano(2011)基于 2004 年中越地震后受灾工厂的大量调查数据,建立了地震动强度和不同类型产业的工厂生产设施受损的脆弱性曲线,并以此作为其生产能力损失(Production Capacity Loss Ratio,PCLR)的脆弱性曲线。基于以上历史灾情调查数据,分别抽取和整理有关汽车产业生产设施损失特征与震度有关描述信息,并通过实地调研和验证,建立汽车产业生产设施物理损失的脆弱性曲线(图 4.19)。其中横坐标表示计测震度,纵坐标表示超越概率。该脆弱性曲线分为三种类型,分别代表不同的生产设施损失范围,即 $0<D1\leqslant1/3$,$1/3<D2\leqslant2/3$ 和 $2/3<D3\leqslant1$。

假定在以上三种类型损失区间内,某一给定震度下,损失概率是相同的,则累积概率分布和损失程度的关系可以用图 4.20 表示,其中阴影区域的面积 $D(SI)$就是期望损失率。其计算方法见公式(4.23)。

$$D(SI)=\frac{1}{2}\left(\frac{1}{3}(D_1(SI)+D_2(SI))\right)+\frac{1}{2}\left(\frac{1}{3}(D_2(SI)+D_3(SI))\right)+\frac{1}{2}\left(\frac{1}{3}D_3(SI)\right)$$
$$=\frac{1}{6}D_1(SI)+\frac{1}{3}D_2(SI)+\frac{1}{3}D_3(SI) \tag{4.23}$$

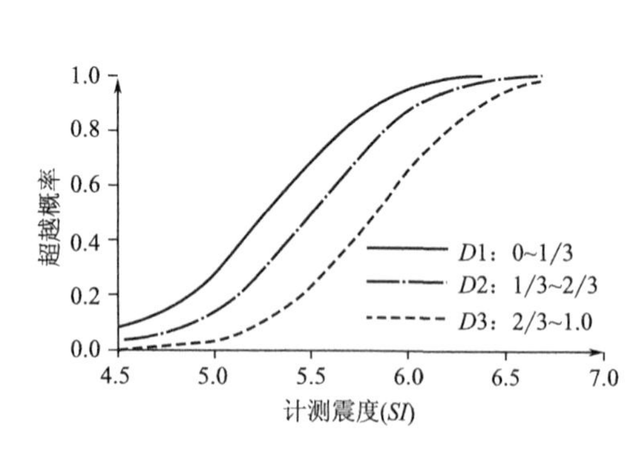

图 4.19 地震情景下的生产设施脆弱性曲线

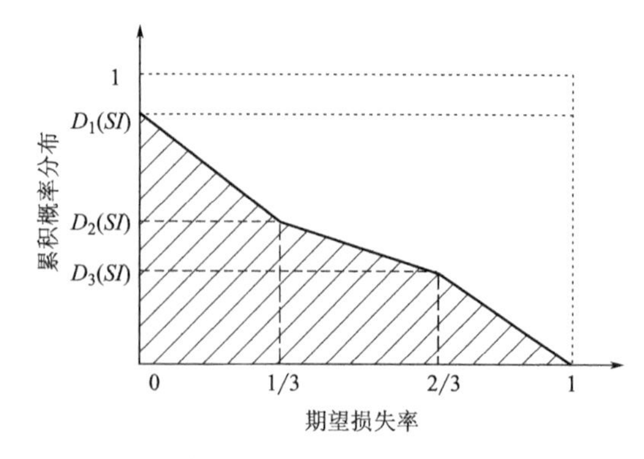

图 4.20 期望损失率与累积概率分布的关系

根据公式(4.23)计算得出不同震度下的期望损失率。当地震震度在 5 级强时,生产设施的平均受损率为 0.11～0.32。当震度为 6 级弱时，损失率为 0.34～0.64。当震度为 6 级强时，损失率达到 0.67～0.80。当震度为 7 级时，则损失率达到 1.0。

生产设施对于海啸淹没深度脆弱性的研究相对较少。Kajitani 等(2014)通过对东北地震后受灾工厂调查发现，在海啸影响的区域，即使受淹深度很浅，厂房没有损坏，由于生产设施受到浸水、泥石流及其他因素的影响而会遭受严重破坏，企业的生产机能完全终止。因此，在海啸淹没区域把生产设施的期望损失率设为 1。

(二)厂房建筑脆弱性曲线及期望损失率

根据调查，多数工厂厂房为 1981 年后的非木制建筑物。利用日本内阁府 2012 年确定的地震建筑物受损率曲线(适用于 1981 年以后建非木制房屋部分)(图 4.21)和海啸建筑物受损率曲线(适用于人口密集地区)(图 4.22)，分别作为工厂厂房地震脆弱性曲线和海啸脆弱性曲线。其中，厂房受损包括半损和全损两种情形，反映了灾害强度与建筑物损坏发生的超越概率之间的关系。

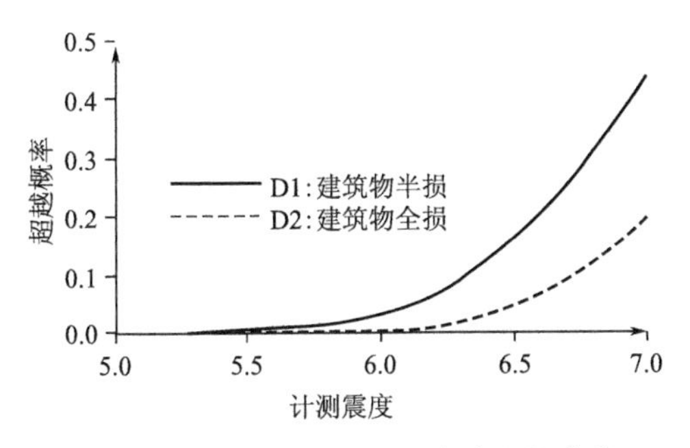

图 4.21　地震情景下的厂房脆弱性曲线

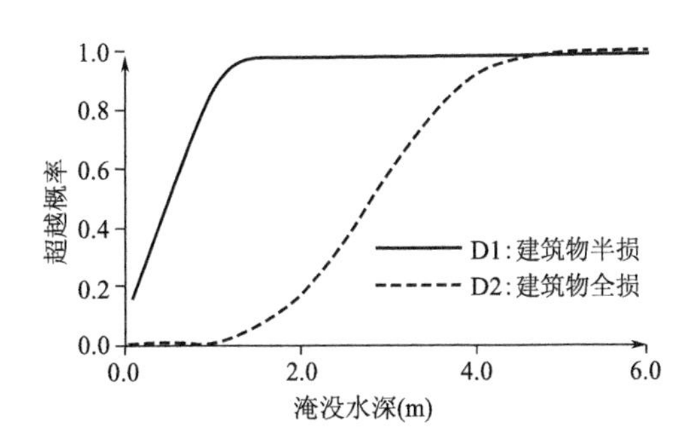

图 4.22　海啸情景下的厂房脆弱性曲线

利用上述期望损失的计算方法，分别得到工厂厂房在不同地震震度下的期望损失率和不同海啸水深下的期望损失率。工厂厂房的抗震性能普遍较高，当震度达到 6 级强时，期望损失率仅为 0.05。当震度达到 7.0 级时，期望损失率仅为 0.22。而工厂厂房对于海啸淹没水深较为敏感，当淹没水深达到 3 m 后，厂房的全坏概率达到 0.6，半坏概率达到 1.0。淹没水深达到 4 m 后，则基本全坏。

(三)直接受灾区域划分

根据上述脆弱性分析结果，生产设施对于地震和海啸的脆弱性大于厂房，而且生产设施是影响工厂综合生产能力损失程度及灾后恢复中最为关键性的因素，因此，重点以生产设施脆弱性为基础，对直接受灾区域进行灾情等级区划。以计测震度 5.0～5.4，划定为轻度受灾区域；计测震度 5.5～5.9 划定为中度受灾区域；计测震度≥6.0 或者海啸淹没深度>0.5 m 划定为重度受灾区域(图 4.23(彩))。

据统计，约 775 个工厂(48.1%)将直接受到损坏，其中整车组装厂 7 个(表 4.11)，二级以上零配件厂 273 个。直接受灾的整车厂均位于震度 6.0 级以上区域，预期受损率超过 0.64。其中，丰田汽车田原工厂位于震度 6.9 区域(体感震度 7 级)，预期将严重受损。整车厂直接受损，将导致与其关联的不同车型生产线中断。

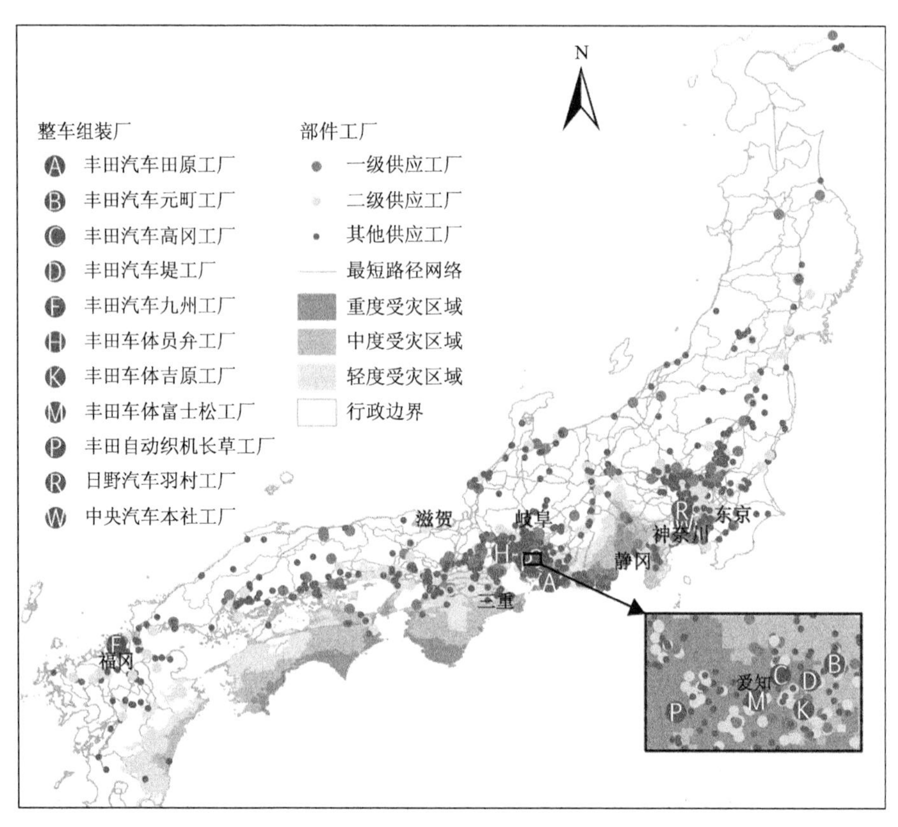

图 4.23 直接受灾区域(另见彩图 4.23)

表 4.11 直接受灾整车组装厂

公司	工厂	车型生产线	平均年产量（万辆）	计测震度	预期受损率
丰田汽车	元町工厂	Mark X; Estima; Crown Hybrid, Majesta; Mirai; Lexus GS, LFA	8.0	6.0	0.67
丰田汽车	高冈工厂	(1)Corolla, iQ, Auris; Harrier, Harrier Hybrid; RAV4; (2)Wish, Prius	30.0	6.0	0.67
丰田汽车	田原工厂	(1) Land Cruiser, Prado, 4Runner; (2) RAV4, Vanguard, Wish; (3)Lexus LS(Hybrid), IS, IS-F, GS (Hybrid), GX, RC350/RC350h, RC F	40.0	6.9	1.0
丰田汽车	堤工厂	(1)PriusPremio, Allion; (2) Prius EX, PHV; Camry Hybrid	36.0	5.9	0.64
丰田车体	富士松工厂	(1)Prius; Land Cruiser 70 hardtop, Land Cruiser 70; (2)Prius, Estima, Voxy, Noah, Esquire	24.8	6.2	0.70
丰田车体	吉原工厂	Coaster; Land Cruiser 200, Land Cruiser 70 pickup; Lexus LX570	24.8	6.1	0.68
丰田自动织机	长草工厂	(1)Vitz; (2) RAV4, Mark X ZiO	30.0	6.1	0.68

对直接受灾区域的部件工厂进行统计，约 27.7%生产发动机部件、26.1%生产车体部件、46.2%生产内外饰部件。其中，某些发动机、动力传动系统等关键性部件工厂一旦受损，将会对整个生产和供应网络产生影响。例如，山叶发动机株式会社分别为丰田汽车的田原工厂第 3 生产线 Lexus IS/IS-F 车型，元町工厂第 1 生产线 Crown、Mark X 车型，九州工厂(福冈)Lexus IS/IS-C 车型直接供应发动机部件。根据震度图，其位于静冈县的中濑、袋井、早出、森町、丰冈、磐田、磐田南、磐田本社、磐田 2、浜北共 10 个工厂均属于 7 强区域(计测震度 6.5 以上)，预期将严重受损并导致关联整车组装厂生产线中断。此外，丰田汽车位于爱知县的明知工厂专业生产汽车悬架铸造和机械部件、衣浦工厂专业生产传动系统部件、下山工厂专业制造 Prius、Lexus、Camry、Estima 等车型发动机部件。这些关键节点都处在计测震度 6.1～6.2 区域，受损后也将导致相关生产线的整体中断。

(四)直接损失估算

根据每个工厂所处的震度及海啸淹没深度，通过脆弱性曲线计算其预期损失率，并评估直接受灾损失金额。

生产设施损失额计算公式为：$FD_{\text{total}}=\sum_{i=1}^{n}FA_i\times LS_i$ 。其中，FA_i 为 i 工厂生产设施固定资产折现值，通过 2011 年日本运输机械制造业从业人员人均固定资产折现值 5059 千日元/人×工厂从业人员数计算得到。LS_i 为 i 工厂的生产设施受损率，与所在地区的灾害强度有关，在地震和海啸叠加的地区，取二者最大受损率。根据计算得到直接受灾地区工厂生产设施资产现值约为 9012 亿日元，生产设施总损失约 5587 亿日元。

厂房建筑物损失额计算公式为：$BD_{\text{total}}=\sum_{i=1}^{n}BA_i\times LS_i\times P_i$ 。其中，BD_{total} 为厂房总损失额。BA_i 为 i 厂房的建筑面积。LS_i 为 i 厂房平均受损率，与所在地区的灾害强度有关，在地震和海啸叠加的地区，取二者最大受损率。P_i 为 i 厂房的单位面积重置成本，参考 2011 年日本建筑统计年报中新竣工厂房单位建筑面积成本，设定为 170 千日元/m^2。n 为受灾建筑物总数 。根据计算得到受灾总厂房面积约 1060 万 m^2，厂房总损失约 1980 亿日元。

七、间接影响扩散模拟与功能损失评估

基于整车组装厂、一级工厂、二级工厂组成的供应网络，假定节点不具有可替代性，对整车组装厂受损(图 4.24a(彩))、关键部件工厂受损(图 4.24b(彩))和交通联系受损(图 4.24c(彩))三种情景下的间接扩散效应进行模拟，并评估产业网络运行中断情景下的功能损失。

(一)整车组装厂直接受灾情景

下游整车组装厂受损，将导致上游具有供应关系的部件工厂生产能力下降或运行中断。据统计，直接受损的整车厂包括丰田汽车田原工厂、元町工厂、堤工厂、高冈工场，丰田车体富士松工厂和吉原工厂，以及丰田自动织机长草工厂。与直接受损整车厂关联的一级部件工厂达到 253 个，二级供应工厂 357 个。其中，直接受灾区域外围间接波及影响的一级工厂 80 个，二级工厂 125 个(图 4.24a(彩))，主要集中在爱知县、神奈川县、岐阜县、滋贺县等区域。

整车组装厂在整个生产线中生产设施和工艺最复杂，受到破坏后所需恢复时间最长。因此，与之关联的生产线运行中断时间将取决于直接受损的整车组装厂的恢复时间。Sasaki

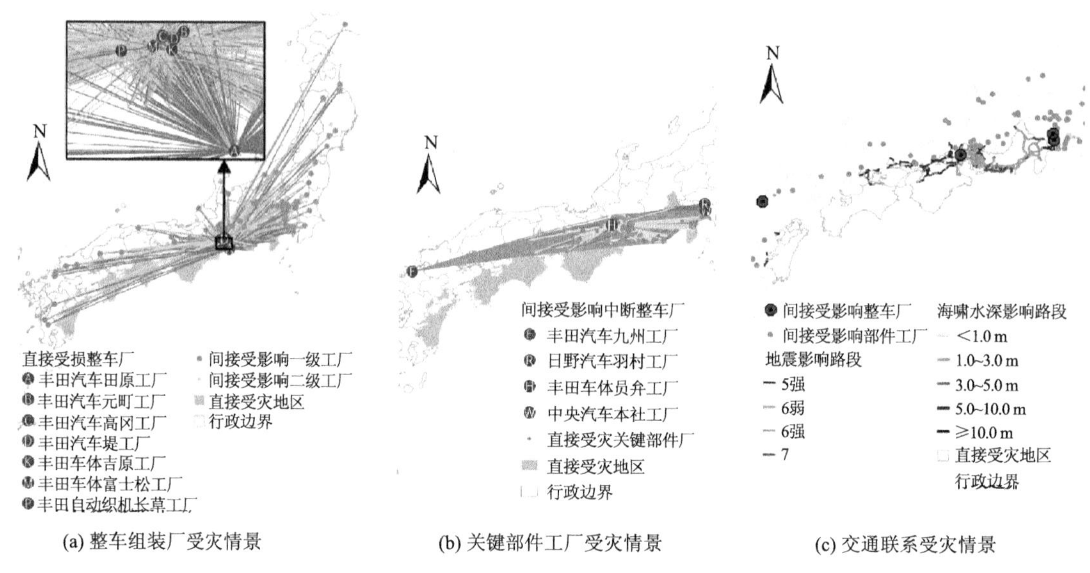

图 4.24 灾害风险间接扩散和波及情景(另见彩图 4.24)

(2013)分别对 2007 年中越冲地震和 2011 年东北地震后丰田、日产、本田、马自达、铃木、三菱等主要汽车整车组装厂的恢复过程及时间进行比较研究,并把震后的中断时间划分为部分中断时间和完全中断时间。Nayoshioka 和 Takahashi 对东北地震中整车组装厂恢复时间与震度的关系进行了比较分析①。参照以上调查结果和直接受灾整车厂所处震度区域(6 强以上),设定与直接受灾整车厂关联的生产线平均中断时间为 37 d。

(二)关键部件工厂受灾情景

上游关键部件工厂节点受损,在可替代性缺乏的情况下,将导致下游有供应关系的模块工厂和整车组装厂间接受影响而运行中断。根据对供应链网络模拟结果,由于直接依赖的部件工厂受灾,间接导致丰田汽车九州宫田工厂、丰田车体员弁工厂、日野汽车羽村工厂、中央汽车本社工厂等受到影响(图 4.24b(彩))。九州宫田工厂主要组装丰田 Harrier、Highlander、SAI、Lexus 等混合动力车,丰田车体员弁工厂主要组装 Hiace、Semibon、Alphard、Vellfire 等中型车,日野汽车羽村工厂主要组装丰田 Dyna、Toyoace、Hilux 等大型卡车。其中,生产线上游的爱信 AW 公司同时为以上整车厂供应动力传动系统部件如无极变速箱、自动挡组件等,其所属的爱知县田原、蒲郡、冈崎东、本社工厂处于计测震度 6.0 以上区域,冈崎工厂也处于计测震度 5.6 区域。这些工厂严重受损的情景下,由于缺乏可替代性,将导致相关联的车型生产线中断。

在上游关键部件工厂节点受损情况下,整个生产线运行中断时间取决于关键节点的受损程度及最长恢复时间。由于汽车部件类型繁多,其生产设施和工艺差异较大,如包括冲压、焊装、涂装、总装等,因此定量化模拟和计算其修复时间非常困难。目前主要采用历史调查资料类比的方法,近似得到每个受灾关键节点的生产中断(恢复)时间公式为:

---

① Nayoshioka & Takahashi. https://www.shimztechnonews.com/tw/sit/report/vol89/pdf/89_006.pdf。

$$T_{ij} = SI_{ij} / SI_R \times T_R \tag{4.24}$$

式中，SI_{ij} 表示第 i 个生产线上受损节点 j 所处的计测震度，SI_R 表示历史地震灾害中具有相似部件类型的参照点的计测震度，T_R 表示参照点的中断时间。如果该节点同时受到海啸影响，则视作完全受损。本研究主要选择生产线中生产发动机部件、动力传动系统部件、车体部件的一级和二级工厂作为关键性节点，基于 Nayoshioka 和 Takahashi 对东北地震相关调查资料中震度与平均恢复时间的关系，确定其大致恢复时间在 12～20 d。

然后根据公式(4.25)，取所有受损节点中最长的恢复时间作为整个生产线的中断时间。其中，S_{in} 为第 i 生产线中第 n 个工厂节点的中断时间，T_i 为第 i 生产线的中断时间。

$$T_i = \max\{S_{i1}, S_{i2}, S_{i3}, \cdots, S_{in}\} \tag{4.25}$$

(三)交通联系受灾情景

由于道路设施受到地震或海啸的物理损坏，工厂之间部件供应联系受阻，而造成关联的生产线中断。在交通联系受阻情景下，生产线中断时间与道路的受损程度及修复时间有关。地震及其海啸对道路的影响主要表现为路面损伤、桥梁坍塌、立面脱落、侧面水土流失、泥石流残留物堆积等。道路的通行恢复时间与道路受害形态、受害规模、修复优先顺序、修复人员规模，投入物资材料送达时间等多种因素有关。相关研究通过对日本 2004 年中越地震、2007 年中越冲地震和 2011 年东北地震的实地调查，建立了定量化的地震震度(海啸淹没深度)与道路网(包括高速公路、国道、区域道路)受损概率关系，以及道路受损点修复率随时间变化的概率密度分布(Tokida et al.，2005；Sakai et al.，2006；Torisawa，2014)。本研究主要利用 Tokida 等(2005)历史调查数据及其建立的道路网受损点数量与震度(水深)的经验关系，评估受灾点总数量。然后根据受灾点恢复过程随时间变化的关系，评估道路中断后的通行恢复时间。该研究成果被应用于日本内阁府东南海地震风险评估研究中，具有一定的代表性。

具体过程是，首先把具有供应联系的所有工厂设施点之间的最短地理路径图层与震度分布图及海啸淹没深度图进行 Intersect 叠加运算，得出有供应关系的节点对之间受影响的路段及其所处震度、淹水深度、长度等属性信息(图 4.24c(彩))。以国道道路受损点概率(表 4.12 和表 4.13)作为平均参照，计算出总的可能受灾节点约为 724 个。再根据道路受灾点修复程度随时间变化的经验关系 $N = N_0 e^{-0.3T}$，评估出 90%受损节点恢复情景下所需时间约为 5 d。其中，N_0 为道路网受灾点总数量，T 为灾后经过的天数，N 为未修复受灾点个数。

表 4.12　震度与道路受灾点概率

震度	受灾点(个/km)
7	0.48
6 强	0.17
6 弱	0.16
5 强	0.11
5 弱	0.035

表 4.13　海啸水深与道路受灾点概率

水深(m)	受灾点(个/km)
≥10.0	2.64
5.0～10.0	1.52
3.0～5.0	0.65
1.0～3.0	0.37
<1.0	0.13

据统计，由于11个整车厂与部件工厂联系的部分路段处于地震和海啸影响区，均会出现部件供应交通受阻而生产线中断的情形。其中，丰田汽车九州宫田工厂、丰田车体员弁工厂、日野汽车羽村工厂、中央汽车本社工厂等整车厂，以及92个关键部件工厂，虽然处在直接受灾区域之外，也会间接受到道路中断的影响。

(四)功能中断损失的计算

由于各个整车组装厂及相关生产线均不同程度受到三种情景影响，为避免重复计算中断损失，取三种情景中最长的恢复时间作为生产线的中断时间。由于上游各个部件的价值最终会计入整车中，只需要计算下游整车厂在中断期间的出厂额减少即为整个生产线的中断经济损失。其计算方法如下。

$$BRL_{\text{total}} = \sum_{i=1}^{n} P_i \times \max\{T_{ia}, T_{ip}, T_{ir}\} \tag{4.26}$$

式中，BRL_{total}为总的中断经济损失，P_i为第i个直接受损整车厂日出厂额，T_{ia}，T_{ip}，T_{ir}分别为第i个整车厂在直接受损、上游关键部件受损、道路受损情景下的中断时间。通过计算得到总的功能中断损失约为9230亿日元。

八、结论与讨论

本研究以日本丰田汽车为例，以日本东南海地震为情景，从微观企业个体数据及其复杂交易关系的视角，提出产业空间网络风险评估的思路和框架。具体包括灾害强度情景、产业空间网络暴露、节点脆弱性及其直接损失评估、灾害影响间接扩散模拟与功能中断损失评估等。在暴露分析中，把企业交易网络转换为工厂节点供应链地理空间网络，作为灾害风险分析的基本层面。在直接损失评估中，建立生产设施与厂房建筑的脆弱性曲线作为物理损坏评估的依据，并进行灾损区划，确定关键性工厂节点的受损程度。在间接影响评估中，利用工厂节点供应链拓扑和空间网络，对整车厂受损、关键部件工厂受损及道路网络受损等情景下的风险扩散波及过程进行模拟，并基于产业网络运行中断后恢复时间的调查分析，定量评估间接功能中断损失。

实证研究结果表明，在东南海地震情景下，约48.1%的工厂节点将中度以上受损，并且高度集聚于爱知县、静冈县、三重县等核心区，生产设施损失约5587亿日元，厂房建筑损失约1980亿日元。由于整车组装厂，发动机、动力传动以及车体系统等核心部件供应工厂，以及交通物流联系受到直接破坏，将导致整个产业网络运行中断。假设最长恢复时间为37 d，将导致9230亿日元的间接损失。这表明，东南海地震将对丰田汽车产业网络产生显著影响，应该采取有效的工程或非工程措施减灾降险，如调整关键部件工厂的空间布局结构、优化部件的供应关系、提高易受灾地区关键部件的库存水平等。

在以下几个方面取得了新进展。其一，从企业角度，以企业个体粒度数据及其复杂交易关系为基础，构建产业空间网络，提出产业网络风险的精细尺度评估方法，有效揭示灾害风险空间扩散和放大机理，对产业经济领域风险预警和防范措施的落地和空间化具有重要意义，与其他相关的宏观区域研究相比具有较大的进步。其二，基于复杂企业交易数据，提出产业空间网络构建方法，为从地理空间角度开展产业网络风险研究提供新的思路。随着全球汽车产业数据库——Marklines、中国经济普查基础数据库、中国上市公司年报数据库、日本帝国数据库——TDB等企业交易数据库的公开，可利用的大体量、个体粒度基础数据日益丰富，本研究中产业空间网络的构建方法可以为今后相关研究提供借鉴。

在以下几个方面尚须进一步探索。其一，产业空间网络构建中，由于缺乏实际物流统计数据，基于运输成本最小假设，把工厂间的最短地理路径视为实际运输线路，存在一定的不确定性，需要进一步调查验证。其二，灾害影响间接扩散效应模拟中，由于无法明确获知部件生产在工厂节点之间的可替代性，没有考虑产业网络结构的弹性特征，需要进一步实地调查和补充相关数据，并继续深入评估产业网络结构脆弱性和弹性，使研究结果更贴合实际。其三，本研究只是考虑了地震灾害对汽车产业网络本身的直接损失和间接功能影响，而汽车产业对上游钢铁、塑料等其他原材料供应企业的影响没有涉及。随着相关企业交易数据的公开和应用，将进一步得到完善。

第五章　沿海低地人口与产业暴露时空变化研究

第一节　海平面上升及其风险管理

海平面上升被认为是人类社会面临的最重要的风险之一。近年来，海平面上升及其风险管理从两方面取得了显著进展，一是从气候变化适应、风险管理与决策的视角，对海平面上升的信息需求有了重要的新认识，并意识到海平面上升预测包括IPCC报告可能存在的不足(Nicholls et al.,2014;Hinkel et al.,2015)；二是自2013年IPCC第五次评估报告发布以来，对海平面上升研究，特别是南极冰盖对未来海平面的贡献研究取得了显著进展(Pollard et al.,2015;DeConto et al.,2016;Oppenheimer et al.,2016)。海平面上升属于缓发型灾害，对未来海平面上升及其风险管理问题，尚未引起国内学者和海岸带管理者足够重视，本章综述上述两方面的国际最新进展，并初步探讨了海平面上升风险管理的理念与策略。

一、海平面上升研究的新进展

海平面的波动总是与全球气候变化振荡密切相关。末次间冰期(距今129000～116000 a前)全球平均海平面(GMSL)约比现在高出6 m(Dutton et al.,2012;Kopp et al.,2013)。距今2万年前末次冰盛期结束，冰盖开始融化，GMSL在1.3万年时间内上升了约130 m(Lambeck et al.,2002)，上升最快时可超过每百年4 m(Masson-Delmotte et al.,2013)。自1880年起，GMSL上升了21～24 cm；自1993年，上升了约8 cm(Nerem et al.,2010;Church et al.,2011;Hay et al.,2015)。19世纪末以来的GMSL的上升速率比至少近2800 a以来的任何时期都异常地快(Kopp et al.,2016)。海平面加速上升是海岸带风险管理面临的严峻挑战，未来数十年、21世纪或之后，GMSL将上升多少成为关注的焦点。围绕着这一问题，近年来关于全球、区域和地方的未来海平面上升情景和概率取得了显著进展。

(一)未来海平面变化预测的主要方法

未来海平面变化预测主要有四种方法。第一种是基于全球CO_2排放典型浓度路径情景(RCPs)，如IPCC第五次评估报告，最新的研究则往往基于共享社会经济路径(SSPs)情景(Nauels et al.,2017;O'Neill et al.,2017)，采用“基于过程”的模式，估计海平面各分量如热膨胀、冰川融化和冰盖动力过程的贡献，累加各分量的贡献，从而对未来海平面变化进行预测。第二种是半经验方法(Rahmstorf,2007;Moore et al.,2013)，基于降低了复杂性，但物理上合理的模型，构建海平面响应全球温度或辐射强迫变化的统计关系，评估未来海平面变化；第三种是通过专家判断和随机抽样来估算未来海平面上升情景和概率的方法（Bamber et al.，2013；Horton et al.，2015；Thomas et al.，2016）。最后一种是对历史观测数据进行统计分析得到过去海平面变化的主要周期和速率，通过简单外推对未来海平面变化进行预测。但对于海平面上升长期预测，该方法通常只提供参考基线和短时间尺度的预测。通常认为基于过程的方法不确定性最低（Church et al.，2011），但当前的趋势是几种方法的综合，如最新的关于 GMSL 情景与概率，以及纽约未来海平面上升的高限情景的评估就综合了基于过程、半经验方法、专家判断方法的结果（Horton et al.，2015；Jackson et al.，2016）。

（二）GMSL 上升情景的上下限

对于长寿命的关键基础设施，确定 2100 年及之后 GMSL 可能的上限极为重要。基于格陵兰可能的最大冰物质损失等估算，Pfeffer 等（2008）给出了 GMSL 上限值，并成为 Parris 等提出到 2100 年 GMSL 的上界为 2.0 m 的基础。近几年，基于重力卫星测量、现场 GPS 监测、物质平衡估算获得了越来越多的证据表明，南极和格陵兰的物质损失在加速（Shepherd et al.，2012；Khan et al.，2014；Seo et al.，2015；Martín-Español et al.，2016；Scambos et al.，2016）。由于南极周围海洋环流的变化，加速了南极冰盖的融化，冰盖某些部分崩解不可避免（Joughin et al.，2014；Rignot et al.，2014）。此外，最近物理过程模式发展了与边缘冰崖不稳定性和冰架水文裂隙化（hydrofracturing，雨水和融水增强的裂隙化）和崩解相关的物理反馈模拟，并耦合到冰盖模式，用于估计南极冰盖对海平面的贡献（Pollard et al.，2015）。基于这些反馈模拟南极冰盖在 RCP8.5 情景下，到 2100 年 GMSL 上升的中位值将可能额外增加 0.6～1.1 m（DeConto et al.，2016）。与此同时，在格陵兰岛，有迹象表明，加速导致高情景（High-end）融化的过程可能已经开始（Tedesco et al.，2016）。表面径流注入冰盖底部和海洋变暖作用下，格陵兰冰盖正在发生冰动力的重要变化，这可能使 Jakobshavn Isbræ 和 Kangerdlugssuaq 冰川，以及东北格陵兰冰流因海洋冰盖的不稳定性，变得更为脆弱（Khan et al.，2014）。

越来越多的证据表明，南极和格陵兰冰物质损失加速，只是增大考虑海岸带风险管理最坏情景的一个方面。Miller 等（2013）和 Kopp et al（2014）讨论了支持 2100 年 GMSL 上升最糟情景范围为 2.0～2.7 m 的多个论据：①Pfeffer 等（2008）假设海水热膨胀对 GMSL 的贡献为 30 cm。然而，Sriver 等（2012）发现物理上热膨胀可能的上限可超过 50 cm（额外增加了 20 cm）。②Pfeffer 等（2008）提出到 2100 年南极的最大贡献约 60 cm，基于 Bamber 等（2013）专家评判研究，假设到 2100 年南极融化速率保持线性增加，第 95 分位的融化速率将达到 22 mm/a，则可能超过该值 30 cm。③Pfeffer 等（2008）的研究未包括由于地下水抽取，陆地蓄水量可能减少，Church 等（2011）发现 21 世纪陆地水储量变化对 GMSL 上升的贡献介于－1 cm 与 11 cm 之间。因此，越来越多的研究支持到 2100 年 GMSL 上界高于 Pfeffer 等（2008）估计的 2.0 m（Sriver et al.，2012；Bamber et al.，2013；Miller et al.，2013；Rohling et al.，2013；Jevrejeva et al.，2014；Grinsted et al.，2015；Jackson et al.，2016）。此外，如前所述，最新的模式模拟得出南极冰盖物质损失持续加速，并将额外增加海平面上升（DeConto et al.，2016）。因此，最新研究建议将 2100 年 GMSL 上升的最糟（极端）情景修改为 2.5 m（Kopp et al.，2014）。

Parris 等[1]给出了到 2100 年 GMSL 的下限(Lower-end)情景为 0.2 m,Sweet 等[2]建议该值上调为 0.3 m。主要原因是卫星高度计近 1/4 世纪监测的 GMSL 上升速率保持在 3 mm 以上,主要波动是与厄尔尼诺—南方涛动(ENSO)相关的年际变率(Church et al.,2011;Boening et al.,2012;Fasullo et al.,2013;Cazenave et al.,2014)。此外,过去 30 a(自 20 世纪 80 年代中期以来),基于验潮站重建的 GMSL(Hay et al.,2015;Kopp et al.,2016)与 1993 年开始的高度计记录非常相近,以 3 mm/a 的速率持续上升。如果 21 世纪持续这一上升速率,则 GMSL 至少上升 0.3 m。即使是典型浓度路径最低情景(RCP2.6)下,多个概率估计显示 GMSL 仍非常可能(>90%的概率)将上升 25~30 cm。

(三)GMSL 上升情景与概率

在 IPCC 第五次评估报告的基础上,最新的 GMSL 上升研究强调其概率分布,特别是聚焦于探讨低概率情景或提供完全条件概率分布的上升范围。相关研究综合了多种海平面上升估算方法的现有结果,在特定的概率分析框架中包含了额外的某些假设,例如,依赖结构化的专家启发式判断评估了过程模式没能捕捉到的冰盖融化的贡献(Bamber et al.,2013),或者从地质证据中构建过去海平面和大气温室气体浓度(Rohling et al.,2013)或温度(Kopp et al.,2016)的关系。

研究发现到 2100 年 RCP2.6、4.5 和 8.5 情景下,GMSL 上升 90%的概率范围(第 5 至 95 分位)分别为 0.25~0.80 m、0.35~0.95 m 和 0.5~1.3 m(Miller et al.,2013;Kopp et al.,2014;Slangen et al.,2014;Mengel et al.,2016)。这些预测与过去 2800 a 全球温度/GMSL 的关系相一致(Kopp et al.,2016)。

在 RCP8.5 情景下,到 2100 年 GMSL 高限值包括 1.8 m(95 分位)(Rohling et al.,2013;Jevrejeva et al.,2014;Grinsted et al.,2015),2.2 m(99 分位)(Jackson et al.,2016),以及 2.5 m(99.9 分位)(Kopp et al.,2014),这些结果均超出了 IPCC 第五次评估报告的 GMSL 上升范围。

基于典型浓度路径,到 2100 年 GMSL 上升的六种情景及其超越概率见表 5.1(Kopp et al.,2014)。值得注意的是,冰盖模式的最新结果(DeConto et al.,2016)尚未纳入 GMSL 的条件概率分析,上述结果是假设冰盖物质损失为恒定加速,情况可能并非如此(DeConto et al.,2016;Bars et al.,2017;Wong et al.,2017),如 Bars 等(2017)基于 RCP8.5 情景,利用概率密度函数得出到 2100 年海平面上升的中位值为 1.84 m,95%分位为 2.92 m。因此,海平面上升有可能在 21 世纪前期为中间情景,而在 21 世纪末为高或极端情景。在 RCP2.6 和 RCP8.5 情景下,超过低情景的概率分别为 94%和 100%,而超过极端情景的概率为 0.05%~0.1%。然而,新的证据显示南极冰盖物质损失如果持续加速,特别是 RCP8.5 情景下,可能会显著增加中—高、高和极端情景的概率。

---

① Parris 等. https://www.cpo.noaa.gov/sites/cpo/Reports/2012/NOAA_SLR_r3.pdf。

② Sweet 等. https://tidesandcurrents.noaa.gov/publications/techrpt83_Global_and_Regional_SLR_Scenarios_for_the_US_final.pdf。

表 5.1 2100 年 GMSL(中位值)情景的超越概率

GMSL 上升情景(m)	RCP2.6	RCP4.5	RCP8.5
低(0.3)	94%	98%	100%
中—低(0.5)	94%	98%	100%
中(1.0)	2%	3%	17%
中—高(1.5)	0.40%	0.50%	1.30%
高(2.0)	0.10%	0.10%	0.30%
极端(2.5)	0.05%	0.05%	0.10%

基于不同年份共享社会经济路径(SSP)预估的情景和 2100 年辐射强迫目标(FTs)，Nauels 等(2017)采用一个综合的海平面上升模型预估，并考虑了由冰架水文裂隙化和冰崖不稳定性导致的南极加速冰流，预估未来海平面上升。得出在可持续发展(SSP1)情景，相对于 1986—2005 年，到 2100 年海平面上升的中位值为 89 cm(可能范围：57～130 cm)，中度发展情景(SSP2)为 105 cm(73～150 cm)，局部发展情景(SSP3)为 105 cm(75～147 cm)，不均衡发展情景(SSP4)为 93 cm(63～133 cm)，以及传统化石燃料为主的发展情景(SSP5)为 132 cm(95～189 cm)。其模型将特定排放情景和社会经济指标与海平面上升预估相关联，并认为快速和尽早减排对于降低 2100 年的海平面上升至关重要。

尽管大多数研究给出的是到 2100 年 GMSL 上升情景的变化趋势，但认识到 2100 年之后 GMSL 上升不会停止是重要的，相反，在未来的几个世纪海平面将继续升高(Levermann et al.，2013；Kopp et al.，2014)。到 2200 年，0.3～2.5 m 的 GMSL 上升范围将增加到 0.4～9.7 m(表 5.2)。从表 5.2 可得，在低情景下 GMSL 上升会减速，到 2200 年只略有增加；中—低情景下将温和地持续加速，而在其余情景下，将显著加速(表 5.2)。21 世纪 GMSL 上升速率从低情景下近似恒定的 3 mm/a，到 21 世纪末其他情景下的 5～44 mm/a，显示出不同的加速度。2200 年 GMSL 上升量并不一定反映了冰盖、冰崖、冰架反馈过程可能的最大贡献，而这些过程有可能显著增加 GMSL 的上升量(DeConto et al.，2016)。

表 5.2 自 2000 年起算的 GMSL 上升情景(19 a 的平均中值)

GMSL 情景(m)	2010 年	2020 年	2030 年	2040 年	2050 年	2060 年	2080 年	2090 年	2100 年	2120 年	2150 年	2200 年
低	0.03	0.06	0.09	0.13	0.16	0.19	0.25	0.28	0.30	0.34	0.37	0.39
中—低	0.04	0.08	0.13	0.18	0.24	0.29	0.40	0.45	0.50	0.60	0.73	0.95
中	0.04	0.10	0.16	0.25	0.34	0.45	0.71	0.85	1.00	1.30	1.80	2.80
中—高	0.05	0.10	0.19	0.30	0.44	0.60	1.00	1.20	1.50	2.00	3.10	5.10
高	0.05	0.11	0.21	0.36	0.54	0.77	1.30	1.70	2.00	2.80	4.30	7.50
极端	0.04	0.11	0.24	0.41	0.63	0.90	1.60	2.00	2.50	3.60	5.50	9.70

至于实际的 GMSL 上升情景，在 21 世纪早期，可能是与中—低或中间情景相当的上升幅度。由于冰盖物质损失率可能并非呈线性变化(DeConto et al.，2016)，在 21 世纪晚期，GMSL 上升速率可能会转向更高的情景，并可能超过预估的所有速率。地质记录表明，末次

冰退期(约 20000～9000 a 前)期间,GMSL 上升速率约大于 10 mm/a,在融水脉冲阶段速率大于 40 mm/a(Deschamps et al. ,2012;Miller et al. ,2013)。

(四)区域和地方海平面上升

在过去的一个世纪(Church et al. ,2004;Hay et al. ,2015),或者说在地质历史记录的任何时间(Khan et al. ,2015;Kopp et al. ,2016),全球海平面变化在空间都不均匀。风场、气压场、海—气热量和淡水通量、洋流阶段性和长期的变化驱动着海洋物质的动态重新分配,导致区域海平面的变化。

预估当地相对海平面上升情景需要考虑一系列影响海平面变化的过程及其空间格局,并应与预测的 GMSL 上升幅度保持一致。可设累积海平面上升为:

$$S_T = S_O + S_I + S_L + S_G \tag{5.1}$$

式中,S_T 为自基线以来的海平面变化,S_O 为海洋变化,S_I 为冰物质变化,S_L 为人为的陆地水储量变化,S_G 为地面的垂向运动。

上述四个分量可进一步分解为冰盖物质变化、山地冰川物质变化、海洋过程、陆地水储量变化,以及构造和沉积物压实,用于构建每一情景和概率分布。

地面的垂向运动是影响相对海平面变化趋势的一个重要因素。许多大河口三角洲已经或正在面临严重的相对海平面上升,例如,珠江三角洲的相对海平面上升可能超过 7.5 mm/a,长江三角洲为 3～28 mm/a(Syvitski et al. ,2009)。在这些地区,自然和非气候过程如冰川均衡代偿作用(GIA)和沉积物压实导致相对海平面上升增加 0.5～2 mm/a(Kopp et al. ,2016),而人工抽取地下水和开采石油/天然气进一步导致了相对海平面上升(Sella et al. ,2007;Miller et al. ,2013)。另一方面,有些地区,如阿拉斯加南部地区,由于冰川均衡代偿作用,地面抬升大于 10 mm/a,相对海平面趋势为负值(Sato et al. ,2011)。

美国国防部有众多设施分布在全球沿海,Hall 等①评估了美国国防部分布在全球沿海的所有设施当地相对海平面上升。基于 Perrette 等(2013)和 Kopp 等(2014)的气候格网数据,利用蒙特卡洛采样对 2100 年 GMSL 上升的特定情景给出所得样本的权重,确定给定地点的相对海平面上升情景。Hall 等①还利用全球 GPS 监测和验潮站数据,根据地面升降调整进一步确定当地的相对海平面上升情景。为将区域的概率预测与 GMSL 上升情景建立关联,Sweet 等②从 RCP2.6、RCP4.5 和 RCP8.5 情景中,利用蒙特卡洛对 GMSL 和区域的相对海平面预测的时间序列各采样 20000 次,获得了美国海岸线 1°格网的区域相对海平面上升。纽约市气候变化委员会预估相对于 1985—2005 年,纽约市到 2100 年 90 分位的海平面上升上限(Upper bound)约为 190 cm。Grinsted 等(2015)利用概率估计方法评估了 RCP8.5 情景下,北欧地区及其主要城市 6 种概率条件下 21 世纪相对海平面上升情景。可见,近年来地方海平面变化研究也转向提供相对海平面上升的情景和概率,并关注其上限估计。

使用上限或上界情景的思想,也已应用于海岸带风险管理实践,突出表现在伦敦的泰晤士河口 2100 计划(TE2100)。该计划确定的 21 世纪海平面上升的上界为 2.7 m,该值是根

---

① Hall 等. https://www.usfsp.edu/icar/files/2015/08/CARSWG-SLR-FINAL-April-2016.pdf。

② Sweet 等. https://tidesandcurrents.noaa.gov/publications/techrpt83_Global_and_Regional_SLR_Scenarios_for_the_US_final.pdf。

据 Rohling 等(2013)和 Pfeffer 等(2008)得出的末次间冰期海平面平均上升速率，通过降尺度，并考虑区域和地方因素的不确定性，综合获得的。

二、风险管理视角下的海平面上升研究

风险是指潜在的损失，即风险既包含负面的后果，也包含事件发生的概率。灾害风险是由致灾因子、暴露和脆弱性三者综合作用的结果。从风险管理的视角，国际学界得出的共识是海平面上升作为一种致灾因子，需要考虑其强度(量级)和概率两方面。海平面上升的概率估计可以帮助适应性规划考虑不同的风险忍受水平(Grinsted et al.，2015)。同时，海平面上升问题还须关注其低概率高影响的事件和情景(Nicholls et al.，2014；Hinkel et al.，2015；Oppenheimer et al.，2016)。确定 2100 年及以后的海平面上升可能的上限，对于长寿命关键基础设施的规划与决策极为重要(Oppenheimer et al.，2016；Thomas et al.，2016)。

(一)IPCC 报告关于海平面上升预估的问题

IPCC 第五次评估报告给出了各典型浓度路径的全球平均海平面(GMSL)的情景和概率。对于海岸带管理者，IPPC 的海平面上升情景是最权威的有关未来海平面的信息来源，的确，这些情景确实在全球广泛用于评估海岸带风险和适应。但是对于高风险海岸带的管理者来说，这些情景并非正确的依据，至少不是唯一的依据。从海岸带风险管理的角度，使用 IPCC 的情景有两个值得关注的问题(Hinkel et al.，2015)。

首先，IPCC 情景关注的是全球海平面变化概率分布的中部，而不是高风险的尾部。因为 IPCC 第一工作组确定的海平面上升情景，目的是为了理解地球系统过程和减少不确定性，而海岸带管理者的目的是降低风险，因此，两者的视角完全不同(Hinkel et al.，2015；Le Cozannet et al.，2017)。

IPCC 第五次评估报告基于过程模式集合和其他信息，预测了从 1986—2005 年到 2081—2100 年典型浓度路径 RCP2.6、4.5 和 8.5 情景下，GMSL 上升中位值和可能(66%的概率)的范围分别为 0.44 m(0.28～0.61 m)、0.53 m(0.36～0.71 m)和 0.74 m(0.52～0.98 m)。正如 IPCC 所定义的，“可能”范围被评估为至少有 66%的概率包含真值(Church et al.，2013)，到 2100 年 GMSL 上升约有 1/3 的概率位于可能的范围之外，从规避风险的角度(Risk-averse perspective)，这是不可忍受的。鉴于 GMSL 大约有 33%的概率或许落在可能的范围之外，规避风险的决策者发现，IPCC 未来全球海平面上升可能的范围不足以为规划提供依据，因为对于风险管理而言，概率分布上限尾端是重要的信息。在人口稠密，拥有大量重要基础设施的沿海低地，大型风暴洪水是需要防范的主要风险，而 IPCC 的情景并非为此进行设计的。例如，海岸带附近核电站的从业和管理者可能对未来 GMSL 上升估计结果的第 99 分位(或 99.9 分位等)更感兴趣，以便稳健地管理其风险，因为总风险中低概率但高影响的后果往往占有不成比例的份额，海岸带的许多影响与海平面上升的幅度呈高度非线性的关系。

其次，第五次评估报告主要是基于过程模式估计未来 GMSL 上升的情景。这些模型基于物理定律，并结合了过程的参数化，但这些参数不能刻画足够详细的细节。第五次评估报告海平面上升一章也评估了其他方法，例如，半经验模型、冰盖动力学的物理模型和海平面变化的历史重建记录。其他方法得出的未来 GMSL 的范围均高于基于过程模型的。但这些结果并没有综合到 IPCC 的情景中，因为评估报告的作者认为其他方法的可信度更低。然

而，风险管理要求决策分析要基于所有已有知识，包括使用的不同方法，以及所有的不确定性和专家之间有歧义的观点。为海岸带风险管理构建海平面上升情景时，其他方法的结果可信度较低，也不应抛弃，因为较低可信度的信息仍然与规避风险的决策相关（Hinkel et al.，2015）。

（二）作为致灾因子的海平面上升研究

直到最近，海平面上升研究还是普遍提供单一的“中间范围”或“中部”预测值（Tebaldi et al.，2012）。这种方法可能足以解决近期规划的需要。然而，中短期规划通常不能满足许多决策的需求，例如，现有长寿命关键基础设施或新的基础设施（如发电厂、军事设施）的规划决策与管理者，需要考虑更广泛的风险，包括那些低概率高影响的情景。

Hinkel等（2015）认为传统的海平面上升估算往往偏离了支持风险评估与管理需求的目标。因此，海平面上升的最新研究倾向于基于风险的视角，综合已有科学成果，估计可能的海平面情景与概率，以支持与未来海平面上升相关的风险评估与管理。考虑科学上合理的海平面上升所有范围，包括发生概率极低的可能结果，这与保险、环境毒理等领域以风险为核心的标准做法相一致。基于风险视角的海平面上升估算方法，通常包括基于典型浓度路径的概率估计和不连续的情景方法及其可能的上下限（Kopp et al.，2014；Hinkel et al.，2015），即估计未来可能的GMSL全概率分布（图5.1），为决策者提供最全面的信息库，因此，决策者可以从中选取最相关的某个情景用于其规划过程（Oppenheimer et al.，2016）。

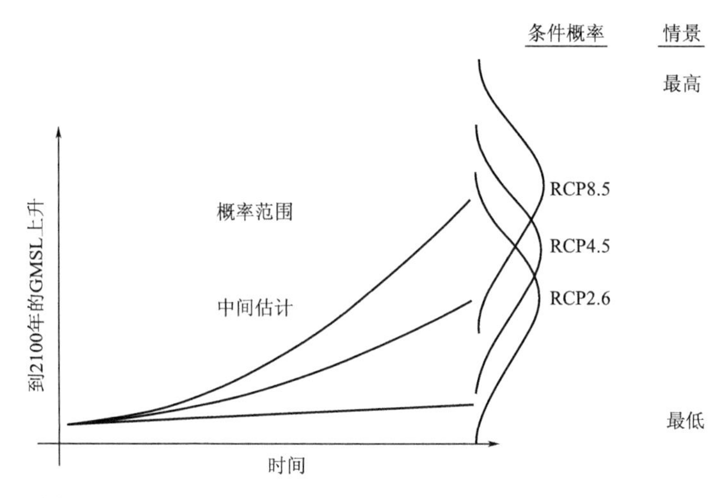

图5.1 气候模拟典型浓度路径（RCP）情景下，与排放相关的海平面上升条件概率预估示意图

三、海平面上升的风险管理

未来海平面上升将威胁到全球沿海地区的人口、生态系统、基础设施以及重要的其他经济和环境资产。海岸带规划者做出关键的决策需要权衡多方面的因素，如决策的类型、预期的未来效应、规划远景，以及风险承受能力，包括资产的临界性和人口暴露的规模和脆弱性等（Ranger et al.，2013）。针对海平面上升的风险管理决策方法目前主要有两类，一类是基于“情景分析（Scenarios analysis）”和“概率风险分析（Probabilistic risk analysis）”的决策方法，第二类是面向深度不确定性条件下的风险评估和决策量化的稳健决策方法（RDM）。

(一)基于海平面上升情景的风险决策

对于规划师和工程师而言，为特定项目选择一种海平面情景的过程并不简单，目前只有少数案例研究涉及其应用(Ranger et al.，2013)。为风险管理的目标选择有意义的海平面情景，始于理解特定的系统、问题、目标和偏好。这包括：①决策类型是什么？业务起讫时间多长？期间决策能否有效地实施？新信息出现时决策的灵活性如何？②如果海平面上升，谁和什么会遭受影响，以及以什么方式？什么将暴露于风险？③对于宝贵的资产，在短期和长期，哪些后果是想要避免的？风险承受能力多大？④对于重要的人文和自然系统，是否存在海平面上升的阈值或临界点？一旦超过，将导致损失激增。⑤海岸系统的详细信息有哪些？例如，海拔、海岸线的特征，有价资产(房屋、基础设施、敏感的生态系统)的位置。

风险决策过程的关键是明确给定相对海平面上升量，可能造成新建或现有基础设施的影响多大，这将取决于地形、土地覆被、物理强迫(即影响典型极值水位分布的因素)，以及现有风暴洪水防御设施等。因此，重要的是要认识当地物理强迫特征和机制，以及在未来海平面情景下，物理强迫的特征如极值水位事件的幅度、频率或持续时间是如何变化的。在一些地方小幅的相对海平面上升将大大增加洪水发生的频率和空间范围。例如，给定相对海平面上升量，在平坦、低洼的海岸带，潮汐洪水已经并将继续变得更加频繁和严重(Sweet et al.，2014)。

适应性规划的前期首先需要建立海平面上升、目标系统，以及对系统的威胁之间的概念框架。第二步，根据未来不同情景对系统和规划进行压力测试，以评估潜在的风险。对于适应能力有限或缺乏弹性的长周期项目的规划，21 世纪后期 GMSL 上升高度不确定性的问题愈加凸现。如果没有充分考虑到低概率高影响的后果，将显著增加未来的暴露和风险(Oppenheimer et al.，2016)。对于许多决策，评估最坏情景是必要的，而不只是评估科学上“可能”发生的情景。例如，“泰晤士河口 2100”计划中，规划者认为，在规划新的防洪基础设施保护伦敦市 21 世纪免受泰晤士河风暴洪水的影响过程中，极端海平面上升情景是技术分析的关键内容。

针对至关重要的决策、规划和长期风险管理，作为选择可能的初步方案的策略为：①确定一个科学合理的海平面上升的上限(这可能被认为是最坏情景或极端情景)，尽管发生概率低，但在规划的时间跨度内不能排除。使用这个上限情景作为系统总风险和长期适应战略的指南。②确定一个中值估计或中间情景，使用此情景作为短期规划的基线，如制定未来 20 a 的初始适应规划，该情景和上限情景一起可为规划提供总体方案。

这种方法与“泰晤士河口 2100”计划、荷兰水长远管理规划的应用一致(Hinkel et al.，2015)。持续监测目前海平面的趋势和变化，以及提升相关气候系统过程与反馈的科学认识，识别在中间或最坏情景下，系统随时间的演化。通过系统的评估来确定当前海平面上升及其风险演化，进而选择适应性管理策略，可针对上限情景实施更为积极的应对方案(Ranger et al.，2013)。这种决策方法也称为“适应对策路径”或“动态适应政策路径”方法(Haasnoot et al.，2013)。

(二)海平面上升的风险稳健决策

由于人类活动造成的气候变化的影响，导致如海水热膨胀、海洋结构变化、陆冰融化、海洋和大气环流，以及陆地水平衡变化，这些因素的复杂相互作用，造成未来海平面无论是年平均还是日极端值均不同于过去的趋势(Bakker et al.,2017a)。虽然对一些过程如热膨胀有了较清楚的理解,但其他因素仍然很不确定。例如,目前的模型无法阐明触发或限制陆冰快速流动的关键机制(DeConto et al.,2016)。南极西部冰盖(WAIS)可能比以前认为的更加不稳定,有可能快速崩解。海平面预测是深度不确定的问题(Bakker et al.,2017b)。当专家或决策者不能知道或不同意系统模型关于行动产生的后果或系统模型关键参数的先验概率,则出现深度不确定性(Dittrich et al.,2016)。

深度不确定性给决策者带来了情景不确定、决策后果不确定、决策方案不确定等困难和风险(Hu et al.,2015)。当政策制定者和决策者面临着一个难以预测的、深度不确定的未来时,需要的不仅仅是传统的基于预测的决策分析,以帮助他们在备选方案中做出选择。近年来发展了新的决策方法如稳健决策(RDM),结合日益强大的计算机工具,非常适合深度不确定性情形。RDM基于一个简单的概念:RDM运行模型数百甚至数千次以确定决策计划在未来一系列可能的情景下的表现,而不是用数据和模型来描述一个最佳的未来预估。基于结果数据库的可视化和统计分析,来帮助决策者评估未来各种情形下决策计划的实施情况。RDM可以解释政策如何随时间而进化,表达未来不确定性,并具有可对比的决策标准,从而使管理者的决策更加稳健。RDM是一种发展和评估长期政策或策略的量化和协商方法。

社区组织和政府使用RDM方法构建“稳健”的策略和政策,并能够在一系列的未来情景中充分发挥作用。RDM并不提供任何单一的策略或政策,相反,RDM可以帮助决策者了解哪些策略是最具适应性,并可调整以满足不断变化的条件,理解哪一组方案在各种情况下都能发挥最佳效果,最终是成本效益高的(Hall et al.,2012)。RDM创造了一种促进决策者之间对话的全新方式,决策者面对的问题不再是“未来会发生什么事情”,而是转向“现在可以采取哪些措施来确保局势朝着我们期望的方向发展”(Lempert,2011)。

RDM的主要步骤包括明确问题现状,提出政策措施(决策构建)—基于未来不确定性构建未来情景(案例生成)—根据脆弱性分析判定各政策措施在不同未来情景下的表现,判断政策措施是否达标,发现存在漏洞的情景(情景分析)—分析各政策措施提升城市适应气候变化能力及其经济效益比(权衡分析)—制定适应策略(稳健政策)。

近年来,稳健决策方法被越来越多地应用于解决包括海平面上升等气候变化不确性的决策中。例如,美国新奥尔良市抵御未来风暴潮适应措施规划、路易斯安那州可持续海岸综合总体规划等。

四、结论与展望

近年来,国际海平面变化研究已取得显著进展,特别是从气候变化适应与风险管理的角度,认识到以往海平面上升研究,包括IPCC报告存在的不足。只预测海平面上升的中间范围或中间情景,不能满足风险决策的信息需求。海平面上升作为一种致灾因子,既需要预测可能的未来情景,还要了解其发生概率,并关注低概率高影响的高限或上限情景。海平面上升及其风险管理的主要进展包括:(1)在高排放情景下,到2100年南极冰盖对海平面的贡献可能高达0.78~1.50 m(均值为1.14 m),远高出同一排放情景下IPCC第五次评估报告的−0.08~0.14 m(均值0.04 m);(2)发展了完全概率评估方法,以典型浓度路径和共享社会经济路径情景为条件，对海平面上升不同情景和概率进行了预测；(3)将原来21世纪末2.0 m的GMSL上限调高为2.5 m，并认为21世纪及之后，海平面上升仍很可能加速，但上升的不确定性将增大；(4)发展了综合考虑极端情景和中间情景、适应对策路径和稳健决策(RDM)等方法，进行长周期关键项目决策、规划和风险管理的策略，在欧美等国家的实践中已得到广泛应用。

一方面，末次间冰期全球年平均温度比工业化前高1～2 ℃(可以和21世纪的全球变暖类比)(Masson-Delmotte et al.，2013)，当时，GMSL比现在高出约5～10 m(Dutton et al.，2012；Kopp et al.，2013)。另一方面，未来气候变化的精确轨迹及其影响存在巨大的不确定性，限制了基于长期预测结果进行与风险相关的决策(Weaver et al.，2013)。为了应对海平面上升适应和风险管理的迫切需要，2017年2月，世界气候变化研究计划(WCRP)启动了“区域海平面变化与海岸带影响”重大挑战项目。2015年8月，美国全球变化研究计划和国家海洋委员会联合组成了“海平面上升和海岸洪水灾害情景与工具的跨部门工作组”。海平面上升情景和概率及其上限情景已应用于国际海岸风险管理实践，但该问题在我国学界和沿海规划与管理部门还没有引起足够关注。在现有工作基础上，需要更多的监测、研究来预估不同时间和空间尺度海平面上升的情景和概率，基于海平面变化过程模型模拟，加强冰盖冰动力、临界点和突变的研究，减小预测的不确定性，评估其上限情景。同时，加强海平面上升和海岸洪水风险管理与决策方法及其应用研究以满足我国沿海地区气候变化适应规划和风险管理决策的不同需求。

第二节 长三角地区沿海低地人口暴露时空变化分析

一、引 言

沿海低地(Coastal low-lying area)，或称低海拔沿海地区(Low Elevation Coastal Zones，LECZ)，是指海拔高度低于10 m的沿海连续地带(McGranahan et al.，2007；Liu et al.，2015)。沿海低地仅占世界土地面积的2%，却占世界总人口的10%和城市人口的13%(McGranahan et al.，2007)。全球共有3351座城市位于沿海低地，20个特大城市中有13个分布在沿海地区(Habitat，2009)。沿海低地往往人口稠密、经济发达、生态环境脆弱、自然灾害多发，抵御气候变化导致的风险能力不足(Nicholls et al.，2010)。一方面，气候变化导致海平面上升、陆地与海洋表面温度升高、降水/径流变化、热带和温带气旋增强，以及更大的海浪和风暴潮等极端气候事件频率与强度的增加，对沿海低地造成巨大的不利影响(Anthoff et al.，2010；Nicholls et al.，2010；IPCC，2012，2013；Williams，2013)。另一方面，随着快速城市化、人口增长和经济发展，沿海低地的利用与人类干预不断增强，这些非气候驱动因素给生态系统带来巨大压力，造成沿海低地生态功能丧失，环境污染和退化，这种情况在发展中国家尤为严重(Adger et al.，2005)。这两方面的因素导致沿海低海拔地区更难应对气候变化和自然灾害风险(McGranahan et al.，2007；Newton et al.，2012)。近年来，沿海低地的人口分布与迁移、灾害风险与气候变化适应等问题引起了广泛关注(McGranahan et al.，2007；IPCC，2013；Liu et al.，2015)。

中国沿海低地面积广大，是全球沿海低地人口数量最大的国家（McGranahan et al.，2007；Liu et al.，2015）。中国沿海地区经济持续快速增长和快速城市化，导致内地人口大规模向海岸带迁移。在沿海低地上分布着我国人口极为稠密、经济最发达地区的长三角、珠三角和环渤海地区，并拥有上海、天津、广州、深圳和香港等众多的特大型城市和经济中心。同时，沿海低地各类自然灾害频发，随着沿海低地人口急增和快速城市化，海平面上升、台风、风暴潮、洪涝、盐水入侵等自然灾害对沿海低地人口的潜在威胁及造成的经济损失将越来越严重（Jongman et al.，2012）。例如，海平面上升将导致风暴潮极值水位的重现期明显缩短，至2050年，长三角、珠三角和渤海西岸50 a一遇的极值水位将缩短为5～10 a（杨桂山，2000；《气候变化国家评估报告》编写委员会，2011）。三角洲地区是中国沿海低地的主要组成部分，也是气候变化和自然灾害的主要脆弱区（《气候变化国家评估报告》编写委员会，2011）。

长江三角洲地区包括江、浙、沪两省一市，是中国最重要的经济区，是中国率先跻身世界级城市群的地区。长江三角洲是长江入海之前的冲积平原，是我国最大的三角洲。全球所有三角洲中，长江三角洲拥有第二大的沿海低地面积和人口数量。长三角沿海低地的面积和人口分别约占全国沿海低地的30%和40%（Liu et al.，2015），是中国最重要的沿海低海拔地区，所面临的环境压力、自然灾害与气候变化风险日趋增强（王祥荣等，2012；刘洋，2014）。人口作为重要的承灾体，是灾害风险管理与气候变化适应关注的主要对象，其时间变化和空间差异是其重要属性。本节利用我国1∶25万DEM、人口密度格网数据库GP-Wv3和LandScan，分析长三角地区沿海低地的空间分布及其人口的时空变化格局，为气候变化背景下长三角沿海低地的灾害与风险管理提供依据。

二、数据与方法

（一）数据来源

主要数据包括行政区划数据、DEM数据以及人口网格密度数据。行政区划数据为1∶100万比例尺的省级行政区划矢量数据，包括长三角江、浙、沪两省一市。DEM数据为国家基础地理信息中心提供的1∶25万数字高程模型数据，以黄海高程为基准，与吴淞高程差1.92 m（Ke，2014）。人口数据为目前全球范围内应用最广的全球人口动态统计分析数据库（LandScan）和世界人口栅格数据库第三版（GPWv3）。LandScan由美国能源部橡树岭国家实验室（ORNL）开发，是全球人口数据较为准确可靠，具有较高空间分辨率的动态统计分析数据库①。该数据库根据人口普查信息、行政边界、土地覆被、海岸线、遥感影像夜间灯光数据和其他空间数据（道路、坡度）等计算的概率系数来模拟人口分布（Linard et al.，2012）。自1998年LandScan全球人口数据库开发第一版以来（Dobson et al.，2000），该数据库每年根据新的空间数据和影像资料进行更新，本节使用2011年更新的LandScan人口数据（简称LandScan 2011）。LandScan的空间分辨率均为30弧秒，栅格单元在赤道约1 km^2。GP-Wv3人口数据来自哥伦比亚大学国际学院国际地球科学信息网（CIESIN）开展的世界人口

① Landscan. http://www.ornl.gov/sci/landscan/。

栅格数据库(GPW)项目[①]。GPWv3 主要刻画了全球人口分布,包括 1990 年、1995 年、2000 年的世界人口数据,此外,对 2005 年、2010 年、2015 年世界人口进行了预测评估(王祥荣等,2012)。GPWv3 的空间分辨率均为 2.5 弧分,栅格大小在赤道约相当于 21.4 km^2。

考虑到数据的一致性,利用 GPWv3 人口数据库 1990 年、2000 年、2010 年三个年份的数据分析人口时间演化。此外,利用 LandScan 2011 的人口网格密度数据分析人口空间分布格局,该数据反映了 2010 年的沿海低地的人口分布状况。

(二)研究方法

首先,基于中国行政区划数据、DEM 数据,利用 ArcGIS 10.1 提取长三角低海拔地区,步骤为利用栅格计算器中 con 条件函数获得低于海拔 10 m 的所有地区,并剔除不连续的零散斑块,获得研究区长三角的沿海低地(图 5.2)。其次,基于 LandScan 和 GPWv3 人口数据计算长三角沿海低地人口的时空格局,经投影转换、重采样,使其坐标系统和分辨率与 DEM 数据及中国行政区划数据一致。最后,利用 ArcGIS 10.1 空间分析方法进行该区域人口分布时空变化分析,得到 2010 年该区域人口空间分布和 1990—2010 年该区域人口时间变化。

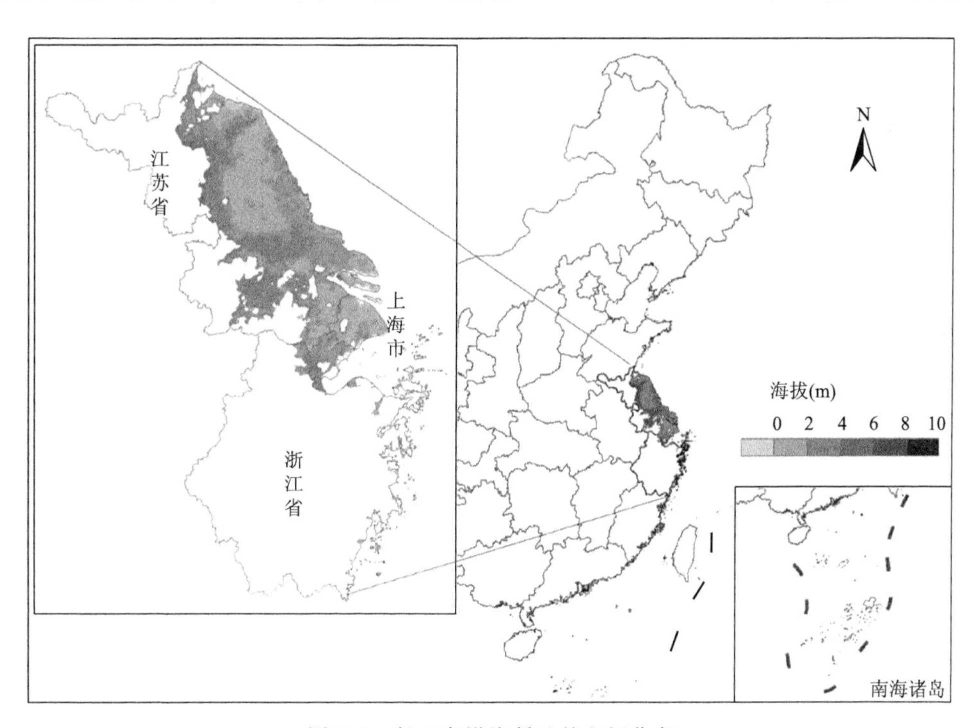

图 5.2　长三角沿海低地的空间分布

三、结果分析

(一)长三角沿海低地的空间分布

长三角两省一市沿海低地的总面积为 67339 km^2,占长三角两省一市行政区总面积的

① GPW. http://sedac.ciesin.columbia.edu/data/set/gpw-v3-population-density。

32.2%。其中,江苏省沿海低地面积最大,为 56344 km^2,占全省陆地面积的 55.8%,约为长三角沿海低地总面积的 83.7%。上海的沿海低地面积占总行政区面积最多,达到 95.6%。浙江省境内的沿海低地比例很少,仅占全省面积的 4.93%(表 5.3、图 5.2)。

表 5.3 长三角沿海低地面积分布

行政区	行政区面积(km^2)	沿海低地面积(km^2)	占行政区面积比例(%)	占低地总面积比例(%)
江苏省	100929	56344	55.8	83.7
上海市	6242	5970	95.6	8.7
浙江省	101953	5025	4.9	7.5
总计	209124	67339	3220	100

长三角沿海低地主要分布在江苏省的黄淮平原、江淮平原、东部滨海平原和苏南平原;上海市除松江、金山局部孤丘高于海拔 10 m,全境皆为沿海低地;浙江省沿海低地主要分布在东北部的杭嘉湖平原,以及沿海岸带有零星分布。

1. 沿海低地分布与海拔高度的关系

长三角沿海低地 37.7%的面积分布在海拔 4 m 及 4 m 以下,87.2%的面积分布在海拔 3~7 m,其中海拔 4 m 的区域最大,占长三角沿海低地总面积的 25%。从分省市来看,江苏沿海低地的海拔高度集中在 3~7 m;上海沿海低地集中在海拔 4 m,占上海沿海低地的 49.8%;浙江沿海低地集中分布在 5~7 m,占浙江沿海低地的 63.9%(图 5.3)。

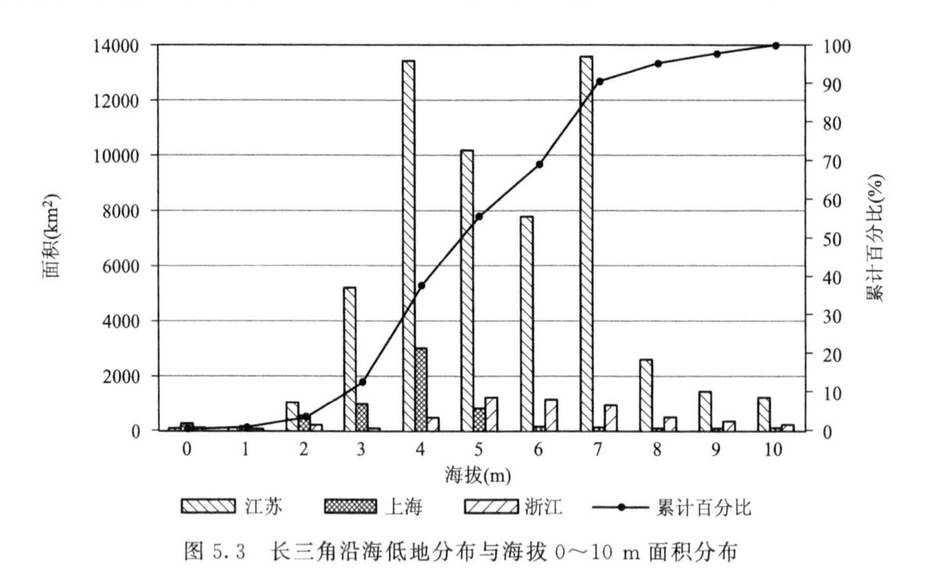

图 5.3 长三角沿海低地分布与海拔 0~10 m 面积分布

2. 沿海低地分布与海岸线距离的关系

长三角沿海低地主要分布在距海岸线 180 km 以内,上海市境内均在距海岸线 60 km 内,浙江沿海低地分布在距海岸线 90 km 内。长三角沿海低地 14.2%的面积分布在距海岸线 10 km 以内的区域,61%的面积在距离海岸线 60 km 内。距离海岸线 10 km 以内的区域面积最大,随着距海岸线距离的增大,沿海低地的面积依次减少。另外,岛屿低地面积占 2.1%,主要分布在崇明岛和浙江东部的岛屿(图 5.4)。

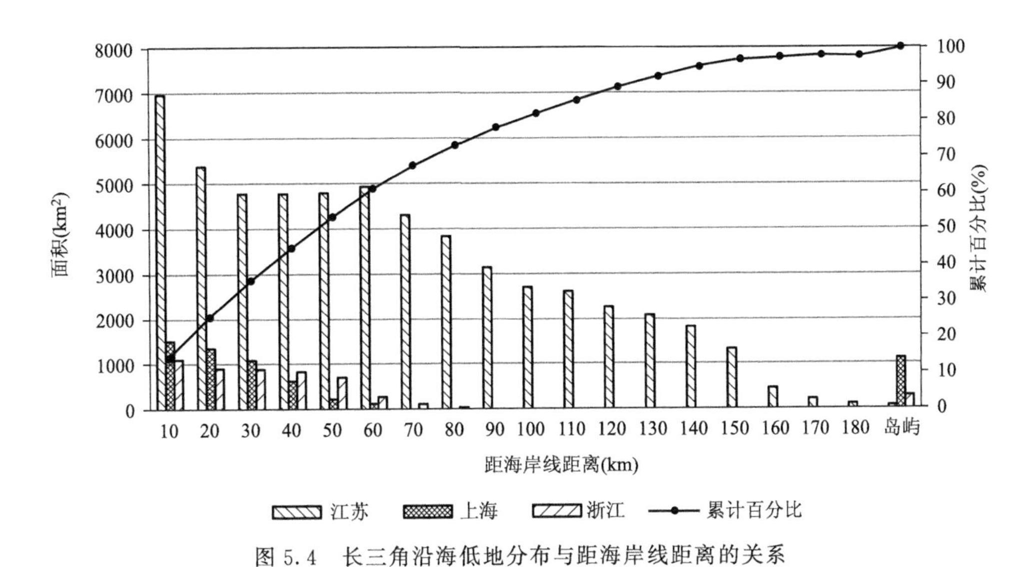

图 5.4　长三角沿海低地分布与距海岸线距离的关系

(二)长三角沿海低地人口空间分布

1.人口分布格局

2010 年长三角沿海低地人口总数为 6614 万人,占长三角两省一市行政区总人口的 45.52%。江苏省沿海低地人口数为 4376 万,占江苏省总人口的 56.24%;上海市沿海低地人口数为 1708 万,占上海市总人口的 97.09%;浙江省沿海低地人口数为 530 万,占浙江省总人口的 10.62%(表 5.4)。

表 5.4　2010 年长三角沿海低地人口分布

行政区	行政区总人口 * (万人)	沿海低地平均人口密度 (人/km²)	沿海低地人口 (万人)	沿海低地人口百分比 (%)
江苏省	7782	777	4376	56.24
上海市	1760	2862	1708	97.09
浙江省	4989	1055	530	10.62
总计	14531	982	6614	45.52

注:* 由 LandScan 数据库获得。

长三角沿海低地人口并非均匀分布,人口密度存在巨大空间差异(图 5.5)。人口密度大于 30000 人/km² 的高密度区域仅占低地面积的 0.14%,却占了总人口 8.34%;人口密度 3000 人/km² 以上的区域面积仅占 4.58%,却占总人口的 49.06%,人口高度集中在小范围区域内。87.84%的区域面积人口低于 1000 人/km²,仅占总人口的 32.25%(表 5.5)。上海市区的人口密度是整个长三角沿海低地人口密度最高的区域,江苏省苏州市、常州市、南通市、泰州市、盐城市,浙江宁波市、嘉兴市等城市也是人口密度较高的区域(图 5.5)。

2.人口分布与海拔高度的关系

长三角沿海低地 91.59%的人口分布在海拔 7 m 以下的区域,仅不足 10%的人口分布在海拔 7~10 m 区域。其中 70%人口分布在海拔 3~7 m 的区域(图 5.6),这与长三角沿海

图 5.5　2010 年长三角沿海低地人口密度分布

表 5.5　2010 年长三角沿海低地人口密度分级的面积与人口比例

级别	人口密度(人/km²)	人口所占比例(%)	低地面积所占比例(%)
1	＜1000	32.25	87.84
2	1000～3000	18.69	7.58
3	3000～7000	10.84	2.04
4	7000～10000	13.29	1.56
5	10000～30000	16.60	0.85
6	≥30000	8.34	0.14

低地主要集中分布在 3～7 m 一致。江苏沿海低地人口主要分布在海拔 4～7 m 区域，上海由于平均海拔较低，其沿海低地的人口主要分布在海拔 3～4 m 的区域，占上海沿海低地总人口的 82.67%(图 5.6)。

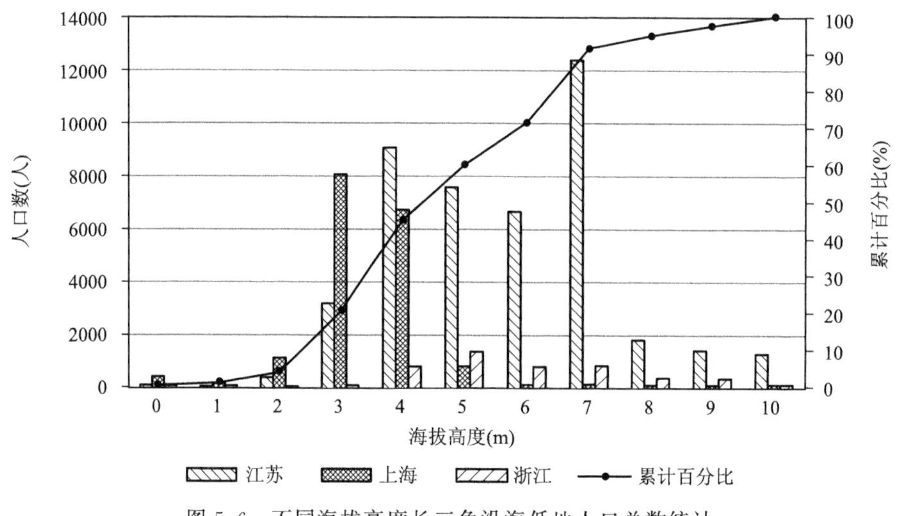

图 5.6　不同海拔高度长三角沿海低地人口总数统计

3. 人口分布与海岸线距离的关系

长三角沿海低地超过 60%的人口分布在距离海岸线 60 km 以内,80%以上人口分布在距离海岸线 90 km 以内。随着距海岸线距离的增大,沿海低地的面积减少,分布的人口也相应减少。上海沿海低地人口集中分布在距离海岸线 30 km 内,占上海沿海低地总人口的 88.6%(图 5.7)。

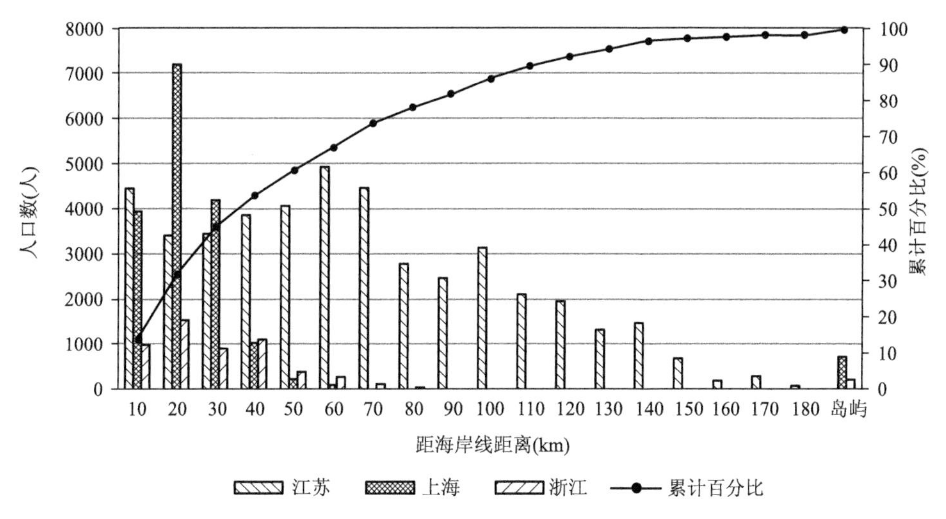

图 5.7　距海岸线不同距离长三角沿海低地人口总数统计

(三)沿海低地人口的时间变化

用 GPWv3 1990 年、2000 年和 2010 年的人口数据分析其时间分布,得出上海市人口密度最大,增加最快,1990 年为 2337 人/km²,2000 年为 2790 人/km²,2010 年达 3129 人/km²,远高于江苏和浙江,上海与江浙低地的人口密度差达 2000 人/km² 左右(表 5.6)。

表 5.6　长江三角洲沿海低地 1990—2010 年人口变化

区域	人口总数(万人)			人口密度(人/km²)		
	1990 年	2000 年	2010 年	1990 年	2000 年	2010 年
江苏省	4367	4479	4417	775	795	784
上海市	1395	1666	1868	2337	2790	3129
浙江省	389	448	484	775	891	963
沿海低地	6151	6593	6769	913	978	1004

1990—2000 年,长三角沿海低地的人口密度、人口数量都在增长,其中,上海和浙江沿海低地人口增长率和人口密度的增长量较大,分别为 19.38%和 14.97%。上海市区人口密度快速增加,人口大量集聚,浙江省温州市、宁波市及舟山市人口密度增长较大。江苏中部沿海低地人口密度减少,苏北和苏南人口密度增长。2000—2010 年,上海与浙江低地人口密度与人口数量仍在增加,但江苏沿海低地人口数量和人口密度略有减少,其中,苏北人口密度降低,苏南人口密度继续增长。

1990—2010 年,上海市区人口密度快速增加,人口大量集聚;江苏南通、淮阴、连云港、盐城、浙江温州、宁波及舟山人口密度增长较大。而江苏北部的阜宁、宝应、滨海等县人口密度在减少(图 5.8)。

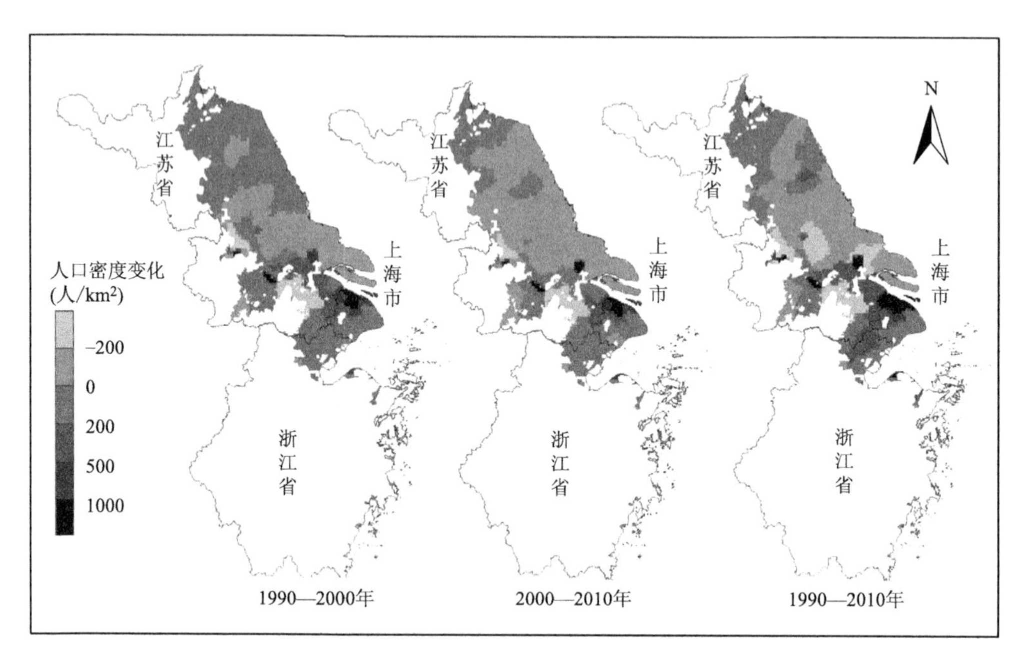

图 5.8 长三角沿海低地人口密度变化对比

四、数据与结果的误差分析

使用 1∶25 万高程模型数据得到的长三角沿海低地范围与 Liu 等(2015)使用的先进星载热发射和反射辐射仪全球数字高程模型(ASTER GDEM)得到的沿海低地范围有所不同。本研究得到的长三角沿海低地面积为 67339 km^2(Liu et al.,2015),而利用 ASTER GDEM 得到的沿海低地面积为 89639 km^2。两者的主要差异在浙江沿海低地,用 ASTER GDEM 获得的浙江沿海低地面积为 16525 km^2 而本研究获得的低地面积仅为 5025 km^2。使用不同高程模型得到的沿海低地范围会有较大的差异(Lichter et al.,2011),低分辨率的高程模型在低海拔地区的差异更明显(Poulter et al.,2008)。

由于建立人口格网数据库的方法不同,利用 LandScan 与 GPWv3 得到的长三角沿海低地人口数量略有差异,用 GPWv3 得到的人口数量为 6769 万,LandScan 得到的是 6614 万(表 5.7)。LandScan 计算得到的人口数量少于 GPWv3,并且,以 LandScan 统计的两省一市人口总数也比人口普查统计数据低。根据五普和六普人口资料,江苏省 2000 年的常住人口为 7438 万人,2010 年为 7866 万人,人口仍呈增长趋势,而根据 GPWv3 得出,2000—2010 年,江苏沿海低人口略有减小,这可能与 GPWv3 2010 年的人口为预测数据有关。

进一步以江苏、上海、浙江一级行政区为例,利用 LandScan 和 GPWv3 分别统计人口,并与第六次人口普查数据做比较。结果显示,由 LandScan 和 GPWv3 获得的一级行政区人口总数小于统计年鉴人口,而且,LandScan 的结果小于 GPWv3 的统计结果。行政区面积较

表 5.7　LandScan 与 GPWv3 2010 年长三角沿海低地人口密度与总数对比

区域	LandScan 2010		GPWv3 2010	
	人口密度(人/km^2)	人口总数(万人)	人口密度(人/km^2)	人口总数(万人)
江苏省	777	4376	784	4417
上海市	2862	1708	3129	1868
浙江省	1055	530	963	484
沿海低地	982	6614	1004	6769

大的江苏、浙江两省误差相对较小，而上海的误差相对较大(表 5.8)。在近海岸地区，LandScan 统计的人口数据要少于 GPW 的统计结果(Dobson et al.，2000)。需要提高数字高程模型和人口空间化数据集的精度和准确度(Lichter et al.，2011；Liu et al.，2015)，量化人口数据集的不确定性，以提高分析结果的精度。

表 5.8　2010 年江、浙、沪 LandScan、GPWv3、统计年鉴人口总数的对比

数据来源	江苏省(人)	上海市(人)	浙江省(人)
Landscan	77233400	17577400	49827500
GPWv3	77393500	22588500	52475200
统计年鉴	78659903	23019148	54426900

五、结论与讨论

(一)讨论

1. 经济发展与人口时空变化

长三角是我国经济增长最快、城市化水平和发展速度最高的地区之一。1980—2010 年，在各类用地类型中，长三角建设用地面积变化最大，达 446.1%(刘桂林等，2014)。长三角特大城市群进入城镇化快速发展时期，大量人口迁入(王桂新等，2005)，大量耕地被建设用地占用，城镇周围的农村快速被城镇化，建设用地粗放低效(刘纪远等，2009，2014)。长三角沿海低地的社会经济发展和城市化更是如此，该区从北到南集中了连云港、盐城、南通、镇江、常州、无锡、苏州、上海、嘉兴、绍兴、宁波、台州、温州等重要城市。形成了以上海为中心，杭州、苏州、无锡和宁波等城市为副中心布局(李娜，2011)。

1990—2010 年，长三角沿海低地人口密度和数量显著增加，并出现区域性的变化。人口密度变化主要是人口迁移的结果，其中劳动力迁移是人口迁移流动的主体，经济发展不平衡以及发展模式差异产生劳动力供给与需求的区域差异，从而激发人口迁移(顾朝林等，2011)，长三角强大的经济活力吸引了大量劳动力向其迁移流动，虽然长三角各城市的经济发展总体上都处于较高水平，但其内部不同城市之间依然存在发展差异(陈志刚等，2007)，形成了以上海为核心的高强度集聚区。

2. 沿海低地的灾害风险

长三角沿海低地超过 1/3 的面积和 2/3 的人口分布在海拔 4 m 及 4 m 以下，海平面上升的风险压力将不断增大。随着全球变暖，预计未来 30 a，江苏、上海和浙江沿海海平面将

上升 70～155 mm①。IPCC 第五次报告估计到 21 世纪末，海平面上升可达 0.30～0.8 m。加之长三角地面沉降明显，苏州、无锡、常州已经和上海沉降区、嘉兴沉降区连成一片，地面沉降面积达到 8000 km^2 左右(刘杜娟等，2005)，20 世纪上海地面沉降达 3 m。长江中上游水电梯级开发，大量水库大坝(如长江的三峡)兴建，三角洲的沉积物减少(戴仕宝等，2007)。多重因素放大了沿海低地面对未来海平面上升的脆弱性和灾害风险，将在 21 世纪给长三角沿海低地带来严峻挑战。

(二)结论

利用 GIS 空间分析方法，基于 DEM、LandScan 与 GPWv3 人口数据库，初步分析了长三角两省一市沿海低地的格局及其人口分布的时空变化，并探讨了沿海低的气候变化与自然灾害风险。长三角两省一市沿海低地分布在距离海岸线 180 km 以内，占行政区总面积的 32.2%。37.7%的分布在海拔 4 m 及 4 m 以下，江苏沿海低地集中在海拔 3～7 m，上海沿海低地集中在海拔 4 m，浙江沿海低地面积集中在海拔 5～7 m。随着距离海岸线距离的加大，沿海低地的面积依次减少。2010 年江苏省、上海市和浙江省沿海低地人口分别占江苏省总人口的 56.24%、上海市的 97.09%和浙江省的 10.62%。长三角两省一市的沿海低地人口总数约占总人口的 1/2，低地人口数量巨大。长三角沿海低地近 70%的人口集中在海拔 3～7 m 的区域，90%的人口分布在海拔 7 m 以下。江苏沿海低地的人口主要分布在海拔 4～7 m 区域，上海沿海低地人口分布在海拔 3～4 m，占上海沿海低地的 82.67%。超过 60%的人口分布在距离海岸线 60 km 以内，80%以上人口分布在距离海岸线 90 km 以内。

气候变化背景下，长三角沿海低地环境生态系统的脆弱性和自然灾害风险不断增加，使长三角沿海低地的发展处于较高风险之中。本研究可作为气候变化与快速城市化背景下，理解长三角沿海低地人口、灾害风险与可持续发展的第一步。气候变化与非气候驱动因素复杂的关联与互相作用下，低地的暴露、脆弱性和风险需要更综合的分析与评估，为低地的气候适应与综合风险管理提供依据。同时，需要改进数字高程模型、人口空间化数据以满足进一步更深入的研究。

第三节　长三角易洪区制造业暴露时空变化研究

一、引　言

洪水是过去 20 a 最常见的自然灾害之一，对产业活动造成巨大冲击(Wedawatta et al.，2014)。制造业不仅是一个国家或地区经济发展的主要部分，也是洪水灾害暴露的重要部分。例如，2011 年泰国洪水造成了 410 亿美元的经济损失，其中，制造业是损失最严重的产业(占总损失的 71%)，并花费了一个多月恢复运营(Haraguchi et al.，2014)。易洪区制造企业不恰当的集聚和扩张可能加剧潜在损失和洪水风险。因此，系统分析易洪区制造业企业时空变化对理解动态洪水风险很重要，有利于帮助政策制定者优化策略以提高产业系统

① 2013 年中国海平面公报. http://gc.mnr.gov.cn/201806/W020180629622811205366.docx。

的洪水韧性。

相关洪水暴露评估的研究主要集中在人口(Neumann et al.,2015;Stevens et al.,2015;Merkens et al.,2018;Smith et al.,2019)和物理资产(住宅建筑和房屋财产)(Ferguson et al.,2017;Solin et al.,2018)等方面,很少有研究关注制造活动暴露。相较于其他部门,制造业地理上高度集中分布并与全球经济相互联系。洪水不仅造成直接受灾地区产业设施的物理损坏,还可以通过产业前后向关联引发更大范围的间接运营中断。间接中断损失常在巨灾事件中占更大比重(Wu et al.,2012)。尽管局部制造业企业的物理损失是有限的,但通过网络引起的中断损失和系统风险可能非常巨大。

暴露分析和制图是多尺度的。很多相关研究是基于行政单元(例如国家或者省级尺度)的聚合的统计数据集(Smith et al.,2016),或者基于土地利用类型(假定每种土地利用类型的资产价值均匀分布)(Feng et al.,2018;Lee et al.,2018)。这些方法都没有在更精细的尺度上考虑企业活动的密度分布(Wu et al.,2018)。因此,需要更精细的企业层面数据用于暴露分析和制图,以避免聚合空间数据带来的不确定性。此外,这些研究大多是基于一个特定时间截面而不是连续的时间系列,无法有效揭示洪水风险中暴露要素时空演化的驱动机制(Merkens et al.,2018)。

长三角区域位于中国海岸带中部,是最容易遭受海岸洪水和河流洪水的区域之一。该区域风暴潮和极端降水事件频发,并且造成了巨大的经济损失(Fang et al.,2017)。另外,长三角区域工业化水平在中国九大经济区中居于首位,由于制造业企业/部门间紧密的联系,长三角局部地区一旦遭受洪灾影响后,将会间接引发严重的系统性损失。目前,对于长三角易洪区制造业暴露的时空模式及驱动因素还缺乏清晰的认识。

基于以上背景,本节系统分析了1998—2013年长三角易洪区制造业暴露的时空变化。首先利用GIS技术叠加河流洪水和海岸洪水易洪区,得到百年一遇的易洪区范围。其次,利用1998—2013年制造业企业数据,分析易洪区制造业企业的时间、空间、行业、规模变化。最后,讨论制造业企业暴露变化的主要驱动因素。该研究能为区域发展规划,企业选址决策和洪水韧性建立提供决策依据。

二、数据和方法

(一)研究区域

长三角地区(27°8′—35°7′N,116°21′—122°56′E)位于我国东部沿海地区,由江苏省、浙江省和上海市两省一市组成,其中,江苏省包括13个市,浙江省包括11个市(图5.9)。总面积为211724.8 km^2(约为中国陆地面积的2.19%),2017年居住人口达到15410万。

长三角地区是中国最发达的地区之一。在过去40 a,该区域的GDP增长了261倍,年增长率为15.3%。到2017年年底,其GDP达到了168271亿元,占全国的20.3%。

长三角地区是易遭受洪水影响的高风险区域(Ge et al.,2011),在1991年、1998年和1999年曾经历过三次极端洪水事件,造成的经济损失位列1900—2009年全国十大自然灾害之中。由于海平面加速上升以及人口和资产的进一步集聚,预计未来长三角地区将面临更大的洪水挑战。尤其是,很多制造业企业考虑生产和运输的便利,向河流沿岸和沿海低海拔地区集中,将加剧该区域的洪水暴露和非线性洪水风险。

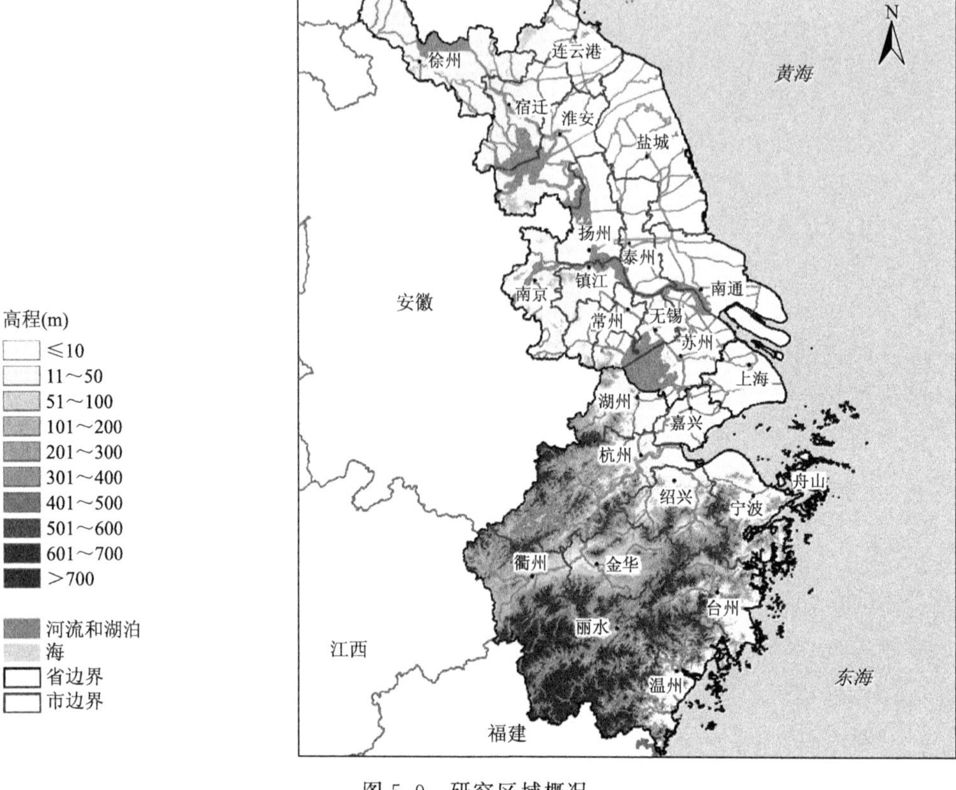

图 5.9　研究区域概况

(二)数据来源和处理

本研究利用的数据包括易洪区数据、制造业企业数据、河流和湖泊数据。

(1)易洪区数据

易洪区是地势低且接近河流、湖泊或其他水体的区域。由于该地区会遭受河流洪水和海岸洪水的复合影响,因此易洪区范围包括河流易洪区和海岸易洪区。

百年重现期的河流易洪区数据来源于国际环境监测中心基金会(CIMA Research Foundation)发布的全球数据集(Ward et al.,2015),该数据集是基于 1D/2D 水动力模型模拟,分辨率为 1 km。百年重现期的海岸易洪区数据来源于方佳毅(2018)的研究。该研究利用 GIS 的水位—高程模型提取海拔低于海平面极值水位的区域并定义为海岸洪水易洪区。该模型中的极值海平面数据来源于全球洪水和潮汐再分析数据集(Muis et al.,2017)。利用 GIS 软件将河流易洪区和海岸易洪区数据合并,得到本研究所需的易洪区范围。需要强调的是,这里的易洪区是指百年重现期洪水的潜在最大影响范围,而不是单一洪水事件的淹没范围。

(2)制造业企业数据

1998—2013 年的制造业数据来自中国工业企业数据库。该数据库由国家统计局发布,包含全国 95%的国有工业企业和非国有工业企业,与国家统计年鉴和中国工业统计年鉴中的工业部门保持一致,为研究提供了全面和权威的企业层面数据。根据中国《国民经济行业分类》(GB/T 4754—2011)标准中的代码分类,数据集包含制造业的C部门和下属二位数行业C13～C43,包括企业名称、地址、企业代码、存货、固定资产、总资产、年收益和从业人员数量等字段。本研究中,利用百度API对企业个体地址进行地理编码和空间定位,并在GIS数据库中保存为点图层。

1998—2013年,《国民经济行业分类》标准进行了GB/T 4754—1994、GB/T 4754—2002、GB/T 4754—2011等阶段性修订,造成中国工业企业数据库中企业行业代码存在一定程度不连续。在本研究中,以GB/T 4754—2011版标准为基准,统一调整其他年份数据的行业代码,用于进一步的时间序列变化研究。在中国工业企业数据库中,企业资产和货物(包括固定资产、存货、产量和销售额)价值是按当期价格计算。因此,以2013年作为基准年,利用GDP平减指数对其他年份数据进行价格平减,形成价格可比、口径一致的逐年资产和货物价值。

不同部门的生产设施洪灾脆弱性存在差异。根据美国HAZUS-MH系统,不同制造业类别的固定资产和存货的深度—损失率曲线呈现出不同趋势(图4.4)。该模型将制造业类被划分为IND1(重工业)、IND2(轻工业)、IND3(食品/药物/化工)、IND4(金属/矿物加工)、IND5(高科技)和IND6(建筑业)。因此,将制造业企业的二位数行业代码归类为IND1～IND5(表4.1),以研究易洪区制造业部门的结构变化。

不同规模制造业企业应对洪灾的能力不同。企业规模划分标准因国家而异,划分指标涉及总资产、总产出或从业人员等。遵循我国相关制造业企业规模划分标准,按照从业人员数量将企业划分为三种规模。从业人员数量低于300的划分为小型企业,大于或等于300但小于1000的划分为中型企业,大于1000的划分为大型企业。

(3)河流和湖泊数据

1～5级的河流和湖泊数据集来源于国家基础地理信息中心①。

(三)研究框架与方法

本研究旨在揭示1998—2013年长三角地区易洪区制造业时空变化。首先,通过行政区划代码和二位行业代码,从中国工业企业数据库中得到各年份的制造业企业数据。其次,利用平减指数将各年份数据归一化,再利用地理编码制图。然后,合并河道洪水易洪区和海岸洪水易洪区,得到长三角易洪区范围。通过叠加制造业企业数据和易洪区数据,分析1998-2013年制造业暴露的时空变化。最后,分析制造业企业和工业园区的空间关系以揭示暴露变化的主要驱动因素(图5.10)。

(1)制造业企业暴露指标

诸如厂房、设备、存货,以及从业人员等是易于遭受洪灾影响的主要暴露要素。根据中国工业企业数据库中的元数据,固定资产主要包括厂房、生产设备和机械,存货主要包括原材料、半成品、产成品或商品存库。因此,选择固定资产、存货、总资产和从业人员数量代表制造业企业的暴露指标。

(2)制造业企业变化指数

分别在省级、市级和县级尺度上分析1998—2013年易洪区制造业的变化。并用变化率

---

①　国家基础地理信息中心. http://www.ngcc.cn/ngcc/。

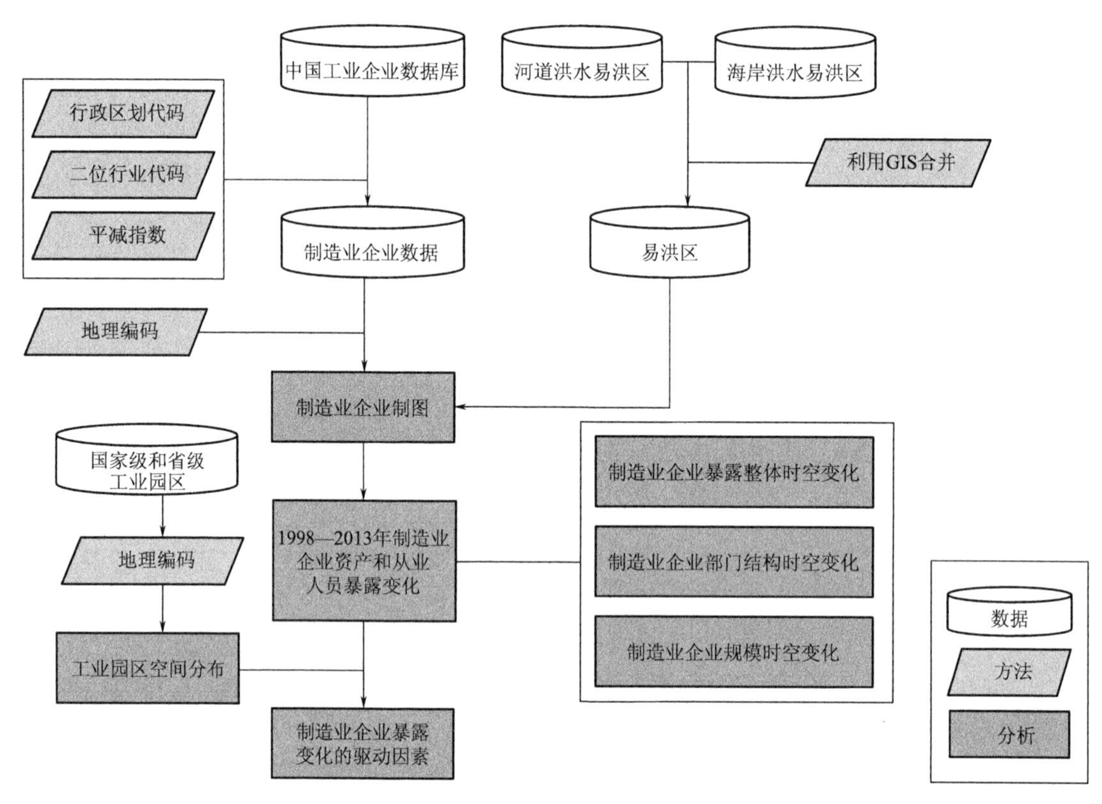

图 5.10 研究框架

(CR),年增长率(AGR)和占比变化(PC)衡量固定资产、存货、总资产和从业人员数量的变化(公式(5.2)~(5.4))。

$$CR = \frac{x_{t2} - x_{t1}}{x_{t1}} \times 100\% \tag{5.2}$$

$$AGR = \sqrt[(t_2 - t_1)]{\frac{x_{t2}}{x_{t1}}} \times 100\% - 1 \tag{5.3}$$

$$PC = \frac{xi_{t2}}{x_{t2}} - \frac{xi_{t1}}{x_{t1}} \tag{5.4}$$

式中,x_{t2} 和 x_{t1} 表示 t_2 和 t_1 年的固定资产、存货、总资产和从业人员数量;xi_{t2},xi_{t1} 表示 t_2 和 t_1 年部门 i 的固定资产、存货、总资产和从业人员数量。

三、结果分析

(一)长三角易洪区范围

根据估算,长三角易洪区面积达到 96.8×10^3 km^2,占整个区域的 45.7%(图 5.11)。易洪区不均匀地分布在 3 个行政单元内。其中 78.3%位于江苏省,16.3%位于浙江省,5.4%位于上海市。

(二)易洪区企业暴露

2013 年易洪区暴露企业有 57806 家,分别占长三角和全国制造业企业的 64.6%和

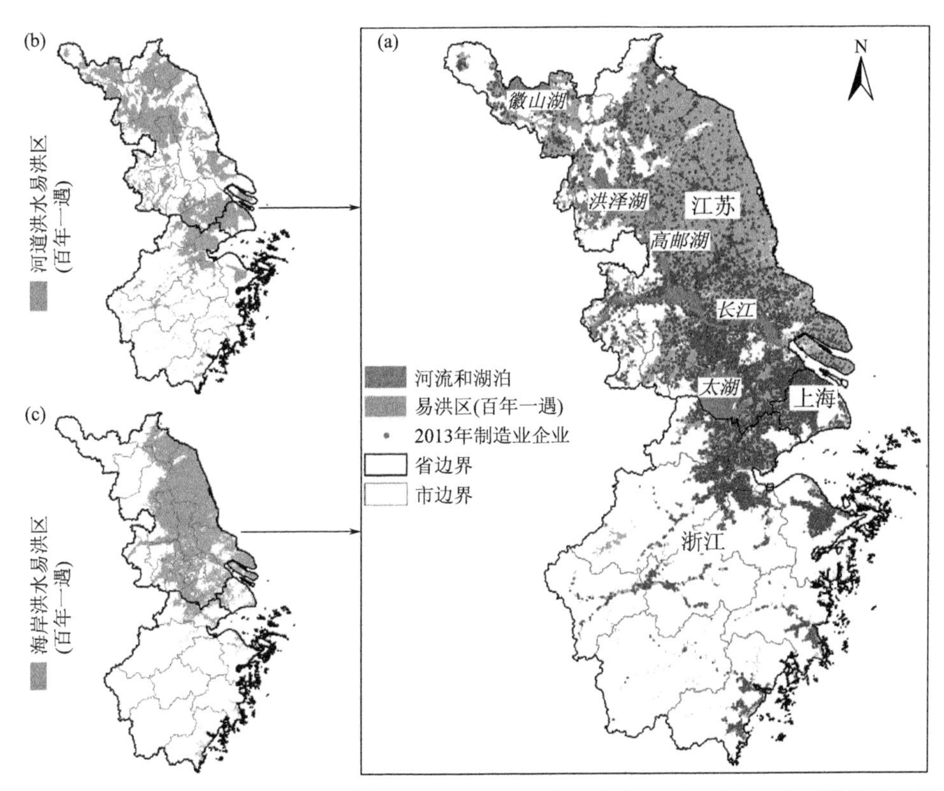

图 5.11　(a)长三角百年一遇易洪区范围和 2013 年制造业企业分布;(b)百年一遇河道洪水易洪区;(c)百年一遇海岸洪水易洪区

16.8%(表 5.9)。固定资产、存货、总资产和从业人员暴露规模分别达到 3 万亿元、1.54 万亿元、11 万亿元和 2372 万人。

表 5.9　2013 年易洪区制造业企业(资产单位:万亿元;从业人员单位:百万人)

区域	企业数量		固定资产		存货		总资产		员工数量	
	易洪区	行政区	易洪区	行政区	易洪区	行政区	易洪区	行政	易洪区	行政区
上海	7443 (83.13%)	8953	0.52 (84.84%)	0.61	0.37 (87.06%)	0.42	2.61 (88.92%)	2.94	3.42 (85.19%)	4.02
江苏	32687 (73.26%)	44620	1.79 (71.01%)	2.52	0.76 (69.79%)	1.08	5.80 (70.14%)	8.27	13.49 (73.50%)	18.35
浙江	17676 (49.23%)	35903	0.69 (55.19%)	1.25	0.42 (55.65%)	0.75	2.92 (54.49%)	5.36	6.81 (49.92%)	13.65
合计	57806 (64.61%)	89476	3.00 (68.42%)	4.39	1.54 (68.32%)	2.26	11.33 (68.41%)	16.57	23.72 (65.87%)	36.01

根据固定资产、存货、总资产和从业人员的占比,表 5.10 列举了 2013 年 C13~C43 中排名前十的部门(按照固定资产占比降序排列)。在这 10 个部门中,C17(纺织业)的企业数量和从业人员占比最大,分别为 12.0%和 10.6%;C26(化工原料及化工制造业)的固定资产占

比最大，达到13.26%；C39（通信设备、计算机等电子设备制造业）的存货和总资产则占比最大。通过对比图4.4中固定资产和存货的水深—损失率曲线，发现C26、C39和C38等部门的洪灾易损性相对更高。因此，应该重点关注这些在易洪区暴露规模大、洪灾易损性高的部门。

表5.10 2013年易洪区制造业企业资产和人员暴露占比排名前十的部门（单位：%）

二位行业代码	企业数量	固定资产	存货	总资产	从业人员
C26	7.11	13.26	8.13	10.00	6.06
C39	5.21	10.95	9.62	10.84	10.04
C31	2.73	8.28	6.24	6.28	2.72
C38	8.21	8.20	9.07	10.28	8.81
C17	11.99	6.86	6.91	6.17	10.61
C34	9.46	6.75	9.93	8.22	8.52
C36	3.66	5.52	4.40	7.46	3.97
C30	4.70	4.00	2.64	3.73	3.84
C35	5.81	3.94	5.85	4.67	5.23
C33	6.49	3.60	4.16	3.67	5.68
总计	65.37	71.37	66.93	71.32	65.47

（三）易洪区企业时序变化

1998—2013年间，易洪区制造业企业从13421家增至57806家，变化率和年增长率分别为33%和10.2%（表5.11）。易洪区制造业增长速度远高于全国平均速度（分别为11.5%和5.22%）。易洪区的固定资产、存货、总资产和从业人员也表现出快速增长趋势。此外，基于2013年数据库中企业建立时间，可以发现易洪区有48195家企业是在1998年后建立，占2013年总体的83.4%，进一步表明该时期易洪区新企业急剧增长。

表5.11 1998—2013年易洪区制造业企业的时间变化（资产单位：万亿元；从业人员单位：百万）

	1998—2003年（阶段1）		2003—2008年（阶段2）		2008—2013年（阶段3）		1998—2013年		
	增量	年增长率（%）	增量	年增长率（%）	增量	年增长率（%）	增量	变化率（%）	年增长率（%）
企业数量	11125	12.83	26641	15.83	6619	2.46	44385	330.71	10.22
固定资产	0.45	8.37	1.14	12.95	0.51	3.82	2.10	231.39	27.08
存货	0.23	10.48	0.58	14.82	0.39	5.93	1.19	338.16	34.38
总资产	1.70	11.96	3.56	13.70	3.83	8.60	9.09	405.05	11.40
从业人员	1.62	5.50	5.56	12.57	11.28	13.77	18.45	350.35	10.55

以5 a为间隔，进一步分析了易洪区制造业的阶段性增长速度（表5.11）。可以发现易洪区制造业的绝对增长和年增长率在2003—2008年（阶段2）都远高于1998—2003年（阶段1）。阶段2企业固定资产和存货的绝对增长是阶段1的1.53倍，从业人员的绝对增长是阶段1的2.44倍。这可以解释为中国在2001年加入世贸组织后进入一个制造业快速发展阶

段。相比之下，虽然2008—2013年（阶段3）仍保持了一定的暴露绝对增长量，但年增长率明显下降，这一趋势主要是2008年金融危机影响的结果。

（四）易洪区企业空间格局变化

图5.12显示了1998—2013年易洪区制造业主要沿海岸带，沿长江和沿太湖周边空间扩张的特征。

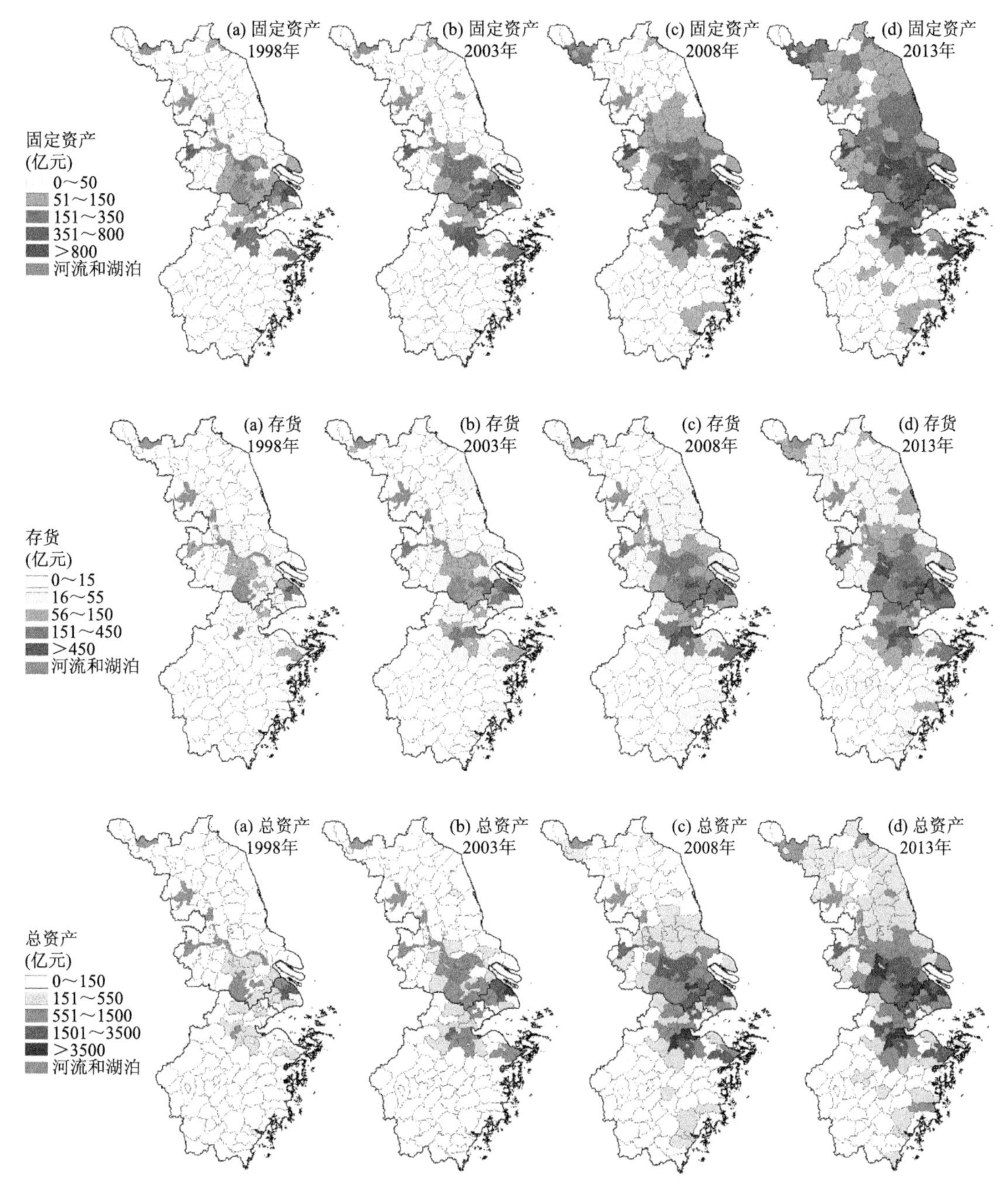

图5.12　1998—2013年长三角易洪区制造业企业空间分布

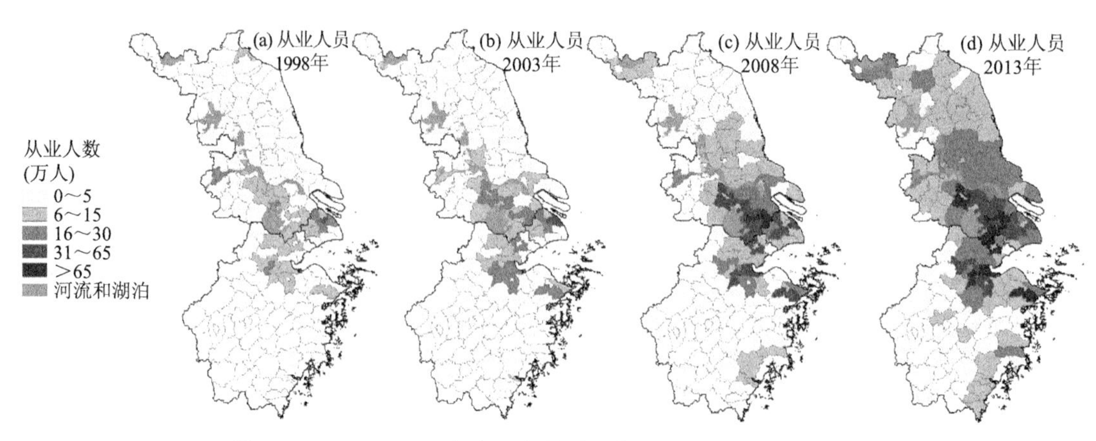

图 5.12　1998—2013 年长三角易洪区制造业企业空间分布(续)

在沿海易洪区，制造业企业在上海市、江苏沿海三市(连云港市、盐城市和南通市)和浙江沿海两市(宁波市和温州市)快速增长。这些城市由于位于沿海低地，容易受到河流和海岸洪水的影响。通过计算，1998—2013 年上海市、连云港市、盐城市和南通市固定资产的暴露分别增加了 955 亿元、389 亿元、1201 亿元和 1205 亿元，年增长率分别为 1.4%、12.0%、16.5%和 14.8%。从业人员数量分别增加了 175 万、20 万、80 万和 120 万人。尽管上海市固定资产和从业人员年增长率较低，但绝对增量显著。宁波市和温州市的固定资产在 1998—2013 年增长了 4～6 倍，对应的年增长率为 12.0%和 10.0%。同时，这两个城市的从业人员暴露从 1998 年的 20 万人和 8 万人分别增加到 2013 年的 130 万人和 60 万人。

在长江和太湖周边易洪区，江苏省南部的苏州市、无锡市、常州市、镇江市、南京市，以及浙江省杭州市、湖州市易受河流洪水和流域洪水影响。通过计算，苏州、无锡、常州三市固定资产暴露分别增加了 4509 亿元、1370 亿元和 1317 亿元，年增长率分别为 13.1%、8.2%和 13.2%。南京市和镇江市 2013 年固定资产暴露是 1998 年的 2.4 倍和 5.8 倍。在杭州市和湖州市，固定资产暴露的年增长率也高达 8%和 10%。

(五)易洪区企业距水体距离变化

以 1 km 为单位计算易洪区制造业企业距水体的距离变化(图 5.13)。结果表明，1998—2013 年间易洪区新增的企业有 50.1%位于距水体 3 km 内(达到 22240 家)，77.0%位于距水体 6 km 内(34183 家)，95.1%位于 12 km 内(42211 家)。易洪区距水体 3 km 内固定资产、存货和从业人员分别增加 11390 亿元、6271 亿元、910 万，分别占易洪区总新增企业的 54.3%、52.7%和 49.2%。结果表明，在这一时期，大量的制造业企业及其资产和从业人员有向水体靠近的趋势。

(六)易洪区企业部门结构变化

图 5.14 反映了 1998—2013 年 C13～C43 部门的固定资产绝对值、年增长率和部门占比变化。C26、C39、C38(电机与装备制造业)、C34(通用装备制造业)、C36(汽车制造业)等行业在 3 个指标都显著高于其他部门。经过该时期的快速增长，C26、C39、C38、C34、C36 成为 2013 年易洪区主要的暴露部门(表 5.11)，而 C31(黑色金属冶炼、挤压)、C17 等部门增速相对缓慢，所占份额大幅下降。

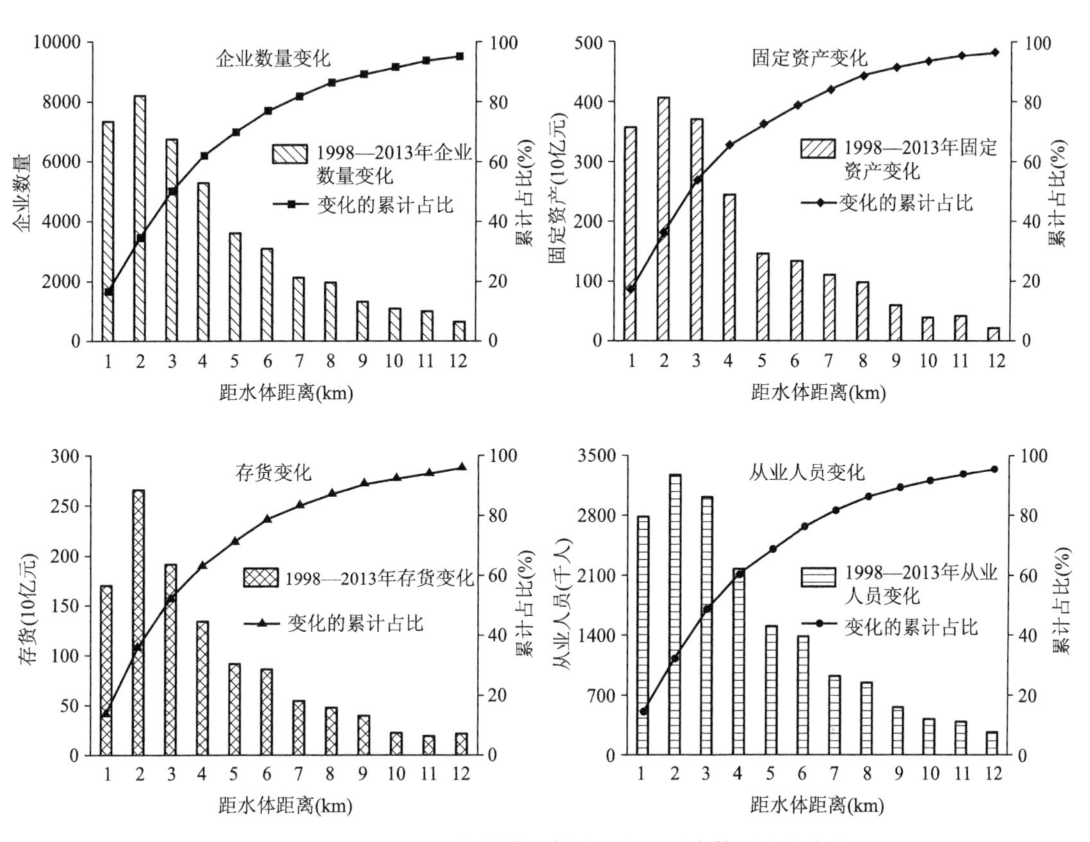

图 5.13　1998—2013 年易洪区制造业企业距水体距离的变化

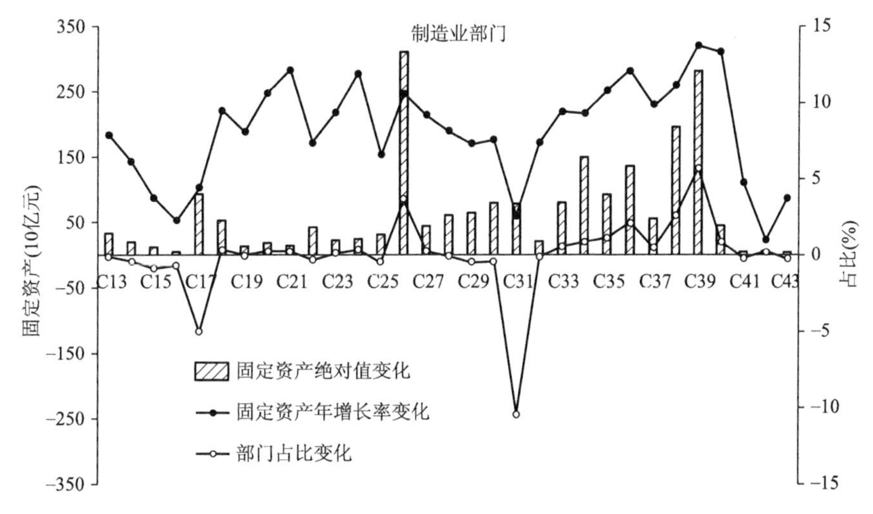

图 5.14　1998—2013 年易洪区制造业部门固定资产的绝对值、百分比和年增长率变化

根据 HAZUS-MH 的淹没深度—损失率曲线(图 4.4),C26 归属于 IND3 类,C39 归属于 IND5 类。IND3 和 IND5 的物理易损性(固定资产和存货)高于其他类别。此外,C38 归属于 IND2 类,也表现出较高的物理易损性。因此,C26、C39、C38 等高易损性部门(企业)在

易洪区的快速增长可能进一步加剧未来该地区的洪水风险。

图 5.15 为 1998—2013 年 C39、C26、C38、C36 部门的固定资产增长空间格局。从图中看出,C39 主要集中在苏州市中心城区和昆山、吴江两个郊区,以及上海市浦东新区、松江区,呈现集聚性增长;C38 主要在"苏锡常"地区集聚性增长;C26 在宁波市镇海县、上海市奉贤区、无锡市张家港县等地,以大型工业园区为载体,呈现分散式增长;C36 则以上海的嘉定区和浦东新区,杭州的萧山区和苏州的昆山市等为依托,呈现多极增长特征。

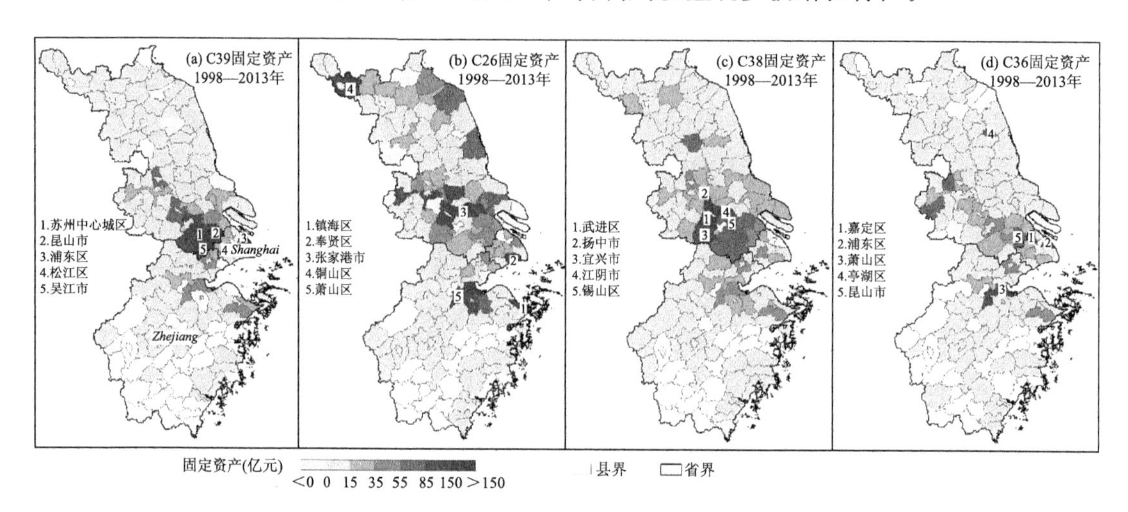

图 5.15 1998—2013 年易洪区 C39、C26、C38、C36 部门固定资产增长空间格局

(七)易洪区企业规模结构变化

图 5.16 为 1998—2013 年易洪区制造业企业规模结构变化。在这一时期,中小企业占有较高比例,为 92.5%~96.0%,而大型企业仅占 4.0%~7.5%的较低比例。易洪区小型

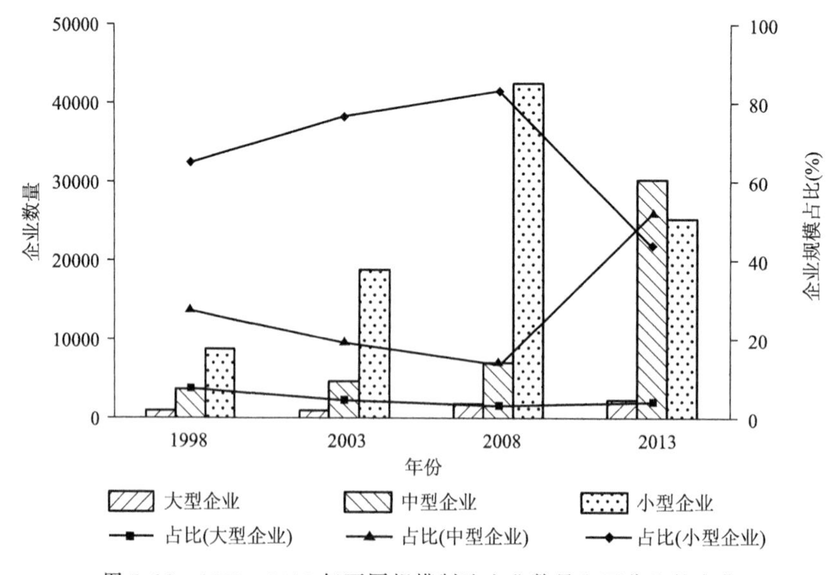

图 5.16 1998—2013 年不同规模制造企业数量和百分比的变化

企业的增长波动性较大，从1998年的64.8%迅速增长到2008年的83.0%，而由于受2008年全球经济危机影响，小型企业的比例又急剧降至2013年的43.7%。

图5.17显示了1998—2013年距水体不同距离的小型、中型和大型制造业企业数量和百分比的变化。总体上，易洪区新增企业中中小企业占比分别为37.3%和59.8%。所有新增中小企业中，48.8%位于距水体3 km以内，74.8%位于距水体6 km以内，92.3%位于距水体12 km以内，表明更多新增中小型企业呈现向水体靠近趋势。

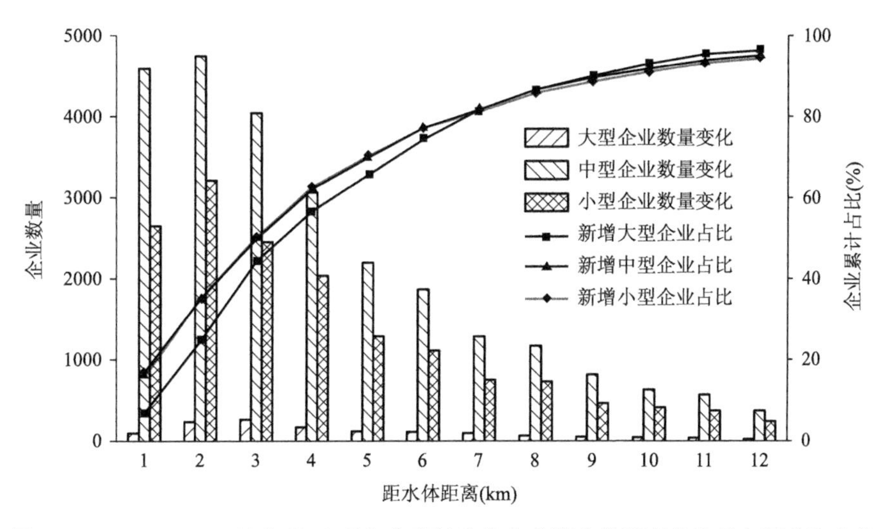

图5.17　1998—2013年小型、中型和大型制造业企业距水体距离的数量和百分比变化

四、结论与讨论

(一)讨论

1. 易洪区制造业企业集聚的政策驱动

良好的地区工业基础、政府政策支持及外国直接投资等因素综合作用下，长三角地区经历了快速工业化，成为中国工业化水平最高的区域之一(王延中，2007)。工业园区是工业发展的一种有效形式，是经济发展中的热点区域。由于低税收、低贷款、降低社会和环境成本以及更好的基础设施等支持性政策，企业更愿意聚集在工业园区。图5.18为1979—2016年长三角地区国家级和省级工业园区的数量。很显然，工业园区建立时间有两个高峰期：其一是1992—1994年，与1992年中国进一步的改革开放政策密切相关；其二是2000—2006年，与2001年中国加入世界贸易组织相吻合。

图5.19是利用核密度函数显示的1998—2013年制造业企业的密度分布，以及长三角地区国家和省级工业园区的点分布。研究发现，制造业企业大多集中在工业园区内及周边，制造业企业的空间格局与工业园区高度相关。这种相关性表明制造业企业的空间扩张基本上是由政府政策引导的。

2. 政策意义

(1)加强高暴露区域的洪水防护和适应性

上海市、江苏沿海城市(连云港、南通和盐城)，以及浙江沿海城市(宁波、温州、台州)是

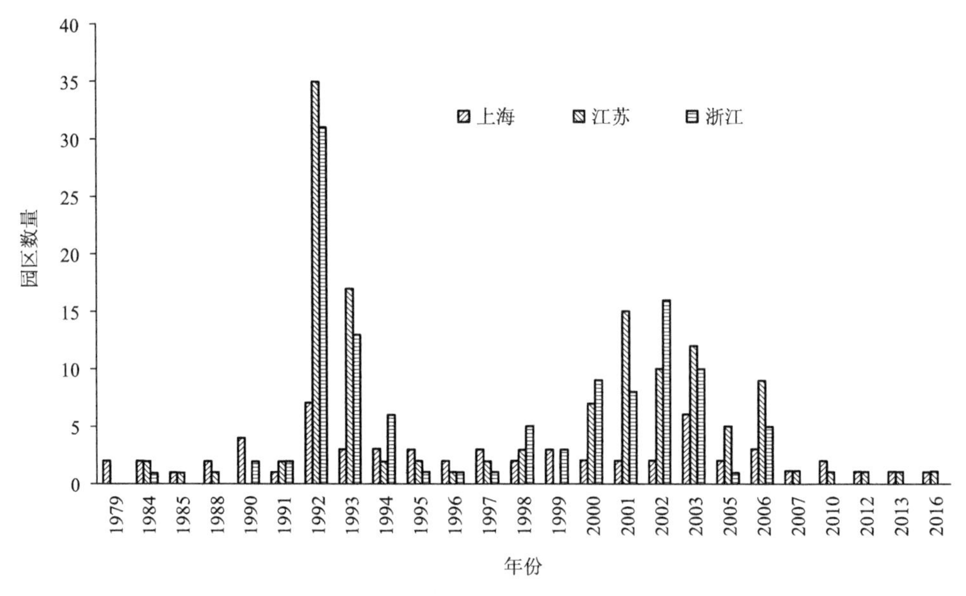

图 5.18　1979—2016 年长三角地区每年新建国家级和省级工业园区数量

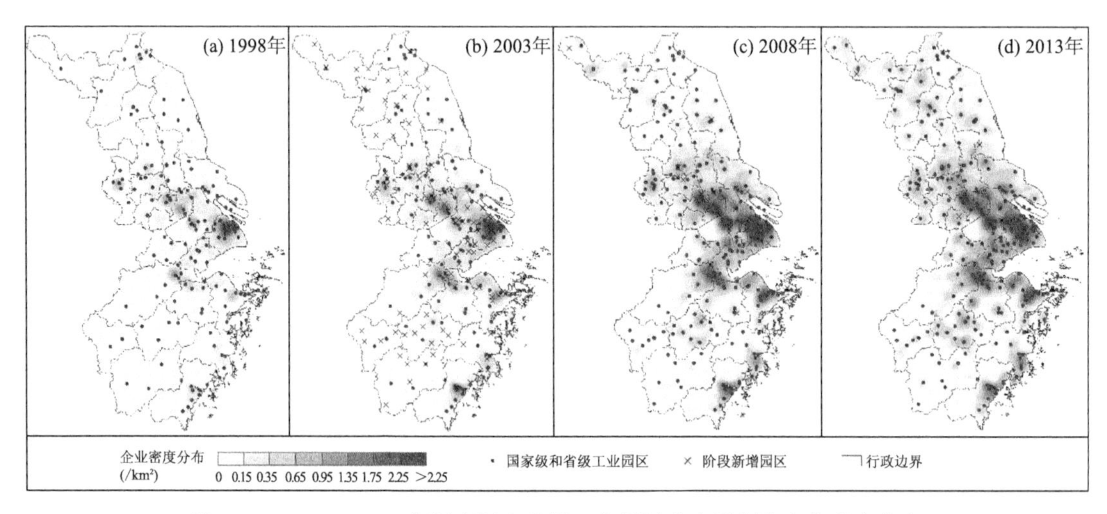

图 5.19　1998—2013 年国家级和省级工业园区分布及制造企业密度分布

长三角易洪区制造业的高暴露地区。上海是全球极易遭受洪涝灾害的 20 个城市之一，随着未来海平面上升和地面沉降，极端复合洪涝风险将进一步加剧。处于上海市沿海地区的浦东新区和奉贤区，是 C40 和 C26 等部门的高暴露地区，更容易遭受海岸洪水影响而造成严重经济损失。江苏沿海城市（连云港、南通和盐城）的平均海拔只有 2.56 m，与百年重现期的极值海平面相比，低于极值水位 0.05～3.7 m。浙江沿海的宁波、温州和台州是频繁遭受风暴洪水影响的地区，由于其制造业暴露程度高，未来可能会加剧洪涝灾害风险。

过去几十年政策主导的产业发展模式，在一定程度上忽视了该地区潜在的洪水风险。为了确保制造业安全和可持续发展，可以充分利用已有产业园区/开发区在信息和物流联系以及基础设施共享方面的优势，研究和制定减灾降险策略。已有研究表明，结构性防洪设施可以显著降低洪水风险，包括加固海堤与河堤、提高排水能力等。一些早期在易洪区建立的产业园区，其老化的、低标准的防洪设施应该进行维护和升级。此外，还应通过有效的洪水预报、预警响应系统、灾害信息共享平台、基于自然的解决方案、备灾救灾等非结构性措施，提高区域和企业应对洪水风险能力(Bloemen et al.，2018；Shah et al.，2018)。

(2)提高中小企业的洪灾应对能力和韧性

已有研究表明，中小企业由于在组织韧性(Reuter，2015)、资源(Gils，2005；Sullivan-Taylor et al.，2011)、风险意识(Yang et al.，2015)等方面的不足，更易于遭受洪灾影响(Wedawatta et al.，2012)。中小企业在遭受洪灾后的恢复速度和能力要低于大企业(Coates et al.，2019)。根据计算，2013 年易洪区中小企业为 55498 家，占所有暴露制造企业的 95.74%。中小企业生产总值为 9.02 万亿元，从业人员达到 1850 万人，占比分别达 61.01% 和 78.13%，在区域社会经济发展中扮演着重要的角色。在气候变化和日益加剧的洪灾风险背景下，中小企业应提高自身洪灾应对能力和韧性，增强业务的连续性。

(二)结论

(1)1998—2013 年，随着长三角地区城市化和工业化的快速发展，易洪区制造企业急剧增加。暴露企业的固定资产、存货、总资产、从业人员分别增加 2.1 万亿、1.2 万亿、9.1 万亿和 1845 万人，年增长率分别达 27.1%、34.4%、11.4%和 10.6%。2013 年易洪区暴露企业的固定资产存量和员工人数分别是 1998 年的 3.3 倍和 4.5 倍。

(2)易洪区制造业企业增长主要集中在沿海、沿长江和环太湖周边地区。上海市、江苏北部三市(连云港、盐城、南通)和浙江二市(宁波、温州)是易于遭受风暴洪水的地区。此外，江苏五市(苏州、无锡、常州、镇江、南京)和浙江二市(杭州、湖州)是易于遭受河流洪水和流域性洪水的地区。制造业企业的快速增长可能会加剧这些地区的洪涝灾害风险。

(3)易洪区新增企业中，95.1%分布在距水体 12 km 以内，77%分布在 6 km 以内，52%分布在 3 km 以内。特别是在离水体 2 km 以内的地区，暴露增加最多。新增暴露企业呈现向水体靠近趋势。

(4)易洪区新增企业中，C26(化工原料及化工制造业)、C39(通信设备、计算机及其他电子设备制造业)、C38(电机及装备制造业)等行业部门增加比重较大。根据 HAZUS-MH，这些部门呈现较高的洪灾易损性(固定资产和库存)。应关注高易损性部门(企业)在易洪区的快速增长及其对未来该地区洪水风险的驱动性。

(5)易洪区新增企业中，中小企业占比达 97.0%，呈现快速增加趋势。其中，48.8%新增中小企业距离水体 3 km 以内，74.8%新增中小企业距离水体 6 km 以内，92.3%新增中小企业距离水体 12 km 以内。在气候变化背景下，应加强易洪区中小企业的洪灾应对能力和韧性建设。

第六章　自然灾害灾情信息集成与挖掘

近年来，全球范围内自然灾害频发，造成了严重人员伤亡和财产损失。及时、快速、全面地收集灾情信息，是灾情综合监测、灾难应急救助、灾后重建规划与决策的重要基础，能够有效地降低灾害所带来的人员伤亡和财产损失（Alexander，2006；Zhang et al.，2012；韩雪华等，2018）。作为指导全球未来 15 a 减灾降险的纲领性文件，2015 年《仙台减灾框架》特别强调国家和地区需要加强收集、管理、分析和使用有关灾情数据和实用信息，确保各类用户有机会获得和利用灾害预警系统以及灾害风险信息①。联合国开发计划署（UNDP）近年来在指导发展中国家的综合防灾减灾过程中发现，灾情信息缺乏是国家防灾减灾与风险管理的主要障碍。国务院办公厅颁布的《国家综合防灾减灾规划（2016—2020 年）》中提到要加强基础理论研究和关键技术研发，推进“互联网＋”、大数据、物联网、云计算、地理信息、移动通信等新理念新技术新方法的应用，提高灾害发生时的信息获取能力。

第一节　NDO 实时灾情信息采集与管理

目前，国内外著名灾害数据库，在灾情信息收集、记录上都还不完整，通常只记录聚合后的灾害损失信息，缺少相关致灾事件、承灾体暴露等相关信息。如何全面收集、记录多源灾情信息，实现多源灾情数据集成，日益成为国内外灾害信息和灾害风险管理领域关注的前沿与热点。针对灾情信息收集、记录存在的问题，本节提出了综合灾情信息概念模型，并详细阐述主要部分内容以及在国家灾情观测系统（National Disaster Observatory，NDO）中的实现。

一、综合灾情信息概念模型

灾情信息作为掌握突发自然灾害事件的重要信息，是实施风险管理和降低灾害风险的基础依据。灾情信息也是救灾工作的重要决策依据，直接关系到自然灾害的预警预报、应急处置、救援救助、恢复重建等各项工作开展。灾情，狭义角度是极端事件造成的各种损失情况，广义角度是各种致灾事件及其造成的损失和影响统称，包括致灾事件发生的时间、地点、影响范围、强度、次数及其造成的损失情况和社会经济影响等。

现阶段国内外主流灾害数据库仅停留在狭义的灾情层面，主要收集灾害损失信息特别是直接损失。而对于后续灾情的综合监测、灾损评估、风险管理、灾难应急救助、灾后重建规划与决策等研究，仅有直接灾害损失信息是远远不够的。所以，在广义灾情基础之上，重新定义了综合灾情信息概念模型，从灾情内容、数据类型和时间三个维度表征灾情信息的构成

---

① UNISDR. https://www.preventionweb.net/files/43291_sendaiframeworkfordrren.pdf。

(图 6.1)。其中,灾情内容记录了致灾事件、承灾体、损失以及其他专题信息(图 6.2)。致灾事件信息包含灾害发生的影响范围、灾害等级、灾害强度、灾害事件链等;承灾体信息包含人口分布、易受灾害影响区域分布、基础设施、社会经济基础等信息;灾损信息根据不同类别分类统计,如按地区、事件、行业、时间跨度等记录的基础设施破坏、经济财产损失、宏观经济与社会影响等;专题信息包含土地利用、贫困、减灾救灾、水文地质、卫星遥感影像图等。灾情数据类型包含文本、图像、视频、音频等。灾情信息时间维度,应考虑致灾事件、灾害损失等过程信息的记录以及历史灾情信息数据的组织和兼容性。综合灾情上下文信息的全面和详细性,对后续灾情分析具有重要作用。

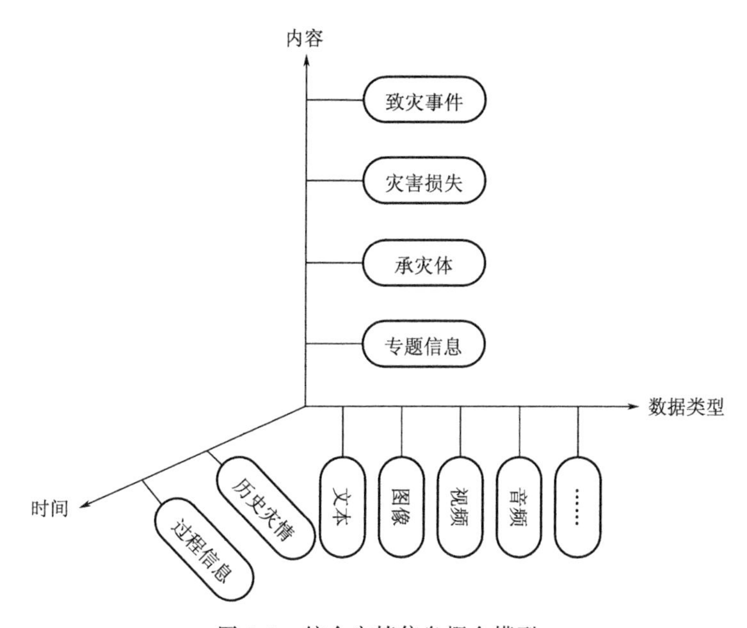

图 6.1　综合灾情信息概念模型

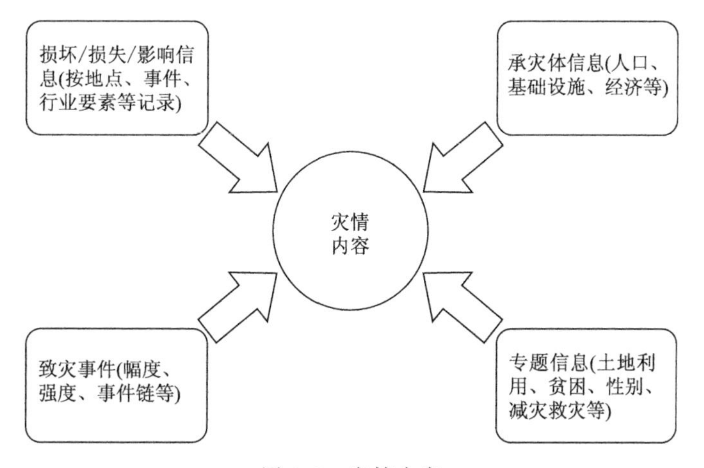

图 6.2　灾情内容

二、灾情信息内容

(一)致灾事件信息

致灾事件是一种具有潜在破坏性的地球物理事件或现象，它可能造成人员伤亡、财产损失、自然环境或社会经济系统的破坏等。在特定的时间段和区域内，这种事件具有一定的发生概率和强度。对灾情系统而言，不同类型的致灾事件，应采集哪些属性，以何种方式采集，才能够更好地为后续的灾情分析、应急决策、灾害风险建模、风险管理等提供支持是亟待研究和解决的问题。以 NDO 为例，针对强降水及其衍生灾害(洪涝、滑坡和泥石流)，研究制定了强降水、洪涝、滑坡、泥石流致灾事件模板，模板具体记录要素如表 6.1～表 6.4 所示。

表 6.1　强降水致灾事件模板

属性名称	指标	单位	区域范围	说明/备注
开始时间		年/月/日		
结束时间		年/月/日		
持续时间	连续降水天数	d	省	以 7 d、10 d、13 d 为特征值绘制空间分布图。并能区分记录刷新状况
降水量	平均过程降水量	mm	行政区域	以 50 mm、100 mm、150 mm、200 mm 为特征值绘制降水量空间分布图，同时用文字描述各指标状况。并能区分记录刷新状况
	点最大、次大值	mm	点	
	50 mm、100 mm、150 mm、200 mm 特征值覆盖的面积	km^2	区域	
	流域面雨量	mm	流域	空间分布图
过程连续 n d 最大降水量	日最大	mm	省	空间分布图，并能区分出记录被刷新
	连续 2 d 最大			
	连续 3 d 最大			
	连续 4 d 最大			
	连续 5 d 最大			
	连续 10 d 最大			
过程最大雨强	1 h	mm	省	空间分布图，并能区分出记录被刷新
	2 h			
	3 h			
	4 h			
	5 h			
	6 h			
	12 h			

表 6.2　洪涝致灾事件模板

序号	属性名称	单位	说明/备注
1	应归属的常见灾害名称		暴雨洪水、山洪、融雪洪水、冰凌洪水、溃坝洪水、涝灾
2	开始时间	年/月/日	
3	结束时间	年/月/日	
4	洪水(淹没)历时	h	
5	洪峰水位	m	
6	站名		洪峰水位出现的水文站
7	洪峰出现时间	月/日 时/分	
8	超警戒水位幅度	m	
9	超警戒水位天数	d	
10	超历史最高水位幅度	m	
11	洪峰流量	m^3/s	
12	最大水深	m	
13	水深分布		水深分布图
14	淹没范围		洪涝范围图
15	淹没面积	km^2	
16	最大流速	m/s	
17	洪水总量		
18	洪水过程线		
19	洪水频率		
20	重现期		
21	洪水等级		中国《国家防洪标准》(GB 50201—94)中依据洪水重现期将洪水划分为1等级
22	河流名称		
23	所属水系		
24	备注		填写文字描述信息(原因等)

表 6.3　滑坡致灾事件模板

序号	属性名称	单位	说明/备注
1	开始时间	年/月/日	
2	持续时间	分秒	
3	名称		
4	地点	省/市/县/镇	
5	地名		
6	位置	经度、纬度	
7	类型		根据诱因的不同,分为降雨滑坡、人为滑坡、地震滑坡、融雪水滑坡、洪水滑坡等

续表

序号	属性名称	单位	说明/备注
8	滑坡体体积	m^3	
9	影响范围		
10	影响面积	m^2	
11	滑坡等级		按滑坡体的大小,分巨型大中小型滑坡。按体积划分:①巨型滑坡(体积>1000 万 m^3);②大型滑坡(体积 100 万~1000 万 m^3);③中型滑坡(体积 10 万~100 万 m^3);④小型滑坡(体积<10 万 m^3)
12	备注		填写文字描述信息(触发因素、引发次级事件等)

表 6.4 泥石流致灾事件模板

序号	属性名称	单位	说明/备注
1	开始时间	年/月/日	
2	持续时间	分秒	
3	名称		
4	地点	省/市/乡镇	
5	地名		
6	位置	经度、纬度	
7	类型		稀性、黏性、过渡性泥石流
8	表面流速	m/s	
9	峰值流量	m^3/s	
10	总体积	m^3	
11	影响范围		
12	影响面积	m^2	
13	泥石流等级		
14	备注		填写文字描述信息(触发因素、引发次级事件等)

(二)灾害损失信息

灾害损失是相对于灾害的社会属性而言,是灾害造成的人类社会各种既得利益或预期利益的丧失,既可以是物质财富和经济利益的丧失,也可以是社会利益、政治利益等的丧失,既可以是有形的经济损失,也可以是无形的精神痛苦或尊严的丧失等。灾害损失是社会状态的函数。灾害造成的损失不仅与灾害发生的强度有关,而且极大地依赖于当时社会的经济发展水平、人口密度和影响范围等社会环境条件。

本研究对自然灾害损失进行了重新分类,包括三个方面,分别是物理破坏(Physical damage,或称作物理损失)、功能破坏(Functioning disruption,或称作功能损失)和宏观影响(Macro-impact)。物理损失指某极端事件造成的实物破坏或损坏,表示为实物的数量与经济价值。功能损失指由于实物的损坏造成的实物所提供的服务中断,表示为服务中断的时程与经济价值。宏观影响指由于功能损失造成各种影响,如经济、社会、政治、金融等,可以表达为影响等级与经济价值。三种损失之间存在一定内在因果关系，对于决策者，如政府等有关部门，需要特别关注灾害损失的功能损失和宏观影响。如此划分自然灾害损失，既可拓展自然灾害损失的内涵，又能扩展自然灾害损失研究的范围和深度。

目前国内外大多数著名的灾害数据库如 EM-DAT①、NatCat②、Sigma③、DesInventar④等，在收集灾害损失信息时，只记录了物理损失，缺少功能损失和宏观影响数据，客观原因可能为收集功能损失和宏观影响数据时较难量化、难以建立数据库灾损模型和结构化方法等。另一方面，在统计灾害损失信息时，均笼统地以事件为单位。但是，对于防灾减灾、灾害响应、灾后重建等灾害管理而言，往往更需要的是灾害损失空间展布和细分后的信息，如灾害损失信息按管理部门、行政区域、行业、灾害事件等来划分和统计。在 NDO 系统中，记录灾害损失信息时，以行政区为单位，按行业分类，每个行业下包含不同的灾情指标，制定不同行业的灾害损失记录模板。以受灾人员和农业两个行业为例，表 6.5 显示了其对应的灾情指标中英文名称。

表 6.5　受灾人员和农业灾情指标

行业名称	中文名称	英文名称
受灾人员	受灾人口(人)	Affected Population
	其中受灾女性(人)	Affected Female Population
	其中受灾老人(人)	Affected Elderly Population
	其中受灾儿童(人)	Affected Children Population
	死亡人口(人)	Dead Population
	其中死亡女性(人)	Dead Female Population
	其中死亡老人(人)	Dead Elderly Population
	其中死亡儿童(人)	Dead Children Population
	受伤人口(人)	Injured Population
	其中重伤人口(人)	Severely Injured Population
	失踪人口(人)	Missing Population
	转移人口(人)	Evacuated Population
	安置人口(人)	Aided Population
	被困人口(人)	Stranded Population
	饮水困难人口(人)	Water-insecure Population
	发病人口(人)	Post-disaster ill Population
	受灾家庭(户)	Affected Households
	其中受灾单亲家庭(户)	Affected Single-headed Households
	疏散家庭(户)	Evacuated Households

① EM-DAT. http://www. emdat. be/。

② NatCat. https://www. munichre. com。

③ Sigma. http://www. sigma-explorer. com/。

④ DesInventar. https://www. desinventar. org/。

续表

行业名称	中文名称	英文名称
农业	农作物受灾面积(公顷)	Affected Cropland(hm^2)
	其中粮食作物受灾面积	Affected Food Cropland
	其中经济作物受灾面积	Affected Income Cropland
	农作物成灾面积(公顷)	Production-affected Cropland(hm^2)
	其中粮食作物受灾面积	Production-affected Food Cropland
	其中经济作物受灾面积	Production-affected Income Cropland
	农作物绝收面积(公顷)	No-harvested Cropland(hm^2)
	其中粮食作物受灾面积	No-harvested Food Cropland
	其中经济作物受灾面积	No-harvested Income Cropland
	毁坏耕地面积(公顷)	Damaged Cropland(hm^2)
	损失粮食(吨)	Crop Loss(t)
	受损大棚(座)	Damaged Greenhouses
	受损大棚面积(公顷)	Damaged Greenhouse Area(hm^2)
	农业直接经济损失(万元)	Direct Agricultural Economic Loss
	粮食供应短缺(吨)	Food Shortage(t)
	原料供应短缺(吨)	Raw Material Shortage(t)
	GDP(%)	Affected GDP(%)
	生计受影响人口(人)	Livelihood-affected Population

(三)承灾体信息

承灾体是指一个地区可能受到致灾事件影响或损害的人类社会—经济系统及其依赖的周围环境。简而言之,承灾体可看作灾害潜在影响地区的社会-生态系统,如人口、社会、经济、生态环境等。当灾害发生时,位于致灾事件影响范围内的承灾体称为暴露,包括可能受到损害的人员、财物、经济活动、公共服务和其他要素,通常以处于致灾事件影响之下,可能遭受损失的人口、财产、系统,以及其他社会-经济活动等要素的数量或可定义的价值来表示。

承灾体具有空间分布差异和随时间动态变化的特点。例如,人口分布不均匀或用地类型不同反映了承灾体的空间差异。而同一地区的承灾体也会随着时间不断变化,即承灾体具有随时间变化的特点。在NDO系统中,采集承灾体信息时,通常包含空间信息和属性信息两个方面。常见的关键设施承灾体包含学校、医院、应急避难场所、养老院、消防局、警察局等。以学校为例,记录承灾体信息时,通过关系型数据库构建学校表,属性字段包含学校名称、学校ID、学生人数、位置、经纬度等,其中经纬度用于空间信息展示。暴露信息可通过致灾事件影响范围与承灾体空间位置叠加后获取。

三、数据类型和时间维度

随着互联网、大数据、地理信息等技术的飞速发展,灾情信息的数据类型越来越丰富,包含了文本、图像、视频、音频等不同类型且呈现出多样性、时空性等特点。

文本类型又有结构化与非结构化之分,如气象灾情直报、民政灾情管理等系统上报的灾情文件为结构化的 XML 文本文件,互联网新闻、微博等社交平台发布的灾情信息则为非结构化的文本类型。图像不仅包含与本次灾害有关的灾情图像信息,还应包含卫星影像、遥感影像等信息。视频、音频等多媒体数据因其直观、丰富的信息量以及智能终端设备的普及,正逐渐成为灾情信息中重要的数据类型。灾情数据类型越齐全、详细,对后续的灾情分析越及时有效。

时间维度上,灾情信息应包含过程信息和历史灾情。过程信息的记录对全面了解灾情时空演变、扩散过程至关重要。现有国内外著名灾害数据库,在收集灾情信息时仅笼统统计最终灾害损失结果,未记录灾情过程信息。在灾害事件的发展过程中,每天记录其致灾事件、灾害损失情况,完整的过程信息也将对后续灾情分析方法的设计提供更好的信息支撑。

四、众源灾情信息

现代社会,灾情信息来源丰富,有各级政府部门逐级上报的灾情文件数据,有灾情监测站点的实时数据,有卫星遥感影像数据以及移动 GPS 位置信息数据等。近年来,移动互联业务蓬勃发展,众源信息作为灾情信息数据来源的一部分受到广泛关注。

众源(Crowdsourcing)允许利用大众的力量来完成曾经由少数专业人员来完成的任务,帮助人们解决了一个长期以来存在的难题。众源地理数据就是在“众源”的理念上产生的。众源地理数据(Crowdsourcing geographic data)是指由大量非专业人员志愿获取并通过互联网向大众提供的一种开放地理数据。用户利用智能手机、GPS 接收机等定位设备来获取某一时刻的位置信息,然后借助 Web 2.0 的标注和上传功能,从而成为志愿的信息提供者。在本研究的综合灾情信息概念模型中,众源信息设计时包含两个方面:移动终端灾情信息以及互联网上产生的灾情数据。

(1)移动终端灾情信息

移动终端灾情信息的采集,通常依托智能手持设备上的 APP。NDO 系统配套开发了移动终端灾情信息收集上报子系统,该子系统操作简单,使得灾情信息的上报更灵活、更及时、更有效,同时灾情信息员实地上报的灾情状况,配以真实拍摄的照片、视频等,让灾情信息更具说服力,能够更好地辅助灾情观测、管理以及决策。

移动终端系统在设计时包含两类用户,分别为灾情信息员和大众人员。两类用户在对灾害状况的描述上有所区别,灾情信息员填报的信息更为规范、专业,大众人员只需要简单的描述,但其数据通常更实时更广泛。可通过一定的宣传或奖励机制让更多大众参与灾情信息的采集,大众用户对 APP 的使用,自愿采集灾情信息并上报,丰富了灾情信息收集的渠道,其正是“众源”理念的体现。

(2)互联网数据

近年来,快速发展的互联网技术,导致了海量数据的产生,也为灾情信息的收集提供了新的渠道。据中国互联网络信息中心第40次《中国互联网络发展状况统计报告》显示，截至2017年6月，我国网民规模达7.51亿人，互联网普及率达到54.3%，其中，手机网民规模达7.24亿人，网民中使用手机上网人群占比为96.3%。互联网的快速普及，使得其日益成为信息发布与传播的平台。传统的灾情信息主要靠基层的灾情信息员现场调查收集，人工审核确认后并逐级上报汇总录入系统。灾情信息收集的成本很高，时效性较差，并且信息不够全面。而灾害发生时，互联网上的新闻网站、网络论坛、个人博客、微信朋友圈等信息交互平台上即时的产生各类与灾害有关的文字、图像、语音与视频。这些信息很多都是来源于灾区一线的灾民或媒体记者，如果能对这些灾情数据进行有效的收集与处理，将极大地拓展灾情信息的来源，丰富灾情信息，为应急决策提供更好的数据支撑，有助于救灾减灾工作，具有很重要的现实意义。

五、综合集成实现

以上阐述了综合灾情信息概念模型及其组成，然而在灾情系统中如何串联、组织和集成这些数据仍是个难题。在NDO灾情系统中，通过构建灾害事件，以事件的形式集成多源灾情信息。如图6.3所示，首先进行事件创建，基本信息包含了致灾事件名称、致灾事件编码、致灾事件全球编码、开始时间、结束时间、致灾事件类型、致灾事件级别、上级致灾事件、灾害等级、灾害严重程度、灾情简述等；然后填写致灾事件的详细信息，如图6.4所示，包含总描述和过程描述，不同的致灾事件类型对应不同的描述字段；最后将以行政区为单元录入灾情数据，分别填写基本信息、灾损信息、承灾体信息、众源信息以及其他信息，图6.5显示了填写的基本信息，其中“选择事件”字段用于关联创建的致灾事件，使之形成灾害事件链。图6.6显示了承灾体信息的录入。通过以上方式，在NDO灾情系统中能够方便集成、管理综合灾情信息。

图6.3　致灾事件基本信息录入

图 6.4　致灾事件详情录入

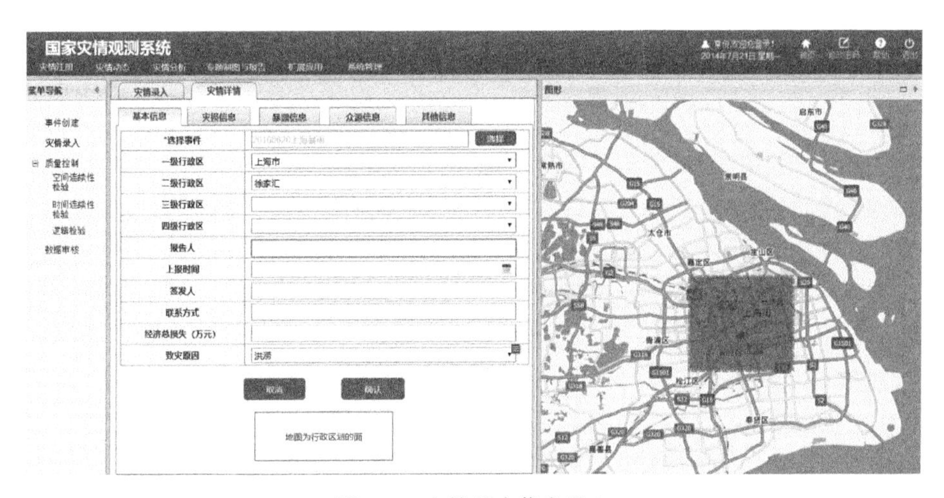

图 6.5　灾情基本信息录入

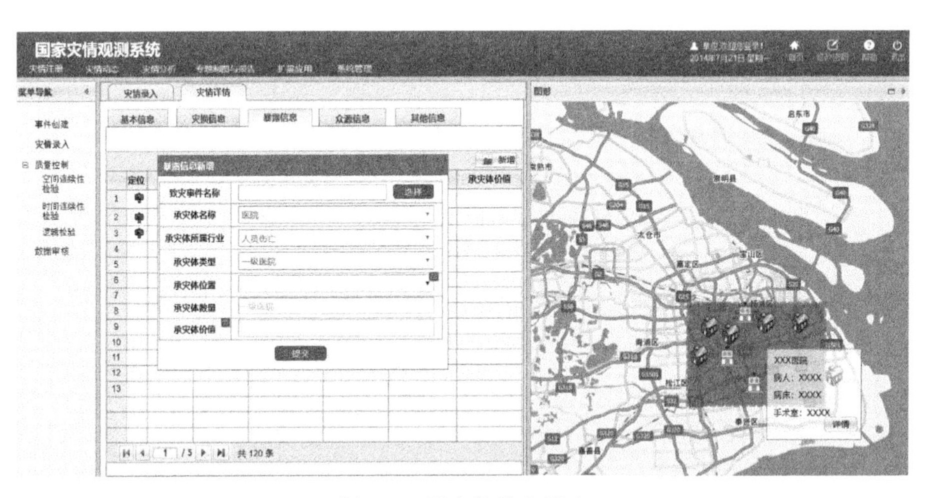

图 6.6　承灾体信息录入

第二节　基于互联网新闻的灾情信息挖掘

本研究借助机器学习、文本分类、文本信息挖掘、互联网爬虫等技术方法开展基于互联网新闻的灾情信息收集研究，以期能拓展灾时的信息来源，提升灾情信息收集的能力，为应急管理工作提供信息支持，并以湖南省为案例地区，开展试验性研究。

一、灾情新闻分类和筛选

互联网新闻内容纷繁复杂，种类多种多样。按新闻题材可以分为军事、社会、财经、娱乐、体育、互联网、科技等。其中，灾情新闻是与灾情相关，包括致灾原因、受灾时间、地点、灾损等信息。灾情新闻并不归属于常见的新闻分类。如何从内容繁杂、时效性强的互联网新闻中快速、准确筛选出灾情新闻，就成为亟待解决的难题。传统的方法借助人工逐条查看，进而判断是否为灾情新闻，或者基于关键词进行筛选。但是，比较耗时耗力，效率不高。随着自然语言处理技术的发展，为解决该问题提供了新的思路。本研究尝试通过自然语言处理中的文本分类技术，利用收集到的新闻数据构建分类器，实现灾情新闻的快速、准确筛选。

通过前期调研发现，灾情新闻只占互联网新闻很少的一部分，因此，在新闻分类器训练时，所采集到的数据集应该是一个非均衡数据集。非均衡数据集下训练灾情新闻分类器，所得到的分类器有可能性能不理想。为了最终能够获得一个可靠的新闻分类器，选用支持向量机(SVM)(Chapelle et al.，2002)、随机森林(RF)(Breiman，2001)、逻辑斯蒂回归和K近邻(Altman，1992)四种分类方法，以及词频—逆文档频率(TF-IDF)(Aizawa，2003)和词向量(Word2vec)两种文本表示模型，分别设计多组对比试验，进行新闻分类器训练：

1)非均衡数据集下，基于两种文本表示的四种分类方法试验；

2)均衡数据集下，基于两种文本表示的四种分类方法试验；

3)将前述八种新闻分类器根据文本表示方法集成，得到两个集成分类器，进行分类器集成试验。

通过三组多维度的对照试验，对比筛选出最优的分类器，最终得到一个可靠分类器，使其成为系统采用的新闻分类器。

(一)灾情新闻分类器构建流程

基于新闻标题的新闻分类器构建由以下几个步骤组成。

1)将数据集拆分为训练集与验证集。训练集是用来训练新闻分类器的数据，验证集是对训练好的分类器进行测试，评估其泛化能力如何，能否在实际的运行中保持训练时的高性能，也即评价训练好的分类器性能的好坏。

2)新闻样本标注。根据新闻标题的内容，人工对训练集和训练集的新闻数据进行标注，灾情新闻标注为1，非灾情新闻标注为0。

3)文本预处理。主要分为两步，首先是文本分词，将句子拆分为词。然后，剔除停用词、标点符号，停用词主要是那些自身并无明确意义的语气助词、副词、介词、连词等，如“的”“在”“吗”“和”。减少其对文本中有用信息的干扰，降低计算难度，提高运算效率。

4)文本表示。将文本预处理后的新闻标题通过向量空间模型或词向量模型进行抽象，转换为计算机可以识别处理的信息，能够被分类方法所使用，进行分类器的训练。

5)分类器训练。将经过文本表示的新闻数据与分类方法相结合进行分类器训练，根据试验的结果，不断对参数进行调整，直到分类器的性能稳定。

6)利用测试集对训练好的分类器进行测试，评估其分类的结果能否达到要求。再根据测试的结果，决定是否重新进行训练。通常采用准确率(Accuracy)、精确率(Precision)和召回率(Recall)以及 F 值(F-measure)进行结果评判。

(二)分类数据准备

1. 新闻数据来源

训练集数据收集自新浪网、腾讯网、凤凰网、中国新闻网等网站。所获得新闻发布时间区间为 2013 年 6 月—2017 年 3 月。经过数据预处理，剔除重复、缺失数据，最后获得到了 80940 条包含新闻数据。新闻数据包括新闻标题、新闻内容、报道时间、发布网站等要素。

2. 新闻数据标注

新闻分类器训练采用的是监督分类学习的过程，需要对新闻数据进行标注。通过对 80940 条新闻逐条查看，根据新闻标题的内容进行标注，灾情新闻标为 1，非灾情新闻标为 0。最终标注出灾情新闻 2357 条，非灾情新闻 78583 条，灾情新闻与非灾情新闻比例约为 3∶100，灾情新闻只占整个训练集的很少一部分，得到一个不均衡数据集。

对训练集中标注为灾情新闻的样本进行分词，从中提剔除停用词，利用 Python 绘制基于词频的词云图如图 6.7 所示。通过词云图可以发现，暴雨、发生、滑坡等在灾情新闻出现频率较高的词汇被突出显示。

图 6.7　灾情新闻标题词云图

3. 词向量模型训练

由于现有语料较少，而 Word2vec 进行词向量训练需要有一个足够大的语料库，才能够保证训练出来的词向量准确。维基百科上的语料包含各类信息，语料丰富，并且提供了一个中文百科语料下载的接口①，下载得到的语料压缩包大小为 1.5 GB，超过 300 万篇语料。经过预处理后，利用 Word2vec 进行词向量训练。训练后每个词都会得到语料库中唯一的向量值与之对应，最终的词向量模型中包含有超过 8 亿个词汇。在文本分类器训练时，直接调用预先训练好的词向量进行文本表示。

(三)新闻分类结果分析

1. 非均衡数据集下分类结果

需要通过试验了解非均衡数据集对分类器的性能影响程度大小。随机取 300 条灾情新闻，再从非灾情新闻中随机取 300 条、600 条、1200 条、3000 条、4500 条、6000 条和 10000 条新闻，使灾情新闻与非灾情新闻的比值逐渐接近实际训练集中的 3∶100 比值。采用 10-fold 交叉方法对所有分类方法分别进行训练，每个数据集重复 10 次取 $F1$ 均值，所得结果如图 6.8 和图 6.9。

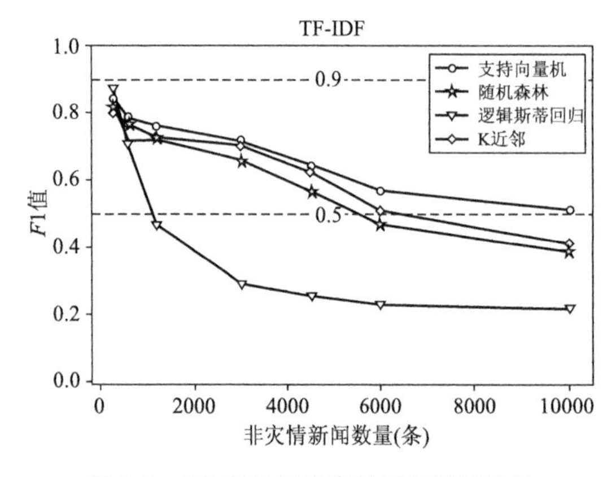

图 6.8 TF-IDF 不均衡数据集测试结果

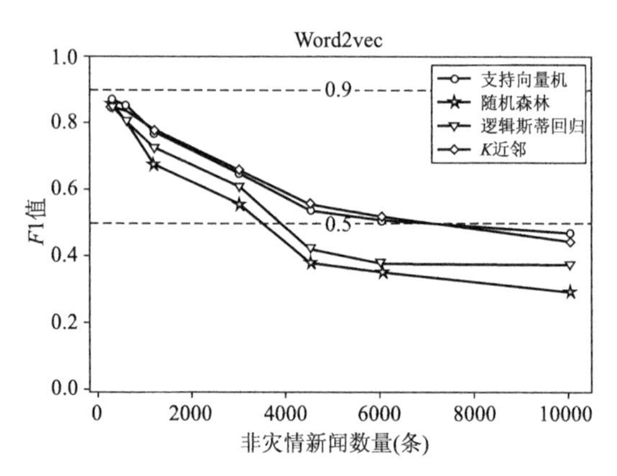

图 6.9 Word2vec 不均衡数据集测试结果

图 6.8 是通过计算不均衡新闻标题数据集 TF-IDF 而获得的结果。初始时，四种机器学习方法所得到的分类器的 $F1$ 值都在 0.8 以上，随着非灾情新闻数量的增多，正负样本的比例拉开，四种分类器的 $F1$ 值都呈下降趋势。其中，逻辑斯蒂回归下降的最快，当正负样本为 300∶1200 时，其 $F1$ 值已经小于 0.5。另外三个分类器，随着非灾情新闻样本数的不断增加，$F1$ 值逐渐变小。当灾情新闻与非灾情新闻样本数为 300∶10000 时，也就是比值接近实际训练集中灾情新闻与非灾情新闻 3∶100 的比值时，四种分类器的 $F1$ 值均小于 0.6。其中，支持向量机表现最好，但也仅为 0.51，而逻辑斯蒂回归、K 近邻和随机森林分别为 0.22、0.41 和 0.38，均小于 0.5。

图 6.9 是基于 Word2vec 计算新闻标题分词后词语加权平均向量所获得的结果。四种分类器的初始 $F1$ 值都高于 0.84，相对于计算新闻标题 TF-IDF 所获的结果更好。但随着非灾情新闻数量的增多，正负样本的比例增大，四种分类器的 $F1$ 值都呈下降趋势，当非灾情数量为 300∶4500 时逻辑斯蒂回归和随机森林的 $F1$ 值已经小于 0.5。当灾情新闻与非灾情

① 中文百科语料库. https://dumps.wikimedia.org/zhwiki/latest/zhwiki-latest-pages-articles.xml.bz2。

新闻样本数为 300∶10000 时,也即比值接近实际训练集中灾情新闻与非灾情新闻 3∶100 的比值时,四种分类器的 $F1$ 值均小于 0.5。

综合两种文本表示方法的实验结果,当正负样本的比值接近实际训练集中灾情新闻与非灾情新闻 3∶100 的比值时,四种分类方法所得到的 $F1$ 值偏低,所获得的文本分类器,不具有应用价值。因此,在非均衡数据集下所构建的文本分类器不能够满足需求。

2. 均衡数据集下分类结果

由于不均衡数据集下,训练出来的新闻分类器性能不能满足实际需求,需要对数据集进行改造,使用欠采样的方法构造均衡数据集。欠采样是对量多的样本集只随机抽取一部分,从而使正负样本数量一致,它是机器学习领域较为常用的一种将非均衡数据集改造成均衡数据集的方法。在本试验中,灾情新闻数据量少,但是其尤为重要,进行数据集的改造时,要尽量保证灾情新闻数据不丢失,只对非灾情新闻数据集进行改造,进而再进行新闻分类器的训练。

分别随机选取灾情新闻与非灾情新闻各 50 条、100 条、300 条、600 条、1000 条、1500 条、2000 条和 2357 条构造均衡数据集,基于文本向量模型和词向量模型两种文本表示方法进行试验。利用 10-fold 交叉方法进行试验,每个数据集重复 10 次取 $F1$ 均值,最终所得结果如图 6.10 和图 6.11 所示。

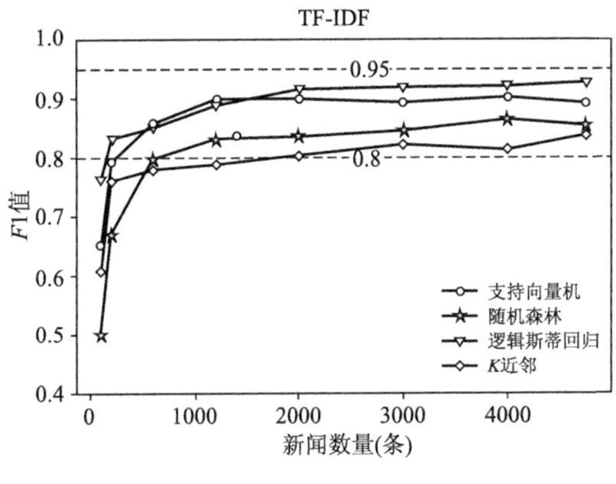

图 6.10　TF-IDF 均衡数据集测试结果

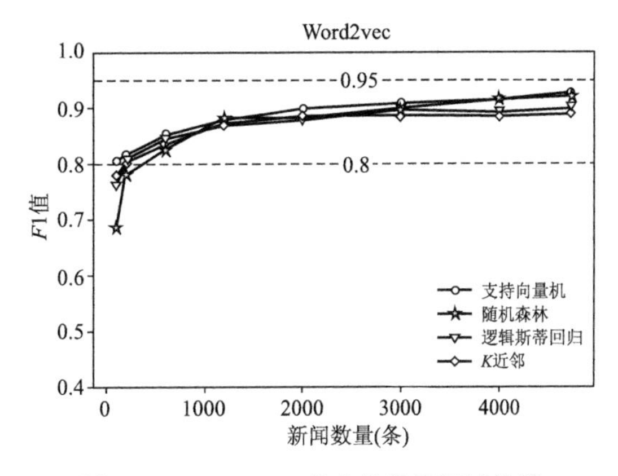

图 6.11　Word2vec 均衡数据集测试结果

图 6.10 是基于 TF-IDF 所取得分类结果。从图中可见,随着数据集的增大,$F1$ 值也随之增大。训练集中的新闻条数由 100 条增加到 1200 条时,四种分类器的 $F1$ 变化明显,增加幅度较大;当新闻条数在 1200 条以后,$F1$ 值增加趋势区域平缓,变化不明显。四种方法中 K 近邻相对而言,表现较差,$F1$ 偏低,但是随着训练集的增大,分类器趋于稳定后,其 $F1$ 值仍然大于 0.80,效果相对较好。四种方法中逻辑斯蒂回归表现最好,最大数据集上 $F1$ 值为 0.92。支持向量机和随机森林在最大数据集上 $F1$ 值分别为 0.89 和 0.85。

图 6.11 是基于 Word2vec 所取得分类结果。与 TF-IDF 结果类似,在新闻条数由 100 条增至 1200 条时,其 $F1$ 值增加最明显;当新闻条数在 1200 条以后,$F1$ 值增加趋势趋于平缓,变化不明显。在最大数据集时,支持向量机的 $F1$ 值最大为 0.93,K 近邻的 $F1$ 值最小为 0.89,随机森林和逻辑斯蒂回归分别为 0.92 和 0.90。四种分类器中逻辑斯蒂回归的 $F1$ 值

相对于 TF-IDF 特征下的 $F1$ 值有所降低。其他三种分类器都比 TF-IDF 特征的 $F1$ 值更高。

总体来说,基于 Word2vec 所取的分类结果比基于 TF-IDF 特征所获得的分类结果更优。此外,相对于非均衡数据集下的分类结果,基于欠采样构造的均衡数据集训练出来的分类器性能更好,其 $F1$ 值普遍高于 0.8。因此,将正负样本最大时候的分类器存储下来,为接下来的分类器集成做准备。

3. 分类器集成与验证

将相互之间具有独立决策能力的分类器联合起来的方式称为分类器集成。通过训练多个分类器,在对待分类样本进行分类的时候,把这些分类器的分类结果进行某种组合决定分类结果,使分类器取得更好的结果,增强分类器的鲁棒性,从而提高分类器的泛化能力。因此,为了获得性能更为优异的新闻分类器,利用分类器集成的方法将前面得到的分类器进行集成。

根据不同的文本表示方法,分别将前面得到的分类器进行集成,得到两个集成分类器。集成分类器的内部,四个分类器的权重比为 1∶1∶1∶1。

虽然四种分类器在基于欠采样方法所构造的均衡数据集分类效果较好,但是实际使用中的分类器对灾情新闻与非灾情新闻的区分能力如何,需要进一步测试。从腾讯新闻、中国减灾网等采集了 1200 条有效新闻数据并对其进行标注,其中,灾情新闻与非灾情新闻各 600 条。将测试集输入到分类器中,基于不同文本表示方法下的四种机器学习方法所得到的分类器及集成分类器同时进行测试。

结果如图 6.12,相对于分类器训练过程中的 $F1$ 值得分,四种分类器在验证集下所得到的 $F1$ 值都有所降低;相对于单个分类器的 $F1$ 值,两种特征下集成分类器的 $F1$ 值都比较高,均超过 0.90,其中,$F1$ 最好的为 Word2vec 特征下的集成分类器,$F1$ 值为 0.924。所以,最终系统采用基于 Word2vec 特征下的集成分类器。

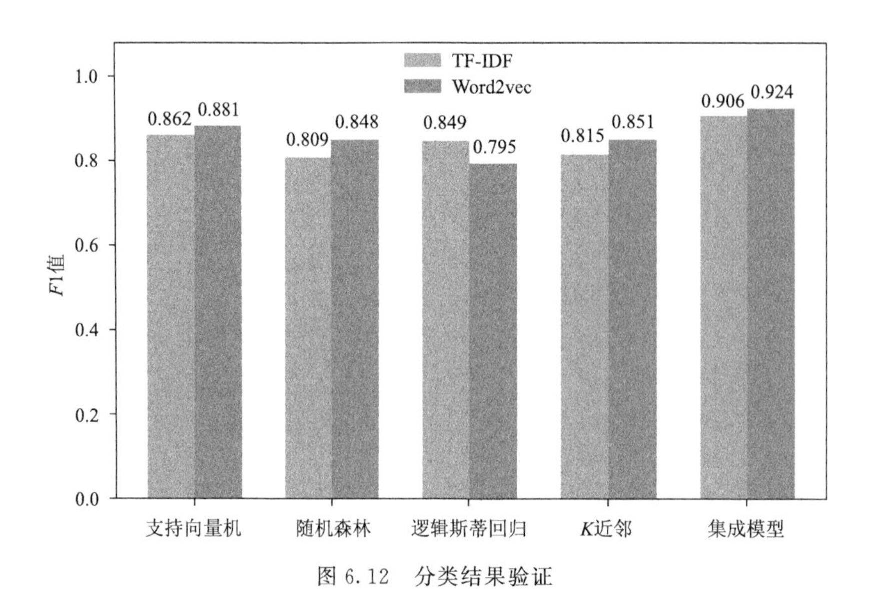

图 6.12　分类结果验证

二、文本灾情信息的结构化抽取

灾情新闻中，在报道一个灾害事件时如泥石流事件、山体滑坡事件等，往往包含有价值的灾情信息，如时间、地点、人员受灾信息等。但这些信息属于非结构化的文本信息，需要进行结构化提取，才能进一步进行统计与分析(李卫江等，2010)。

本研究主要运用自然语言处理的相关技术，从灾情新闻中提取时间、地点、灾损及致灾原因等信息，将非结构化的文本信息转化为结构化数据库记录。

(一)文本预处理

一般的新闻报道前往往都存在如“红网长沙 7 月 2 日讯(记者洪湾)”新闻文头等其他非正文信息，见图 6.13。新闻网站中很多都是转载的第三方网站新闻，网站在刊登转载新闻时，其往往在保留原标题的情况下，根据新闻内容重新命名一个新闻标题，所以在网站上发布该新闻时，往往将原来的新闻标题放置到正文前面。这些原标题的内容不属于新闻正文，也需要剔除。为了减少对后面灾情信息提取可能造成干扰，使文本信息抽取的结果更加可靠，在进行新闻灾情信息提取前，通过正则剔除新闻内容中这些干扰信息。

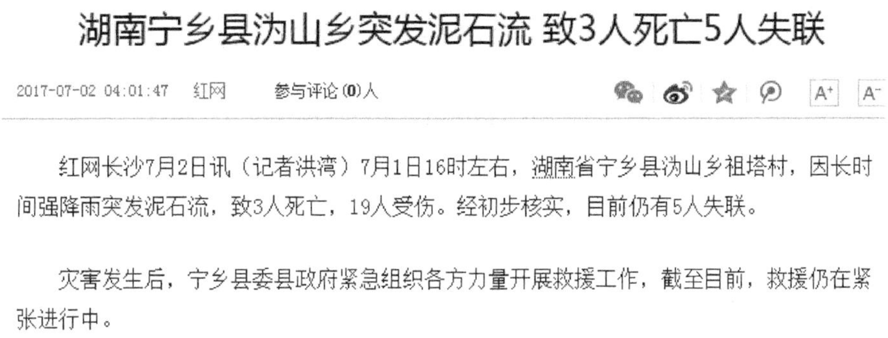

湖南宁乡县沩山乡突发泥石流 致3人死亡5人失联

2017-07-02 04:01:47　红网　　参与评论(0)人　　A+　A-

红网长沙7月2日讯（记者洪湾）7月1日16时左右，湖南省宁乡县沩山乡祖塔村，因长时间强降雨突发泥石流，致3人死亡，19人受伤。经初步核实，目前仍有5人失联。

灾害发生后，宁乡县委县政府紧急组织各方力量开展救援工作，截至目前，救援仍在紧张进行中。

图 6.13　新闻案例

根据标点符号进行分块。段落之间依据每段后面存在的换行符“/n”进行分割，句子之间根据“。”“?”等分句标点进行分割，句子内部根据“，”“、”等标点进行分割。以新闻“湖南宁乡县沩山乡突发泥石流致 3 人死亡 5 人失联”为例，进行文本分块得到表 6.6。

表 6.6　新闻分块结果

段序	句序	块序	新闻内容
1	1	1	7 月 1 日 16 时左右
		2	湖南省宁乡县沩山乡祖塔村
		3	因长时间强降雨突发泥石流
		4	致 3 人死亡
		5	19 人受伤
	2	1	经初步核实
		2	目前仍有 5 人失联

续表

段序	句序	块序	新闻内容
2	1	1	灾害发生后
		2	宁乡县委县政府紧急组织各方力量开展救援工作
		3	截至目前
		4	救援仍在紧张进行中

(二)时间信息抽取

在进行灾害报道的新闻中,其往往都会将灾害的发生时间放置于新闻的正文。例如在图 6.13 的新闻案例中,第一段就交代了灾害发生时间为“7 月 1 日 16 时”。此外,新闻报道里面还有其他样式的时间结构,例如:“2017 年 3 月 2 日”“5 日”“17 时 23 分”等,这些表达时间信息的语句,结构较为规整。除了这些按照一定规律表达的时间语句结构,新闻报道中的时间经常有非结构性的文本表达如:“昨天”“当天”“目前”“凌晨 1 点”,通过编写规则库可以将其转化为结构化时间。所以,对于新闻报道中的时间信息提取,可以通过归纳常见的时间信息表达式的结构与用词特征,编写规则库来实施。

通过对常见的新闻报道进行分析,新闻报道中的时间信息表达大致分为三类:绝对时间、相对时间以及绝对时间与相对时间相结合的复合时间。常见的表达形式可以归纳为表 6.7。

表 6.7 常见的时间信息表达结构

类别	样例
日期	年、月、日
时间	时、分、秒
相对日期	昨天(日)、前天(日)、今天(日)
复合时间	昨天下午三点

通过对常见的时间信息表达结构进行分析,编写时间信息提取的正则表达式,形成规则库(表 6.8)。将新闻文本与规则库进行匹配,从而将时间信息提取出来。

表 6.8 常见时间正则表达式

时间类型	正则表达式	样例
年	\d{4}年/t	2017 年
月	\d{1,2}月/t	10 月、5 月
日	\d{1,2}日/t	3 日、31 日
号	\d{1,2}号/t	5 号、25 号
时	\d{1,2}时/t	4 时、12 时
点	\d{1,2}点/t	3 点、11 点
分	\d{1,2}分/t	5 分、14 分
秒	\d{1,2}秒/t	3 秒、25 秒

(三)地理位置信息抽取

1. 地点信息识别

对文本中地点信息的识别,是命名实体识别任务的一种。常见的主要有三种方法,基于规则的方法、基于统计的方法、规则与统计方法相结合的方法。基于规则的方法,主要依靠人工编制规则模板,通过模式和字符串相匹配为主要手段,对地名进行识别。对于规则明显的文本,其识别效率很高,但是对其他文本,识别效果不好,通用性较差。基于统计的方法,主要利用隐马尔可夫、条件随机场等方法通过机器学习训练得到模型。基于统计的方法对特征选取的要求较高,需要通过对大量的语料所包含的语言信息进行统计和分析,从而获得相应的特征。其对语料库的依赖很大,识别性能比基于规则的方法差,但是其通用性较好,灵活性高。不管是基于规则的方法和基于统计的方法,都各有利弊,当前主流是规则与统计方法相结合的方法,发挥各自优势,更好地解决文本中地点信息的识别。

本试验中采用 Jieba① 进行分词与词性标注。该分词器是一个 Python 编写的开源工具包。对地名识别采用字典与隐马尔可夫模型相结合的方法,运行速度快,具有很高的识别率,是典型的规则与统计相结合的方法。针对地名识别的需要,收集了湖南省的省、市、县(区)、镇(街道)四级行政区地名信息表,此外,还收了湖南省部分的村级的地名信息表,将这些信息整合得到一个湖南省的行政区地名信息词典,并将该词典作为自定义词典添加到 Jieba 分词器中。在进行分词与词性标注时候,可以根据该字典快速将行政区地名信息词典的地名识别出来,无法识别的再交由统计模型进行识别。以图 6.13 的新闻报道为例,经过分词标注后见表 6.9。

表 6.9　标注后文本

段落	分句	分块	新闻内容
1	1	1	7/m 月/m 1/m 日/m 16/m 时/n 左右/m
		2	湖南省/nshn 宁乡县/nshn 沩山乡/nshn 祖塔村/nshn
		3	因/p 长时间/l 强降雨/n 突发/v 泥石流/n
		4	致/v 3/m 人/n 死亡/v
		5	/x 19/m 人/n 受伤/v
	2	1	经/n 初步/d 核实/n
		2	目前/t 仍/d 有/v 5/m 人/n 失联/v
2	1	1	灾害/n 发生/v 后/f
		2	宁乡/nshn 县委/n 县政府/n 紧急/a 组织/v 各方/r 力量/n 开展/v 救援/vn 工作/vn
		3	截止/v 目前/t
		4	救援/vn 仍/d 在/p 紧张/a 进行/v 中/f

根据自定义的湖南省行政区地名信息词典,"湖南省""宁乡县""沩山乡""祖塔村"等字段被分词器完整地切分出来,且词性标为 nshn(湖南地名)。

① Jieba 分词器. https://github.com/fxsjy/jieba。

2. 地名信息提取

基于地名词在文本中位置关系进行地名提取。经过分词，连续的文本变成了若干单独的词，文本中原来一个完整的地名也被分开。如图 6.13 的新闻报道中灾害发生地点被拆分成“湖南省”“宁乡县”“沩山乡”“祖塔村”4 个词。可以按照词性与分词后地名词的前后关系，进行提取与组合，最终得到“湖南省宁乡县沩山乡祖塔村”。

根据地名用字的特点进行地名提取。常见的行政区划地名中，其尾部都具有明显的规律，如表 6.10 列举了常见的行政区划中地名尾缀。可以根据分词后地名尾缀对应的行政区级别进行地名提取与组合。

表 6.10 常见行政区地名尾缀

行政级别	常见尾缀	示例
省级	省、自治区、直辖市	湖南省、内蒙古自治区
市级	市、自治州、盟	张家界市、湘西土家族苗族自治州、兴安盟
县级	县、区、旗	新晃县、荷塘区、鄂伦春自治旗
乡镇级	镇、乡、街道	东岸乡、大托镇、马王堆街道
村级	村、居委会	太平村、金海岸居委会

3. 地名与空间位置匹配

当文本描述的地名信息从新闻内容中提取出来后，还需要将其转换为地理坐标，映射到实际的地理位置，也即地理编码。这里主要采用高德地图提供的地理/逆地理编码 API。通过其基于 HTTP/HTTPS 协议的远程服务接口，能够实现结构化地址与经纬度之间的相互转化。将识别出的泥石流发生地点“湖南省宁乡县沩山乡祖塔村”通过高德地图 API 进行地理编码，最终得到其经纬度信息为：112.050170°E，28.154906°N。

（四）灾损信息抽取

新闻报道中灾损信息的相关词汇较为固定，基本是由灾损指标、数值和单位三者构成。所以分别针对灾损指标、数值、单位进行梳理归纳，总结出用词与结构特征，形成规则模板，采用基于规则的方法进行灾损信息提取。

1. 常用词与结构特征归纳

常见的新闻报道中对于灾损名称可能存在多种描述，如与“转移安置人口”相似的描述有“紧急避险转移”“紧急转移安置”“转移安置人口”“紧急转移”“安置人口”“转移人口”“转移安置群众”“转移安置”等。此外，描述数量单位也不尽相同，如人口单位有“人”“万人”“万多人”“人口”“多人”“万余人”“余人”等多种表示。通过对相关新闻报道进行分析，归纳了部分灾损名称及其在新闻中的常用描述词和度量单位（表 6.11）。

表 6.11 灾损名称与常用词及单位

灾损名称	常用词	单位
受灾人口	受灾人口、受灾、受灾人数	人、万人、万多人、人口、多人、万余人、余人
因灾死亡人口	因灾死亡、死亡人口、死亡人数、因灾死亡人口、死亡、遇难人数	人、人口 多人、余人

续表

灾损名称	常用词	单位
因灾失踪人口	失踪、失踪人口、失踪人数	人、人口 多人、余人
紧急转移安置人口	紧急避险转移、紧急转移安置、转移安置人口、紧急转移、安置人口、转移人口、转移安置群众、转移安置	人、万人、万多人、人口 多人、万余人、余人
倒塌房屋	倒塌房屋、房屋倒塌、倒塌民房	间、万间、户
损坏房屋	损坏房屋、房屋损坏、房屋受损、损坏民房	间、万间、户
农作物受灾面积	农作物受灾面积、农作物受灾农作物灾害面积、受灾面积、农业受灾面积	公顷、亩、万亩
直接经济损失	直接经济损失、直接经济、直接损失、经济损失	万元、亿元、亿
……	……	……

灾情新闻中的灾损信息主要由三部分构成：灾损名称、数值、单位，常见结构为：

（1）灾损名称＋数值＋单位；

（2）数值＋单位＋灾损指标。

例如，图6.13新闻报道中的“受灾人口411.4万，因灾死亡10人，失踪1人，转移安置56.2万人，需紧急生活救助18.5万人”“200人饮水困难，总共造成了293.5万元的直接经济损失”。基于三者的结构特征，进行关系提取，最终得到完整的灾损信息。

2. 灾损信息提取流程

整个灾损信息提取流程包括如下几个步骤。

（1）文本分词与词性标注。采用Jieba进行分词，并将灾损名称字典、灾损单位字典添加到用户字典中，防止灾损指标被拆分。

（2）灾损名称、数值、单位识别。三者分别标注为自定义词性，其中灾损名称为key，数值为number，单位为unit。

（3）关系提取。根据“灾损名称＋数值＋单位”和“数值＋单位＋灾损指标”两种组合关系进行灾损信息提取。

（4）灾损信息的结构化及其数据库存储。

第三节　基于图像识别技术的灾情分析与评估

近年来随着人工智能技术的快速发展，特别是深度学习技术已经在图像领域取得了突破性的进展，产生了许多新的技术和方法，在图像分类、检索、目标检测、分割等任务上效果大幅度超越传统方法。深度学习的概念源于人工神经网络的研究，现有的深度学习模型通常是指深度神经网络。深度学习能够取得成功主要归结于以下几点：其一，大规模训练数据的出现在很大程度上缓解了训练过拟合的问题。例如，ImageNet[①] 训练集包含上百万个有

① ImageNet. http://www.image-net.org/。

标注的图像。其二,计算机硬件的飞速发展为其提供了强大的计算能力,一个 GPU 芯片可以集成上千个核,这使得训练大规模神经网络成为可能。其三,神经网络的模型设计和训练方法都取得了长足的进步。本研究主要以开发的湖南省气象灾害协同监测平台为例,探讨图像识别技术在灾情分析与评估中的应用,包括基于灾害主题的图像分类、图像检索以及目标检测三个方面。

图像数据主要来源于三方面:其一,灾情直报系统。直报系统上传灾情时,可以同时添加图像。其二,基于众源信息的移动终端灾情信息收集上报系统,通过该途径可以收集大量的灾情图像照片,是图像数据获取的主要来源。其三,基于众源信息的网络爬虫数据,获取灾情新闻的同时,也会爬取对应的图像数据。

一、基于灾害主题的图像分类

(一)图像分类在灾害风险领域应用

图像分类是根据图像的语义信息将不同类别图像区分开来,是计算机视觉中重要的基本问题,也是图像检测、图像分割、物体跟踪、行为分析等其他高层视觉任务的基础。进行图像分类是为了更好地管理灾情图像数据。以湖南省气象灾害协同监测平台为例,为了准确、及时、高效地获取灾情的真实情况,配套开发了移动终端灾情信息收集上报 APP。该系统针对的用户主要有两类:第一类为专业的灾情信息采集员,主要收集专业灾情数据;第二类为公众用户,可以提供更为广泛的灾情信息,但是上传的图像通常与灾害主题不匹配。鉴于此,以洪涝灾害为例,尝试利用图像分类技术,对上报的图像进行了分类,并过滤掉与主题无关的图像。

(二)训练数据采集

鉴于目前开发的气象灾害监测平台刚投入使用,收集的数据很有限,因此,需要额外采集更多的样本数据进行模型训练。ImageNet 是当前世界上图像识别最大的数据库(Deng et al.,2009),包含 1400 多万幅图像、21000 多类。但研究发现与灾害类型相关的图像不多,因此将其作为负样本数据源,从 ImageNet ILSVRC2017① 中随机采集 2000 幅图像。正样本洪涝灾害图像,则通过搜索引擎以及社交媒体平台进行采集。在百度、必应、谷歌搜索平台输入洪涝图像并下载。同时,在照片社交平台 Flickr 上搜索 Flood 关键词并下载对应图像。对图像数据整理后,共得到正负样本各 3000 幅,其中,2000 幅用于训练分类器,1000 幅用于验证和评估模型好坏。图 6.14 为随机抽取的洪涝灾害图像正负样本示例。

(三)传统图像分类方法

传统的图像分类方法通常是针对不同的任务,使用手工设计规则的方法来提取图像特征。经典的特征有尺度不变特征变换(SIFT)(Lowe,2004)、方向梯度直方图(HOG)(Watanabe et al.,2010)、局部二值模式(LBP)(Ahonen et al.,2006)等。提取特征后需要对其进行编码,以便输入分类器中进行分类。分类器通常采用支持向量机(SVM)(Chapelle et al.,2002)、提升算法(Boosting)(Freund et al.,1997)、最近邻(KNN)(Zhang et al.,2018)等,这些分类器可以用具有 1～2 个隐含层的神经网络模拟,称为浅层机器学习模型。这里

---

① ILSVRC2017. http://image-net.org/challenges/LSVRC/2017/。

(a) 正样本

(b) 负样本

图 6.14　随机抽取的洪涝灾害图像正负样本

主要使用两种传统图像分类方法。

1. 图像词袋模型

传统方法中使用较多的是基于词袋(BOW)模型的物体分类方法(Zhang et al.,2010;朱道广,2013)。在图像领域中,词袋模型实现步骤如下(图 6.15):

(1)获取样本数据集;

(2)对数据集中的每幅图像提取特征描述符;

(3)将每一个描述符都添加到 BOW 训练器中;

(4)利用 K-means 聚类算法,将描述符聚类到 k 个簇中(聚类的中心就是视觉单词);

(5)基于特征到最近簇心的距离实现量化,形成直方图特征。

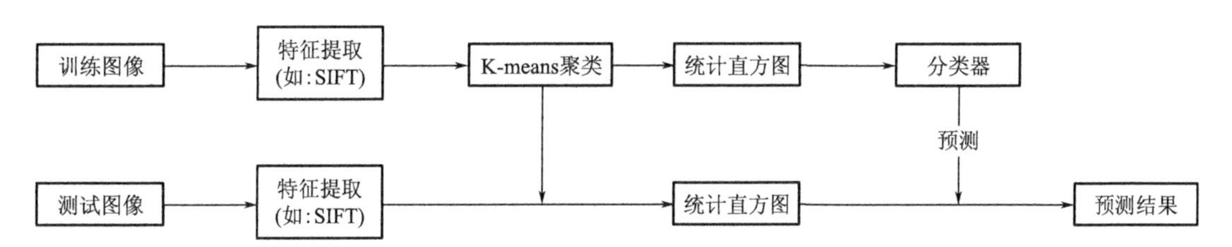

图 6.15　图像词袋模型分类流程图

2. 颜色矩模型

颜色是彩色图像最重要的内容之一,颜色矩是一种简单而有效的颜色特征,其数学基础在于图像中任何的颜色分布均可以用它的矩来表示(Stricker et al.,1995)。此外,由于颜色分布信息主要集中在低阶矩中,采用颜色的一阶矩(Mean)、二阶矩(Variance)和三阶矩(Skewness)就可以表达图像的颜色分布。与其他的颜色特征相比,图像的颜色矩相对简洁,只需要 9 个分量(3 个颜色分量,每个分量上 3 个低阶矩)。颜色矩计算公式为:

$$E_i = \frac{1}{N}\sum_{j=1}^{N} p_{ij} \tag{6.1}$$

$$\sigma_i = \left[\frac{1}{N}\sum_{j=1}^{N}(p_{ij} - E_i)^2\right]^{\frac{1}{2}} \tag{6.2}$$

$$S_i = \left[\frac{1}{N}\sum_{j=1}^{N}(p_{ij} - E_i)^3\right]^{\frac{1}{3}} \tag{6.3}$$

式中，N 表示图像中总的像素数，p_{ij} 表示第 i 个颜色通道在第 j 个位置的图像像素值，E_i 表示第 i 个颜色通道上所有像素的均值，σ_i 表示第 i 个颜色通道上所有像素的标准差，S_i 表示第 i 个颜色通道上所有像素的斜度的 3 次方根。

(四)深度学习方法

基于深度学习的图像分类方法，可以通过有监督或无监督的方式学习层次化的特征描述，从而取代手工设计或选择图像特征的工作。深度学习模型中的卷积神经网络(CNN)直接利用图像像素信息作为输入(Krizhevsky et al.，2017)，最大程度上保留了输入图像的所有信息，通过卷积操作进行特征的提取和高层抽象，模型输出直接是图像识别的结果。这种基于“输入—输出”直接端到端的学习方法取得了较好效果。

在使用深度学习方法进行图像分类中，采用 VGG(Visual Geometry Group)架构(Simonyan et al.，2015)。VGG 是 2014 年由牛津视觉几何组开发的成熟 CNN 模型。该模型相比以往的模型进一步加宽和加深了网络结构，它的核心是五组卷积操作，每两组之间做最大池化(Max-pooling)空间降维。同一组内采用多次连续的 3×3 卷积，卷积核的数目由较浅组的 64 增至最深组的 512，同一组内的卷积核数目保持一致。卷积层之后，依次衔接的是两层全连接层和分类层。

前述训练数据采集中，虽然已经整理了 6000 幅用于模型训练的正负样本，但是对于拥有千万级别参数的深度学习模型而言，样本量仍然偏少。这里使用迁移学习方法解决样本量不足的问题。其思想是，在神经网络中，特征是分层逐步组合的。低层参数学习通常是颜色、线条、纹理等信息，高一层参数学习涉及简单图案、形状等，最高层的参数学习则是由底层特征组合成的高级语义信息。所以在不同任务中，低层的特征往往差别不大，只需要改变高层参数就可以在不同任务间最大程度共享信息，并实现很好的泛化效果。

本试验在 VGG16 结构①基础上进行了改进。VGG16 已经在大型数据集 ImageNet 进行了权重训练，并且学习到了对于大多数计算机视觉问题有用的特性。整个过程如下：首先，固定前四个卷积块的权重，该部分的权重无需学习，直接复用 VGG16 在 ImageNet 上的权重，模型仅学习最后的卷积块权重。然后，改变后续全连接层，只使用一层包含 256 个神经元的全连接。最后，衔接一个用于 2 分类的 sigmoid 层。经过改进后的网络包含了较少的权重参数。在计算资源有限的情况下，更容易收敛。整个结构如图 6.16 所示。

(五)图像分类过程及结果分析

分别利用传统图像分类和深度学习方法进行试验，操作平台环境为 Windows 10，编程语言为 Python，主要用到 Python 下的 Numpy、Scikit-learn、OpenCV、Keras 等库。试验中，正负样本图像各 3000 幅，其中 2000 幅用于训练分类器，1000 幅用于评估分类器效果。

1. 词袋模型分类结果

图像词袋模型试验中，特征提取使用尺度不变特征转换(SIFT)(Lowe，2004)和加速稳健特征(SURF)(Bay et al.，2008)算法，分类采用支持向量机(SVM)(Cortes et al.，1995)、

① VGG16 架构. https://neurohive.io/en/popular-networks/vgg16/。

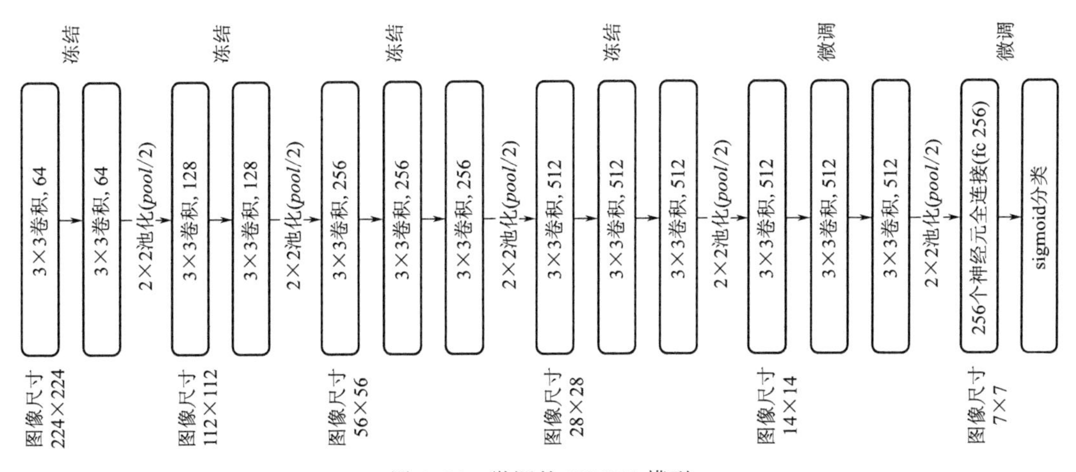

图 6.16　微调的 VGG16 模型

随机森林(RF)(Breiman,2001)、极端梯度提升(XGBoost)(Chen et al.,2016)模型。这三种模型都具有较强的学习能力,已被广泛使用。在使用词袋模型时,需要确定聚类的个数 k,这里分别测试了 k 取 40、60、80、100 和 120 的情况。图 6.17 显示了三种分类器、不同特征、不同聚类数,基于评价指标准确度的分类效果。由图可知,SURF 特征的分类效果整体上优于 SIFT 特征;当选择 SURF 特征和 XGBoost 分类器以及聚类数目为 100 时,分类效果最好,达到 78.25%;当选择 SIFT 特征和 SVM 分类器以及聚类数目为 60 时,分类效果最差为 65%。

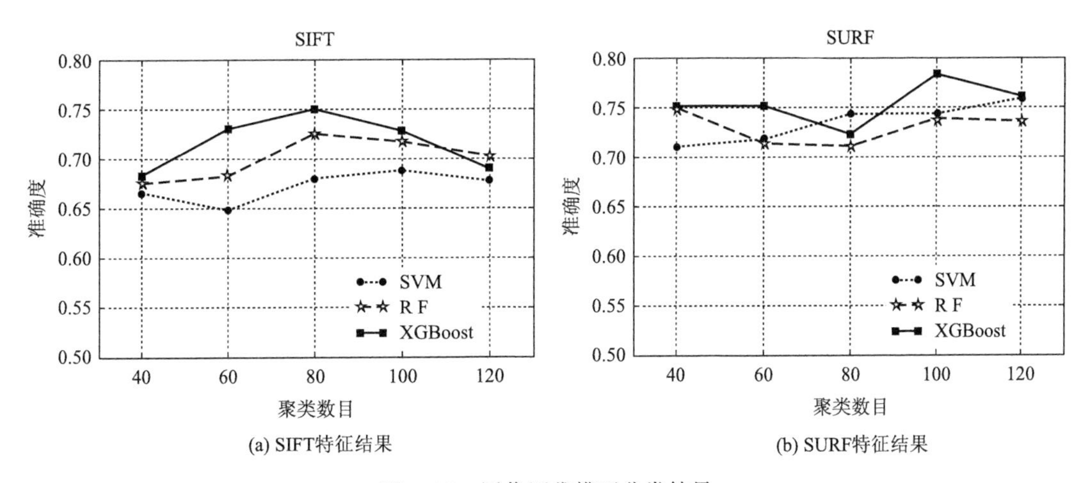

图 6.17　图像词袋模型分类结果

2. 颜色矩模型分类结果

颜色矩试验中,同样使用 SVM、RF 和 XGBoost 分类器。从分类结果看,XGBoost 效果最好,在测试集上达到了 74%;其次是 RF,达到 72.25%;SVM 效果最差,为 70.75%。

3. 深度学习分类结果

深度学习过程中,为了尽量利用有限的训练数据,首先进行了图像的数据增强,通过一系列随机变换对数据进行提升,以减少图像之间的相似性,抑制过拟合,使得模型的泛化能力更强。本试验采用了深度学习框架 Keras①,通过其中的 keras. preprocessing. image. ImageDataGenerator 函数实现数据增强。在模型的迁移学习中,首先下载了 VGG16 在 ImageNet 训练好的权重参数,该参数不包含全连接层。图 6.18 显示了不包含全连接层的参数结构,整个网络参数为 14714688 个。图 6.19 显示了增加全连接层后最终的参数结构,整个网络共包含 16812353 个参数,其中,只需要学习 block4_pool 之后的参数,共 9177089 个。由此可见,改进后的网络所需学习参数更少,模型训练更简易。在迁移学习模型的训练过程中,为了使模型在较低的学习率下进行,使用了随机梯度下降(SGD)算法(Bottou,2010)而不是其他自适应学习率算法,以保证更新幅度维持在较低水平,避免毁坏训练的特征。

层(类型)	输出形状	参数
input_1 (InputLayer)	(None, 150, 150, 3)	0
block1_conv1 (Conv2D)	(None, 150, 150, 64)	1792
block1_conv2 (Conv2D)	(None, 150, 150, 64)	36928
block1_pool (MaxPooling2D)	(None, 75, 75, 64)	0
block2_conv1 (Conv2D)	(None, 75, 75, 128)	73856
block2_conv2 (Conv2D)	(None, 75, 75, 128)	147584
block2_pool (MaxPooling2D)	(None, 37, 37, 128)	0
block3_conv1 (Conv2D)	(None, 37, 37, 256)	295168
block3_conv2 (Conv2D)	(None, 37, 37, 256)	590080
block3_conv3 (Conv2D)	(None, 37, 37, 256)	590080
block3_pool (MaxPooling2D)	(None, 18, 18, 256)	0
block4_conv1 (Conv2D)	(None, 18, 18, 512)	1180160
block4_conv2 (Conv2D)	(None, 18, 18, 512)	2359808
block4_conv3 (Conv2D)	(None, 18, 18, 512)	2359808
block4_pool (MaxPooling2D)	(None, 9, 9, 512)	0
block5_conv1 (Conv2D)	(None, 9, 9, 512)	2359808
block5_conv2 (Conv2D)	(None, 9, 9, 512)	2359808
block5_conv3 (Conv2D)	(None, 9, 9, 512)	2359808
block5_pool (MaxPooling2D)	(None, 4, 4, 512)	0

总参数:14, 714, 688
训练参数:14, 714, 688
非训练参数:0

图 6.18 VGG16 不包含全连接层的参数结构

层(类型)	输出形状	参数
input_1 (InputLayer)	(None, 150, 150, 3)	0
block1_conv1 (Conv2D)	(None, 150, 150, 64)	1792
block1_conv2 (Conv2D)	(None, 150, 150, 64)	36928
block1_pool (MaxPooling2D)	(None, 75, 75, 64)	0
block2_conv1 (Conv2D)	(None, 75, 75, 128)	73856
block2_conv2 (Conv2D)	(None, 75, 75, 128)	147584
block2_pool (MaxPooling2D)	(None, 37, 37, 128)	0
block3_conv1 (Conv2D)	(None, 37, 37, 256)	295168
block3_conv2 (Conv2D)	(None, 37, 37, 256)	590080
block3_conv3 (Conv2D)	(None, 37, 37, 256)	590080
block3_pool (MaxPooling2D)	(None, 18, 18, 256)	0
block4_conv1 (Conv2D)	(None, 18, 18, 512)	1180160
block4_conv2 (Conv2D)	(None, 18, 18, 512)	2359808
block4_conv3 (Conv2D)	(None, 18, 18, 512)	2359808
block4_pool (MaxPooling2D)	(None, 9, 9, 512)	0
block5_conv1 (Conv2D)	(None, 9, 9, 512)	2359808
block5_conv2 (Conv2D)	(None, 9, 9, 512)	2359808
block5_conv3 (Conv2D)	(None, 9, 9, 512)	2359808
block5_pool (MaxPooling2D)	(None, 4, 4, 512)	0
sequential_1 (Sequential)	(None, 1)	2097665

总参数:16, 812, 353
训练参数:9, 177, 089
非训练参数:7, 635, 264

图 6.19 VGG16 增加全连接层后参数结构

利用深度学习方法在训练集上经过 20 次训练,每一次训练都使用了所有训练样本。图 6.20 显示了最终的损失函数和准确度在 20 次训练中的趋势。经过 20 次迭代,分类器在测试集上的准确度达到了 96.25%,效果远超传统图像分类方法。由图可知,改进的网络只需训练很少的次数,就可以达到较好效果;经过两次迭代后,准确度可接近 96%。

图 6.21 和图 6.22 是以洪灾主题为例,随机抽取的 8 幅分类正确样本和 8 幅分类错误样本。从分类错误的样本看,很多沙滩、湖泊等自然场景以室内人工场景被分类成了洪涝。究其原因,分类器更多地考虑到了一些颜色信息,而忽略了场景的高层语义信息。今后可以

① Keras. https://github. com/keras-team/keras。

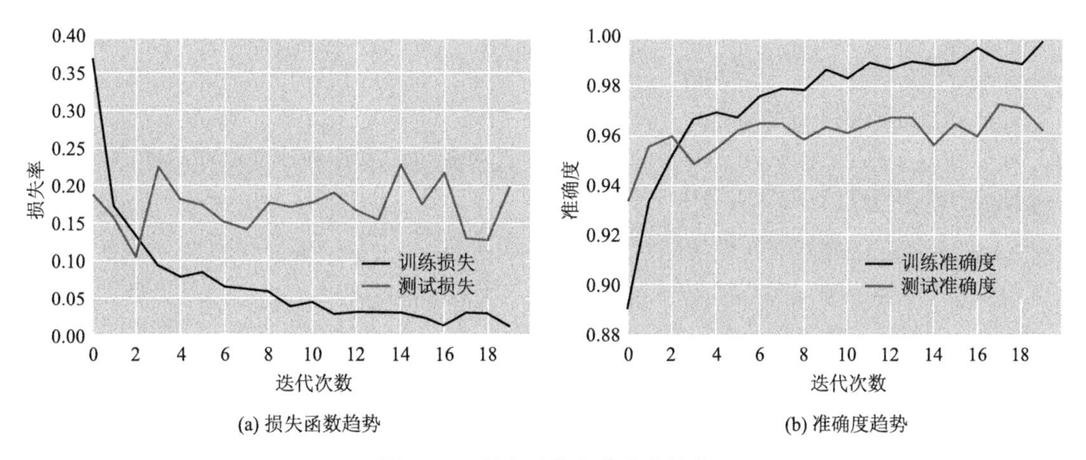

(a) 损失函数趋势　　(b) 准确度趋势

图 6.20　损失函数和准确度趋势

通过增加更多的正负样本及采用更复杂的卷积网络如 ResNet(Wu et al.,2019),对分类结果进行优化。

图 6.21　随机抽取分类正确样本

图 6.22　随机抽取分类错误样本

二、灾害主题图像相似性检索

(一)图像检索在灾害风险领域应用

突发自然灾害后,需要对可能的灾情形势进行快速估计。可以利用图像检索技术,从致灾事件类型和灾害损失(影响)两个方面,进行源事件(新发事件)和目标事件(历史事件)的相似性比较,借鉴历史事件的灾情图片资料,为灾后评估和应急管理提供科学依据。然而面对大量的历史灾害事件,选择哪一次历史事件进行比对,相对困难。此时可以借助图像检索技术给用户推荐相应的目标事件。因为上传的图像在系统中会与灾害事件进行关联,可以使用源事件图像作为检索图像,找出除了源事件外最近似的 k 幅图像,然后将图像关联的灾害事件作为目标事件,进行比对分析。例如,对于洪涝灾害而言,当检索图像包含的场景淹没水深相似,进行损失比对分析就更有意义。图 6.23 显示了湖南省气象灾害协同监测平台中的图像检索应用。

图 6.23　源事件和目标事件灾损比对

(二)主要图像检索技术

图像检索可以分为基于文本的图像检索(TBIR)和基于内容的图像检索(CBIR)。基于文本的图像检索方法是利用文本标注的方式对图像中的内容进行描述,从而为每幅图像形成内容描述的关键词,如图像中的物体、场景等。文本标注可以是人工标注,也可以是基于图像识别技术的半自动标注。基于文本描述的方式具有几个方面不足:其一,需要人工介入标注过程,只适用于小规模的图像数据,在大规模图像数据上完成标注需要耗费大量人力与财力;其二,对于精确的查询,用户很难用简短的关键字来描述需要获取的图像;其三,人工标注过程不可避免会受到标注者的认知水平、言语使用以及主观判断等的影响,造成对图像文字描述的差异。

1992 年美国国家科学基金会提出基于内容的图像索引方法,并逐步发展成为被广泛关注的计算机视觉领域的一个分支。它是基于大规模的数字图像内容,在候选图像数据集中查找到具有相同或者相似内容的图像。一个典型的基于内容的图像检索基本框架包括：首先，针对图像库中的图像，抽取特征向量并存入图像特征库；其次，针对待查询图像，用相同方法提取特征得到查询向量；接着在某种相似性度量准则下计算查询向量与特征库中特征向量的相似性大小；最后，按相似性大小进行排序并输出对应的图像。虽然基于内容的图像检索技术较文本图像检索有了很大改进，但是仍然面临着语义障碍问题。

(三)基于内容的灾害主题图像相似性检索

本试验主要基于内容的图像检索方法，实现灾害主题图像相似性检索。大规模图像数据集下，基于内容的图像检索的精准度和速度，主要取决于图像特征的表达能力，以及近似最近邻查找方法。

图像特征的表达能力是基于内容的图像检索的核心和难点之一(刘鹏宇，2004)。以往主要提取颜色、纹理等手工设计特征对图像内容进行表达；近年来，随着深度学习的发展，大量研究表明，利用 CNN 模型提取视觉特征，在图像检索任务中的性能远超传统特征(郭瑞杰等，2008；刘兵等，2016)。

近似最近邻(ANN)算法是基于内容的图像检索研究的另一个热点(Andoni et al.，2008)。因为在海量样本的情况下，遍历所有样本，计算距离，精确地找出最近的 K 个样本是一个比较耗时的过程，特别是遇到样本维度也很高的情况。因此，需要牺牲小部分精度，以实现在较短时间内找到近似的 K 个最近邻，即 ANN。这里基于局部敏感度哈希(LSH)算法(Datar et al.，2004)实现近似最近邻查找。图 6.24 显示了基于哈希的图像检索框架，主要包括特征提取、哈希编码、汉明距离排序和重排四个步骤。其中，关键之处在于设计一个有效的哈希函数集，使得原空间中的数据经过该哈希函数集映射后，在汉明空间能够较好地保持或增强数据间的相似性。由于原始的特征是连续型向量，经过映射后的特征为离散型，因此哈希函数的设计面临很大挑战。LSH 是最经典的哈希方法之一，被认为是高维空间(比如成百上千维)快速最近邻搜索的重要突破。它采用随机超平面方法构造哈希函数，

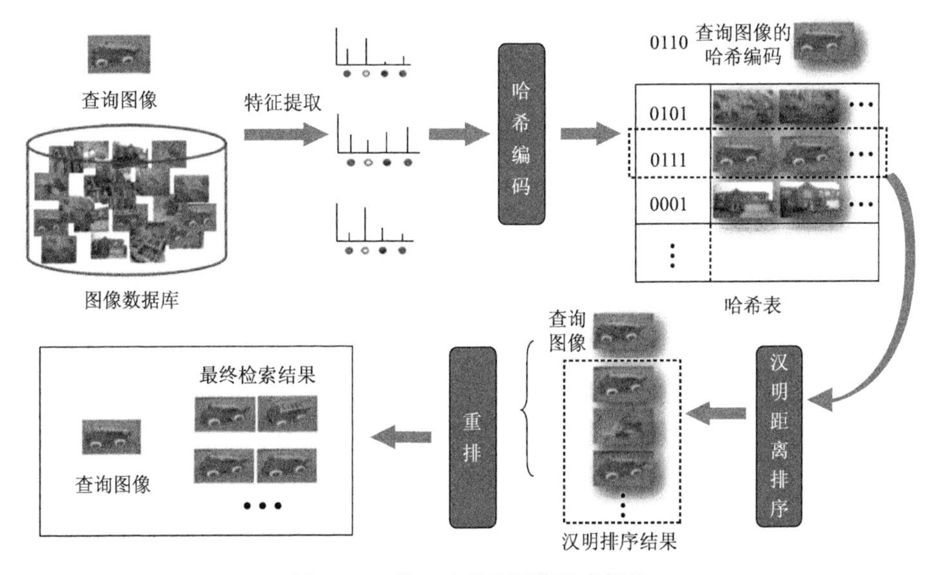

图 6.24　基于哈希的图像检索框架

即使用随机超平面将空间分割成很多子区域，每一个子区域被视为一个“桶”，具有相同二进制哈希码的样本被保存在同一个“桶”中。在查询阶段，查询样本通过同样的映射后可以锁定查询样本位于哪个“桶”中，然后在锁定的“桶”中将查询样本与该“桶”中的样本进行逐一比较，从而得到最终的近邻。

在哈希图像检索框架中，虽然 LSH 能够完成哈希编码，但其实现过程通常比较复杂，而且哈希编码和特征提取的过程相分离，只有提取特征后才能进行哈希编码。深度学习方法能够同时完成特征提取和哈希编码，而且更为简单得到哈希编码。因此，仍然基于 VGG16 网络结构进行改进，在全连接层 fc-4096 后，增加一层隐层（全连接层）。隐层包含 h（例如 128）个节点，隐层的神经元激励函数选用 sigmoid，使得输出值在 0～1。设定阈值（例如 0.5），将这一层输出变换为 0 和 1 的二值向量作为哈希编码。这样在使用卷积神经网（CNN）做图像分类训练的过程中，会学到和结果类别最接近的 01 二值串。这一过程也可以理解为，通过神经元关联把 4096 维的输出特征向量压缩成一个低维度的 01 向量。但不同于其他的降维和二值操作，该过程是在一个神经网络里完成，对图像做一次完整的前向运算得到类别，就产出了表征图像丰富信息的 4096 维特征向量和代表图像分桶的哈希编码，从而实现近似最近邻查找。整个网络架构如图 6.25 所示，一个神经网络既可以生成图像特征，也可以生成二进制哈希编码。

图 6.25　图像检索 VGG16 架构

（四）图像检索过程与结果分析

基于以上思路和方法，主要实现步骤为：首先，输入源事件图像，判断该图像是否存在数据库中。如果在库就直接从数据库获得特征和哈希编码，如果不在库中则利用上述基于 VGG16 的 CNN 网络，抽取特征和哈希编码。其次，得到哈希编码后，在汉明空间计算汉明距离进行粗筛。因为可以使用 XOR 异或运算进行汉明距离计算，这一过程能够在微秒量级内完成。然后，对粗筛后的图像进一步细筛，在特征空间中，采用欧式距离，进行相似性度量。最后，对度量后的结果进行排序。

图 6.26 显示了洪涝场景下，检索得到与某随机源图像最接近的 5 幅目标图像。

三、基于图像的受灾目标检测

（一）图像目标检测在灾害风险领域应用

目标检测是给定一幅图像或者视频帧，找出其中特定目标的位置，并给出每个目标的具

源图像

第一近似目标图像

第二近似目标图像

第三近似目标图像

第四近似目标图像

第五近似目标图像

图 6.26　图像检索结果

体类别。图像目标检测在灾害风险领域具有重要应用。例如，图 6.27a 显示了一幅洪涝场景下的车辆及人员受灾情况，图 6.27b 显示了一幅灾后房屋受损情况。通过目标检测技术，可以快速识别并定位场景中的受灾目标物体或者受灾目标区域。归纳起来，主要应用如下。

(a) 洪涝场景

(b) 受损房屋

图 6.27　典型灾害场景图像及检测结果

（1）受灾对象统计

针对灾情图像，统计包含人、房屋、汽车、船只等的数量，将原始像素信息转换为结构化信息。

（2）标识目标区域及灾情估计

灾情信息员在灾后收集到大量关于建筑物受损的照片。目标检测技术有助于及时准确标注图像中房屋的裂缝等受损情况，方便快速对图像进行描述和灾损评估，避免人工操作造成的时间延误。

（3）辅助众源灾情图像的搜索

基于已标识图像中目标地物的类别和位置，进一步辅助互联网等众源灾情图像搜索。例如，可以搜索到所有包含人、房屋倒塌、伤亡人员等的照片。

(二)Faster R-CNN 目标检测方法

由于目标可能出现在图像中任何位置,目标的大小、长宽比例不确定,目标的形态可能存在各种变化,图像背景千差万别等,导致目标检测比较复杂。国内外学者利用传统的机器学习方法进行了很多尝试,但是收效甚微。近年来随着深度学习技术的发展,图像目标检测技术取得了突破性进展。Girshick 首先提出了基于候选区域的卷积神经网络算法(R-CNN)(Girshick et al. ,2014),尝试利用深度学习方法进行图像目标检测。随后,通过对 R-CNN 框架的不断改进,相继出现了 SPP-NET、Fast R-CNN、Faster R-CNN、YOLO 等目标检测框架(Girshick et al. ,2016;Ren et al. ,2017)。R-CNN 框架的基本思想是先提取出可能包含目标的候选区域,然后将其输入 CNN 网络做分类和回归。与 R-CNN 相比,Faster R-CNN 把分离的候选区域和 CNN 分类融合到一起,使用端到端(End-to-End)的网络进行目标检测,在速度和精度上都得到了有效提高。Faster R-CNN 把目标检测的四个基本环节(候选区域生成、特征提取、分类、位置精修)整合到一个深度网络框架之内。

本试验选择 Faster R-CNN 框架进行图像目标检测试验。Faster R-CNN 引入区域生成网络(RPN)(Ren et al. ,2017),该网络与检测网络共享输入图像的卷积特征。RPN 网络使用卷积网络直接产生候选区域,输入一幅任意大小的图像,输出一批矩形区域候选框,每个区域对应一个目标存在的概率分数及位置信息。如图 6.28 所示,RPN 网络在最后的特征图上使用 3×3 卷积核进行卷积(Ren et al. ,2017),获得一个三维矩阵数据结构。在 3×3 区域上,每个特征图对应一个 1 维向量,256 个特征图就可以对应 256 维特征向量。在最后一个卷积层的特征图上每个像素点为一个锚点(Anchor),每个锚点对应预测输入图像三种尺度(例如 128,256,512),三种长宽比(例如 1∶1,1∶2,2∶1)的九个区域,即每个锚点可以产生九个候选框。然后将其输入两个全连接层(即分类层和回归层)分别用于分类和边框回归。最后根据候选区域(Region proposal)得分值高低进行筛选,作为 Faster R-CNN 的输入进行目标检测。

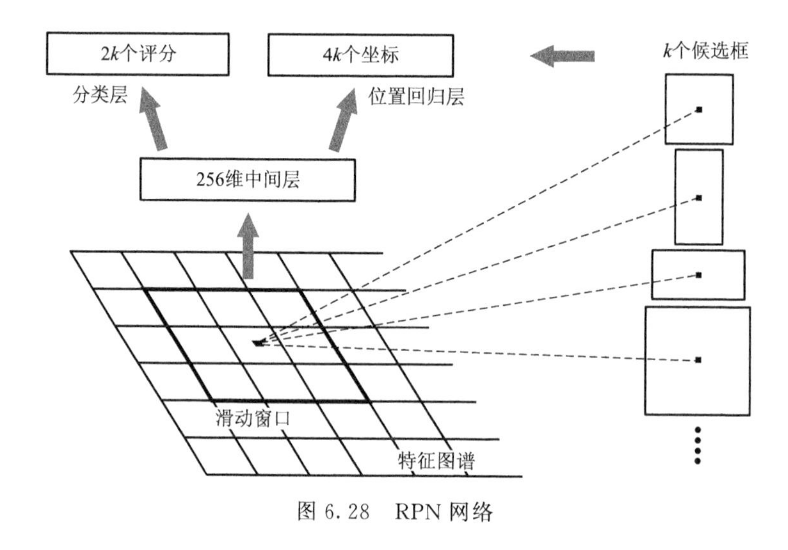

图 6.28 RPN 网络

图 6.29 显示了 Faster R-CNN 的整体架构(Ren et al. ,2017),首先将整幅图像输入深度卷积网络得到特征图谱,然后输入 RPN 网络,把获取的候选区域直接连接到 ROI 池化

层，池化后将特征图谱输入全连接层，最后利用多任务分类器做特征分类和边界框位置回归。

（三）目标检测过程及结果分析

基于以上思路和方法，图像目标检测试验过程如下。首先，标注数据集。这里借助 LabelImg 工具[①]进行标注，该工具全图形界面，基于 Python 和 Qt 开发而成，其标注的信息可以直接转化成 XML 文件，与数据集 PASCAL VOC(Everingham et al.，2010)以及 ImageNet 所用的 XML 文件格式一致。其次，标注完自己的数据集后，与已有的 PASCAL VOC2012 数据集进行集成，该数据集也包含了人、汽车等目标对象的检测。最后，在 Keras 框架实现 Faster R-CNN 算法，进行最终的训练。

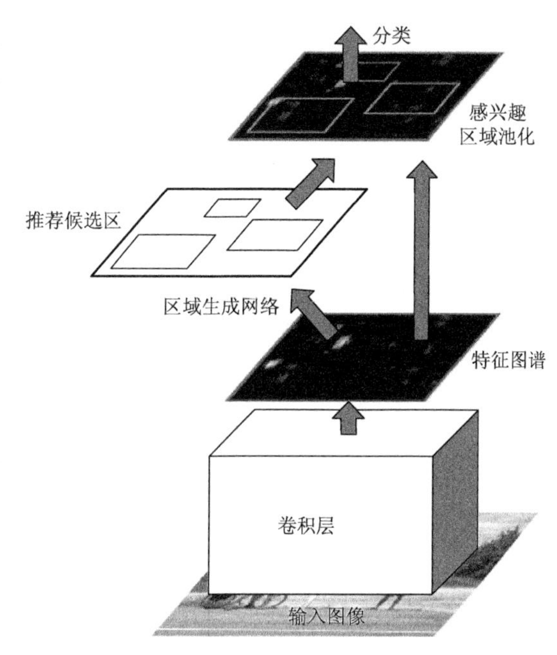

图 6.29 Faster R-CNN 架构

图 6.30 显示了随机抽取的部分试验结果。从结果看，洪灾图像中的人员、车辆和船只等目标识别效果较好。但是由于真实场景的复杂性，仍然存在一定不确定性，需要采用更复杂的 CNN 网络以及更多训练样本进行模型优化。

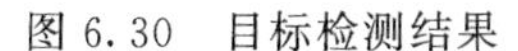

图 6.30 目标检测结果

① LabelImg. https://github.com/tzutalin/labelImg。

参考文献

曹羽,2010.城市暴雨积水风险分析——以上海市普陀区金沙居委地区为例[D].上海:上海师范大学.

陈凯,2009.基于GIS的洪水淹没评估系统的研究与实现[J].灾害学,24(4):35-39.

陈佩燕,杨玉华,雷小途,等,2009.我国台风灾害成因分析及灾情预估[J].自然灾害学报,18(1):64-73.

陈鹏,张继权,严登华,等,2011.基于GIS技术的城市暴雨积涝数值模拟与可视化——以哈尔滨市道里区为例[J].灾害学,26(3):70-72.

陈振楼,王军,刘敏,等,2008.上海市主要自然灾害特点与应对策略[J].华东师范大学学报(自然科学版),2008(5):116-125.

陈志刚,王青,黄贤金,等,2007.长三角城市群重心移动及其驱动因素研究[J].地理科学,27(4):457-462.

戴仕宝,杨世伦,郜昂,等,2007.近50年来中国主要河流入海泥沙变化[J].泥沙研究,2:49-58.

丁先军,杨翠红,祝坤福,2010.基于投入-产出模型的灾害经济影响评价方法[J].自然灾害学报,19(2):113-118.

丁燕,史培军,2002.台风灾害的模糊风险评估模型[J].自然灾害学报,11(1):34-43.

董姝娜,姜鎏鹏,张继权,等,2012.基于"3S"技术的村镇住宅洪灾脆弱性曲线研究[J].灾害学,27(2):34-38.

方佳毅,2018.气候变化下中国沿海地区极值水位人口与经济风险评估[D].北京:北京师范大学.

冯爱青,高江波,吴绍洪,等,2016.气候变化背景下中国风暴潮灾害风险及适应对策研究进展[J].地理科学进展,35(11):1411-1419.

福建省三明市地方志编纂委员会,2002.三明市志[M].北京:方志出版社.

顾朝林,张晓明,王小丹,2011.气候变化·城市化·长江三角洲[J].长江流域资源与环境,20(1):1-8.

郭利华,龙毅,2002.基于DEM的洪水淹没分析[J].测绘通报,11:25-30.

郭瑞杰,程学旗,许洪波,等,2008.一种基于动态平衡树的在线索引快速构建方法[J].计算机研究与发展,45(10):1769-1775.

韩雪华,王卷乐,卜坤,等,2018.基于Web文本的灾害事件信息获取进展[J].地球信息科学学报,20(8):1037-1046.

贺宝根,陈春根,周乃晟,2003.城市化地区径流系数及其应用[J].上海环境科学,22(7):472-475.

解伟,李宁,胡爱军,等,2012.基于CGE模型的环境灾害经济影响评估——以湖南雪灾为例[J].中国人口资源与环境,22(11):26-31.

李春华,李宁,李建,等,2012.洪水灾害间接经济损失评估研究进展[J].自然灾害学报,21(2):19-27.

李娜,2011.长三角城市群空间联系与整合[J].地域研究与开发,30(5):72-77.

李宁,王烨,张正涛,2016.从科技论文数量和内容看自然灾害风险度评估方法的转变[J].灾害学,31(3):8-14.

李宁,吴吉东,崔维佳,2012.基于ARIO模型的汶川地震灾后恢复重建期模拟[J].自然灾害学报,21(2):68-75.

李宁,张正涛,陈曦,等,2017.论自然灾害经济损失评估研究的重要性[J].地理科学进展,36(2):256-263.

李卫江,温家洪,2010.基于Web文本的灾害信息挖掘研究进展[J].灾害学,25(2):119-123.

李卫江,温家洪,李仙德,2018.产业网络灾害经济损失评估研究进展[J].地理科学进展,37(3):330-341.
李卫江,温家洪,吴燕娟,2014.基于 PGIS 的社区洪涝灾害概率风险评估——以福建省泰宁县城区为例[J].地理研究,33(1):31-42.
李仙德,2016.测量上海产业网络的点入度和点出度——超越后工业化社会的迷思[J].地理研究,35(11):2185-2200.
刘兵,张鸿,2016.基于卷积神经网络和流形排序的图像检索算法[J].计算机应用,36(2):531-534.
刘杜娟,叶银灿,2005.长江三角洲地区的相对海平面上升与地面沉降[J].地质灾害与环境保护,16(4):400-404.
刘桂林,张落成,张倩,2014.苏南地区建设用地扩展类型及景观格局分析[J].长江流域资源与环境,23(10):1375-1382.
刘纪远,匡文慧,张增祥,等,2014.20 世纪 80 年代末以来中国土地利用变化的基本特征与空间格局[J].地理学报,69(1):3-14.
刘纪远,张增祥,徐新良,等,2009.21 世纪初中国土地利用变化的空间格局与驱动力分析[J].地理学报,64(2):1411-1420.
刘家福,蒋卫国,占文凤,等,2010.SCS 模型及其研究进展[J].水土保持研究,17(2):120-124.
刘敏,权瑞松,许世远,2012.城市暴雨内涝灾害风险评估:理论,方法与实践[M].北京:科学出版社.
刘敏,王军,殷杰,等,2016.上海城市安全与综合防灾系统研究[J].上海城市规划,1:1-8.
刘鹏宇,2004.基于内容的图像特征提取算法的研究[D].长春:吉林大学.
刘仁义,刘南,2001.基于 GIS 的复杂地形洪水淹没区计算方法[J].地理学报,56(1):1-6.
刘洋,2014.全球气候变化对长三角河口海岸地区社会经济影响研究[D].上海:华东师范大学.
刘耀龙,陈振楼,王军,等,2011.经常性暴雨内涝区域房屋财(资)产脆弱性研究——以温州市为例[J].灾害学,26(2):66-71.
路琮,魏一鸣,范英,等,2002.灾害对国民经济影响的定量分析模型及其应用[J].自然灾害学报,11(3):15-20.
孟永昌,王铸,吴吉东,等,2015.巨灾影响的全球性:以东日本大地震的经济影响为例[J].自然灾害学报,24(6):1-8.
钮学新,董加斌,杜惠良,2005.华东地区台风降水及影响降水因素的气候分析[J].应用气象学报,16(3):402-407.
欧阳英,1993.泰宁县志[M].北京:群众出版社.
《气候变化国家评估报告》编写委员会,2011.第二次气候变化国家评估报告[M].北京:科学出版社:251-253.
裘书服,陈珂,温家洪,2009.2007 年 7 月重庆和济南城市暴雨洪水灾害认识和思考[J].气象与减灾研究,32(2):50-54.
权瑞松,刘敏,侯立军,等,2009.土地利用动态变化对地表径流的影响——以上海浦东新区为例[J].灾害学,24(1):44-49.
权瑞松,刘敏,张丽佳,等,2011.基于情景模拟的上海中心城区建筑暴雨内涝暴露性评价[J].地理科学,31(2):148-152.
邵尧明,邵丹娜,马锦生,2012.城市新一代暴雨强度公式编制实践及建议[J].中国给水排水,28(8):26-29.
石先武,国志兴,张尧,等,2016.风暴潮灾害脆弱性研究综述[J].地理科学进展,35(7):889-897.
石勇,孙蕾,石纯,2010.上海沿海六区县自然灾害脆弱性评价[J].自然灾害学报,19(3):156-161.
石勇,许世远,石纯,等,2009.洪水灾害脆弱性研究进展[J].地理科学进展,28(1):41-46.
史培军,郭卫平,李保俊,等,2005.减灾与可持续发展模式——从第二次世界减灾大会看中国减灾战略的调整[J]. 自然灾害学报,14(3):1-7.

史培军,汪明,胡小兵,等,2014. 社会—生态系统综合风险防范的凝聚力模式[J]. 地理学报,69(6):863-876.

史培军,袁艺,陈晋,2001. 深圳市土地利用变化对流域径流的影响[J]. 生态学报,21(7):1041-1050.

宋城城,李梦雅,王军,等,2014. 基于复合情景的上海台风风暴潮灾害危险性模拟及其空间应对[J]. 地理科学进展,33(12):1692-1703.

孙阿丽,石纯,石勇,2010. 基于情景模拟的暴雨内涝危险性评价——以黄浦区为例[J]. 地理科学,30(3):465-468.

唐彦东,于汐,2011. 灾害经济学[M]. 北京:清华大学出版社.

王桂新,黄颖钰,2005. 中国省际人口迁移与东部地带的经济发展:1995—2000[J]. 人口研究,701(1):19-28.

王海滋,黄渝祥,1998. 地震灾害产业关联间接经济损失评估[J]. 自然灾害学报,7(1):40-45.

王洪波,2016. 明清苏浙沿海台风风暴潮灾害序列重建与特征分析[J]. 长江流域资源与环境,25(2):342-349.

王建鹏,薛春芳,解以扬,等,2008. 基于内涝模型的西安市区强降水内涝成因分析[J]. 气象科学,36(6):772-775.

王林,秦其明,李吉芝,等,2004. 基于 GIS 的城市内涝灾害分析模型研究[J]. 测绘科学,29(3):48-51.

王祥荣,凌焕然,黄舰,等,2012. 全球气候变化与河口城市气候脆弱性生态区划研究——以上海为例[J]. 上海城市规划(6):1-6.

王延中,2007. 长三角地区工业化进程:现状与未来发展[J]. 社会科学(6):27-35.

王岳平,葛岳静,2007. 我国产业结构的投入产出关联特征分析[J]. 管理世界,2:61-68.

魏本勇,苏桂武,2016. 基于投入产出分析的汶川地震灾害间接经济损失评估[J]. 地震地质,38(4):1082-1094.

温家洪,黄蕙,陈珂,等,2012. 基于社区的台风灾害概率风险评估——以上海市杨浦区富禄里居委地区为例[J]. 地理科学,32(3):348-355.

温家洪,袁穗萍,李大力,等,2018. 海平面上升及其风险管理[J]. 地球科学进展,33(4):350-360.

吴吉东,何鑫,王菜林,等,2018. 自然灾害损失分类及评估研究评述[J]. 灾害学,33(4):157-163.

吴吉东,李宁,2012. 浅析灾害间接经济损失评估的重要性[J]. 自然灾害学报,21(3):15-21.

吴吉东,李宁,温玉婷,等,2009. 自然灾害的影响及间接经济损失评估方法[J]. 地理科学进展,28(6):877-885.

吴先华,宁雪强,周蒙蒙,等,2015. 自然灾害后应对口支援多少——基于间接经济损失评估的视角[J]. 灾害学,30(3):10-15.

徐家良,2005. 台风影响上海时风速风向分布特征[J]. 气象,31(8):66-70.

徐嵩龄,1998. 灾害经济损失概念及产业关联型间接经济损失计量[J]. 自然灾害学报,7(4):7-15.

许世远,王军,石纯,等,2006. 沿海城市自然灾害风险研究[J]. 地理学报,61(2):127-138.

薛晓萍,马俊,李鸿怡,2012. 基于 GIS 的乡镇洪涝灾害风险评估与区划技术——以山东省淄博市临淄区为例[J]. 灾害学,27(4):71-79.

闫妍,2009. 弹性供应网络系统的防御策略和应急方法研究[D]. 沈阳:东北大学.

杨桂山,2000. 中国沿海风暴潮灾害的历史变化及未来趋向[J]. 自然灾害学报,9(3):23-30.

殷杰,尹占娥,王军,等,2009. 基于 GIS 的城市社区暴雨内涝灾害风险评估[J]. 地理与地理信息科学,25(6):16-19.

殷杰,尹占娥,于大鹏,等,2012. 风暴洪水主要承灾体脆弱性分析——黄浦江案例[J]. 地理科学,32(9):1155-1160.

尹占娥,暴丽杰,殷杰,2011.基于 GIS 的上海浦东暴雨内涝灾害脆弱性研究[J].自然灾害学报,20(2):29-35.

尹占娥,许世远,殷杰,等,2010.基于小尺度的城市暴雨内涝灾害情景模拟与风险评估[J].地理学报,65(5):553-562.

袁海红,高晓路,2014.城市经济脆弱性评价研究——以北京海淀区为例[J].自然资源学报,29(7):1159-1172.

袁海红,牛方曲,高晓路,2015.城市经济脆弱性模拟评估系统的构建及其应用[J].地理学报,70(2):271-282.

张犁,1995.城市洪水分析与模拟的 GIS 方法研究[J].地理学报,50(s1):76-84.

张鹏,李宁,吴吉东,等,2012.基于投入产出模型的区域洪涝灾害间接经济损失评估[J].长江流域资源与环境,21(6):773-779.

张志国,司国良,黄翔,等,2009.长江下游沿江城市内涝灾害的反思与对策[J].人民长江,40(21):99-100.

赵思健,陈志远,熊利亚,2004.利用空间分析建立简化的城市内涝模型[J].自然灾害学报,13(6):8-14.

周洪建,王曦,2017.特别重大自然灾害损失统计内容的国际对比——基于《特别重大自然灾害损失统计制度》和 PDNA 系统的分析[J].地球科学进展,32(10):1030-1038.

周玉文,翁窈瑶,李骥,2012.城市暴雨强度公式推求系统的开发[J].中国给水排水,28(2):25-28.

朱道广,2013.基于视觉词袋模型的图像分类研究[D].郑州:解放军信息工程大学.

朱静,2010.城市山洪灾害风险评价——以云南省文山县城为例[J].地理研究,29(4):655-664.

朱政,郑伯红,贺清云,2011.城市暴雨灾害的影响程度及对策研究——以长沙市为例[J].自然灾害学报,20(3):105-112.

Abe M,Ye L,2013.Building resilient supply chains against natural disasters:The cases of Japan and Thailand[J].Global Business Review,14(4):567-586.

Adger W N,Hughes T P,Folke C,et al,2005.Social-ecological resilience to coastal disasters[J].Science,309(5737):1036-1039.

Aerts J C,Botzen W W,Emanuel K,et al,2014.Evaluating flood resilience strategies for coastal megacities[J].Science,344(6183):473-475.

Ahonen T,Hadid A,Pietikainen M,2006.Face description with local binary patterns:Application to face recognition[J].IEEE Transactions on Pattern Analysis and Machine Intelligence,28(12):2037-2041.

Aizawa A,2003.An information-theoretic perspective of tf-idf measures[J].Information Processing and Management,39(1):45-65.

Alcántara-Ayala I,2004.Flowing mountains in Mexico:Incorporating local knowledge and initiatives to confront disaster and promote prevention[J].Mountain Research & Development,24(1):10-13.

Alexander D M,2006.World Disasters Report 2005:Focus on information in disasters[J].Disasters,30(3):377-379.

Altman N S,1992.An introduction to kernel and nearest-neighbor nonparametric regression[J].The American Statistician,46(3):175-185.

Andoni A,Indyk P,2008.Near-optimal hashing algorithms for approximate nearest neighbor in high dimensions[J].Communications of The ACM,51(1):117-122.

Anthoff D,Nicholls R J,Tol R S,2010.The economic impact of substantial sea-level rise[J].Mitigation and Adaptation Strategies for Global Change,15(4):321-335.

Apel H,Thieken A H,Merz B,et al,2006.A probabilistic modelling system for assessing flood risks[J].Natural Hazards,38(1-2):79-100.

Arnell N,1989. Expected annual damages and uncertainties in flood frequency estimation[J]. Journal of Water Resources Planning and Management,115(1):94-107.

Baba H,2014. Introductory study on Disaster Risk Assessment and Area Business Continuity Planning in Industry Agglomerated Areas in the ASEAN[J]. IDRiM Journal,3(2):184-195.

Bakker A M,Louchard D,Keller K,2017a. Sources and implications of deep uncertainties surrounding sea-level projections[J]. Climatic Change,140(3-4):339-347.

Bakker A M,Wong T E,Ruckert K L,et al,2017b. Sea-level projections representing the deeply uncertain contribution of the West Antarctic ice sheet[J]. Scientific Reports,7(1):1-7.

Bamber J L,Aspinall W,2013. An expert judgement assessment of future sea level rise from the ice sheets [J]. Nature Climate Change,3(4):424-427.

Bars D L,Drijfhout S S,De Vries H,2017. A high-end sea level rise probabilistic projection including rapid Antarctic ice sheet mass loss[J]. Environmental Research Letters,12(4):044013.

Bay H,Ess A,Tuytelaars T,et al,2008. Speeded-Up Robust Features(SURF)[J]. Computer Vision and Image Understanding,110(3):346-359.

Bierkandt R,Wenz L,Willner S N,et al,2014. Acclimate—A model for economic damage propagation. Part 1:Basic formulation of damage transfer within a global supply network and damage conserving dynamics [J]. Environment Systems and Decisions,34(4):507-524.

Bloemen P,Reeder T,Zevenbergen C,et al,2018. Lessons learned from applying adaptation pathways in flood risk management and challenges for the further development of this approach[J]. Mitigation and Adaptation Strategies for Global Change,23(7):1083-1108.

Boening C, Willis J K, Landerer F W, et al, 2012. The 2011 La Niña: So strong, the oceans fell[J]. Geophysical Research Letters,39(19):L19602.

Bottou L,2010. Large-Scale Machine Learning with Stochastic Gradient Descent[C]. Paper presented at the Proceedings of COMPSTAT'2010,Heidelberg.

Botzen W W,Deschenes O,Sanders M,2019. The economic impacts of natural disasters:A review of models and empirical studies[J]. Review of Environmental Economics and Policy,13(2):167-188.

Breiman L,2001. Random Forests[J]. Machine Learning,45(1):5-32.

Brookshire D S,Chang S E,Cochrane H,et al,1997. Direct and indirect economic losses from earthquake damage[J]. Earthquake Spectra,13(4):683-701.

Cardona O D, Van Aalst M K, Birkmann J, et al, 2012. Determinants of risk: exposure and vulnerability [M]//Field C B. Managing the Risks of Extreme Events and Disasters to Advance Climate Change Adaptation. Special Report of the Intergovernmental Panel on Climate Change. Cambridge:Cambridge University Press:65-108.

Cazenave A,Dieng H-B,Meyssignac B,et al,2014. The rate of sea-level rise[J]. Nature Climate Change,4(5):358-361.

Chapelle O,Vapnik V,Bousquet O,et al,2002. Choosing Multiple Parameters for Support Vector Machines [J]. Machine Learning,46(1):131-159.

Chen T,Guestrin C,2016. XGBoost:A Scalable Tree Boosting System[C]. Paper presented at the International Conference on knowledge discovery and data mining,San Francisco,California.

Church J A,White N J,Coleman R,et al,2004. Estimates of the regional distribution of sea level rise over the 1950-2000 period[J]. Journal of Climate,17(13):2609-2625.

Church J A,White N J,2011. Sea-level rise from the late 19th to the early 21st century[J]. Surveys in Geophysics,32(4-5):585-602.

Church J A,Clark P U,Cazenave A,et al,2013. Sea-level rise by 2100[J]. Science,342(6165):1445-1445.

Coates G,Li C H,Ahilan S,et al,2019. Agent-based modeling and simulation to assess flood preparedness and recovery of manufacturing small and medium-sized enterprises[J]. Engineering Applications of Artificial Intelligence,78:195-217.

Coburn A,Spence R,2003. Earthquake Protection[M]. New York:John Wiley & Sons.

Cole S,1995. Lifelines and livelihood: A social accounting matrix approach to calamity preparedness[J]. Journal of Contingencies and Crisis Management,3(4):228-246.

Cope A,Gurley K,Pinelli J,et al,2004. A probabilistic model of damage to residential structures from hurricane winds[C]. Paper presented at the Joint Specialty Conference on Probabilistic Mechanics and Structural Reliability,Albuquerque,New Mexico.

Coronese M,Lamperti F,Keller K,et al,2019. Evidence for sharp increase in the economic damages of extreme natural disasters[J]. Proceedings of the National Academy of Sciences,116(43):21450-21455.

Cortes C,Vapnik V,1995. Support-Vector Networks[J]. Machine Learning,20(3):273-297.

Crichton D,1999. The Risk Triangle[M]//Ingleton J. Natural Disaster Management. London: Tudor Rose: 102-103.

Datar M,Immorlica N,Indyk P,et al,2004. Locality-sensitive hashing scheme based on p-stable distributions [C]. Paper presented at the Symposium on computational geometry.

DeConto R M,Pollard D,2016. Contribution of Antarctica to past and future sea-level rise[J]. Nature,531 (7596):591-597.

DeMoel H,Aerts J,2011. Effect of uncertainty in land use,damage models and inundation depth on flood damage estimates[J]. Natural Hazards,58(1):407-425.

DeMoel H,Van Vliet M,Aerts J C,2014. Evaluating the effect of flood damage-reducing measures: A case study of the unembanked area of Rotterdam,the Netherlands[J]. Regional Environmental Change,14(3): 895-908.

DeMoel H D,Van Alphen J,Aerts J,2009. Flood maps in Europe--methods,availability and use[J]. Natural Hazards & Earth System Sciences,9(2):289-301.

Deng J,Dong W,Socher R,et al,2009. ImageNet: A large-scale hierarchical image database[C]. Paper presented at the Computer Vision and Pattern Recognition.

Deschamps P,Durand N,Bard E,et al,2012. Ice-sheet collapse and sea-level rise at the Bølling warming 14,600 years ago[J]. Nature,483(7391):559-564.

Dittrich R,Wreford A,Moran D,2016. A survey of decision-making approaches for climate change adaptation: Are robust methods the way forward? [J]. Ecological Economics,122:79-89.

Dobson J E,Bright E A,Coleman P R,et al,2000. LandScan: A global population database for estimating populations at risk[J]. Photogrammetric Engineering and Remote Sensing,66(7):849-857.

Dutta D,Herath S,Musiake K,2003. A mathematical model for flood loss estimation[J]. Journal of Hydrology,277(1-2):24-49.

Dutton A,Lambeck K,2012. Ice volume and sea level during the last interglacial[J]. Science,337(6091):216-219.

Everingham M,Gool L V,Williams C K I,et al,2010. The Pascal Visual Object Classes(VOC)Challenge[J]. International Journal of Computer Vision,88(2):303-338.

Fang J Y,Liu W,Yang S N,et al,2017. Spatial-temporal changes of coastal and marine disasters risks and impacts in Mainland China[J]. Ocean & Coastal Management, 139: 125-140.

Farmer J D, Hepburn C, Mealy P, et al, 2015. A third wave in the economics of climate change[J]. Environmental and Resource Economics, 62(2): 329-357.

Fasullo J T, Boening C, Landerer F W, et al, 2013. Australia's unique influence on global sea level in 2010-2011[J]. Geophysical Research Letters, 40(16): 4368-4373.

Feng A Q, Gao J B, Wu S H, et al, 2018. Assessing the inundation risk resulting from extreme water levels under sea-level rise: a case study of Rongcheng, China[J]. Geomatics Natural Hazards & Risk, 9(1): 456-470.

Ferguson A P, Ashley W S, 2017. Spatiotemporal analysis of residential flood exposure in the Atlanta, Georgia metropolitan area[J]. Natural Hazards, 87(2): 989-1016.

Fiksel J, Rosenfield D B, 1982. Probabilistic Models for Risk Assessment[J]. Risk Analysis, 2(1): 1-8.

Freund Y, Schapire R E, 1997. A decision-theoretic generalization of on-line learning and an application to boosting[C]. Paper presented at the Conference on Learning Theory.

Fritz H M, Blount C D, Thwin S, et al, 2009. Cyclone Nargis storm surge in Myanmar[J]. Nature Geoscience, 2(7): 448-449.

Garschagen M, Romero-Lankao P, 2015. Exploring the relationships between urbanization trends and climate change vulnerability[J]. Climatic Change, 133(1): 37-52.

Garvey M D, Carnovale S, Yeniyurt S, 2015. An analytical framework for supply network risk propagation: A Bayesian network approach[J]. European Journal of Operational Research, 243(2): 618-627.

Ge Y, Xu W, Gu Z H, et al, 2011. Risk perception and hazard mitigation in the Yangtze River Delta region, China[J]. Natural Hazards, 56(3): 633-648.

Gils A, 2005. Management and Governance in Dutch SMEs[J]. European Management Journal, 23(5): 583-589.

Girshick R, Donahue J, Darrell T, et al, 2014. Rich Feature Hierarchies for Accurate Object Detection and Semantic Segmentation[C]. Paper presented at the IEEE Conference on Computer Vision and Pattern Recognition.

Girshick R, Donahue J, Darrell T, et al, 2016. Region-Based Convolutional Networks for Accurate Object Detection and Segmentation[J]. IEEE Transactions on Pattern Analysis and Machine Intelligence, 38(1): 142-158.

Grinsted A, Jevrejeva S, Riva R E, et al, 2015. Sea level rise projections for northern Europe under RCP8.5[J]. Climate Research, 64(1): 15-23.

Grünthal G, Thieken A, Schwarz J, et al, 2006. Comparative risk assessments for the city of Cologne-storms, floods, earthquakes[J]. Natural Hazards, 38(1-2): 21-44.

Guarin G, Westen Van C, Montoya L, 2005. Community-based Flood Risk Assessment using GIS for the Town of San Sebastian, Guatemala[J]. Journal of Human Security and Development, 1(1): 29-49.

Haasnoot M, Kwakkel J H, Walker W E, et al, 2013. Dynamic adaptive policy pathways: A method for crafting robust decisions for a deeply uncertain world[J]. Global Environmental Change, 23(2): 485-498.

Habitat U, 2009. State of the world's cities 2008/2009: Harmonious cities[J]. Environment and Urbanization, 21(1): 275-276.

Hall J W, Sayers P B, Dawson R J, 2005. National-scale assessment of current and future flood risk in England and Wales[J]. Natural Hazards, 36(1-2): 147-164.

Hall J W, Lempert R J, Keller K, et al, 2012. Robust climate policies under uncertainty: A comparison of robust decision making and info-gap methods[J]. Risk Analysis,32(10):1657-1672.

Hallegatte S,2008. An adaptive regional Input-Output model and its application to the assessment of the Economic Cost of Katrina[J]. Risk Analysis,28(3):779-799.

Hallegatte S,Green C,Nicholls R J,et al,2013. Future flood losses in major coastal cities[J]. Nature Climate Change,3(9):802-806.

Hanson S,Nicholls R,Ranger N,et al,2011. A global ranking of port cities with high exposure to climate extremes[J]. Climatic Change,104(1):89-111.

Haraguchi M,Lall U,2014. Flood risks and impacts:A case study of Thailand's floods in 2011 and research questions for supply chain decision making[J]. International Journal of Disaster Risk Reduction,14(3):256-272.

Hartmann D L,Tank A M K,Rusticucci M,et al,2013. Observations:Atmosphere and Surface[M]//Stocker T F,Qin D,Plattner G K,et al. Climate Change 2013:The Physical Science Basis. Working Group I Contribution to the Fifth Assessment Report of the Intergovernmental Panel on Climate Change: 159-254. Cambridge:Cambridge University Press.

Hay C C,Morrow E,Kopp R E,et al,2015. Probabilistic reanalysis of twentieth-century sea-level rise[J]. Nature,517(7535):481-484.

Haynes K,Barclay J,Pidgeon N,2007. Volcanic hazard communication using maps:An evaluation of their effectiveness[J]. Bulletin of Volcanology,70(2):123-138.

Helbing D,2013. Globally networked risks and how to respond[J]. Nature,497(7447):51-59.

Henriet F, Hallegatte S, Lionel T, 2012. Firm-network characteristics and economic robustness to natural disasters[J]. Journal of Economic Dynamics and Control,36(1):150-167.

Hinkel J,Lincke D,Vafeidis A T,et al,2014. Coastal flood damage and adaptation costs under 21st century sea-level rise[J]. Proceedings of the National Academy of Sciences,111(9):3292-3297.

Hinkel J,Jaeger C,Nicholls R J,et al,2015. Sea-level rise scenarios and coastal risk management[J]. Nature Climate Change,5(3):188-190.

Horton R,Little C,Gornitz V,et al,2015. New York City Panel on Climate Change 2015 Report Chapter 2: Sea Level Rise and Coastal Storms[J]. Annals of the New York Academy of Sciences,1336(1):36-44.

Hu X X,Chen Y,2015. Decision analysis under deep uncertainty—Present situation and prospect[J]. Control and Decision,30(3):385-394.

IPCC,2012. Managing the risks of extreme events and disasters to advance climate change adaptation:special report of the intergovernmental panel on climate change[M]. Cambridge:Cambridge University Press.

IPCC,2013. Climate Change 2013:The Physical Science Basis,Summary for Policymakers[M]. Cambridge: Cambridge University Press.

IPCC,2014. Climate change 2014:Impacts,adaptation,and vulnerability. Contribution of Working Group II to the Fifth Assessment Report of the Intergovernmental Panel on Climate Change[M]. Cambridge: Cambridge University Press.

Jackson L P,Jevrejeva S,2016. A probabilistic approach to 21st century regional sea-level projections using RCP and High-end scenarios[J]. Global and Planetary Change,146:179-189.

Jevrejeva S,Grinsted A,Moore J C,2014. Upper limit for sea level projections by 2100[J]. Environmental Research Letters,9(10):104008.

Jongman B,Ward P J,Aerts J C,2012. Global exposure to river and coastal flooding:Long term trends and changes[J]. Global Environmental Change,22(4):823-835.

Jonkman S,Van Gelder P,Vrijling J,2003. An overview of quantitative risk measures for loss of life and economic damage[J]. Journal of Hazardous Materials,99(1):1-30.

Jonkman S N,Bočkarjova M,Kok M,et al,2008. Integrated hydrodynamic and economic modelling of flood damage in the Netherlands[J]. Ecological Economics,66(1):77-90.

Joughin I,Smith B E,Medley B,2014. Marine ice sheet collapse potentially under way for the Thwaites Glacier Basin,West Antarctica[J]. Science,344(6185):735-738.

Kajitani Y,Tatano H,2014. Estimation of production capacity loss rate after the great East Japan earthquake and tsunami in 2011[J]. Economic Systems Research,26(1):13-38.

Kajitani Y,Tatano H,2018. Applicability of a spatial computable general equilibrium model to assess the short-term economic impact of natural disasters[J]. Economic Systems Research,30(3):289-312.

Kambara H, Hayashi Y, 2008. Survey on functional damage of industrial facilities during the Niigataken Chuetsu-oki earthquake in 2007[J]. AIJ Journal of Technology and Design,14(28):669-673.

Kaplan S,Garrick B J,1981. On The Quantitative Definition of Risk[J]. Risk Analysis,1(1):11-27.

Ke Q,2014. Flood risk analysis for metropolitan areas:A case study for Shanghai[M]. Delft:Delft Academic Press.

Khan N S,Ashe E,Shaw T A,et al,2015. Holocene relative sea-level changes from near-,intermediate-,and far-field locations[J]. Current Climate Change Reports,1(4):247-262.

Khan S A,Kjær K H,Bevis M,et al,2014. Sustained mass loss of the northeast Greenland ice sheet triggered by regional warming[J]. Nature Climate Change,4(4):292-299.

Kim Y,Choi T Y,Yan T,et al,2011. Structural investigation of supply networks:A social network analysis approach[J]. Journal of Operations Management,29(3):194-211.

Koks E E,Bočkarjova M,Moel H D,et al,2015. Integrated direct and indirect flood risk modeling:Development and sensitivity analysis[J]. Risk Analysis,35(5):882-900.

Kopp R E,Simons F J,Mitrovica J X,et al,2013. A probabilistic assessment of sea level variations within the last interglacial stage[J]. Geophysical Journal International,193(2):711-716.

Kopp R E,Horton R M,Little C M,et al,2014. Probabilistic 21st and 22nd century sea-level projections at a global network of tide-gauge sites[J]. Earth's Future,2(8):383-406.

Kopp R E,Kemp A C,Bittermann K,et al,2016. Temperature-driven global sea-level variability in the Common Era[J]. Proceedings of the National Academy of Sciences,113(11):E1434-E1441.

Kreibich H,Seifert I,Merz B,et al,2010. Development of FLEMOcs-a new model for the estimation of flood losses in the commercial sector[J]. Hydrological Sciences Journal,55(8):1302-1314.

Krizhevsky A,Sutskever I, Hinton G E, 2017. ImageNet classification with deep convolutional neural networks[J]. Communications of the ACM,60(6):84-90.

Kunreuther H,2006. Disaster mitigation and insurance:Learning from Katrina[J]. The Annals of the American Academy of Political and Social Science,604(1):208-227.

Lagmay A M F,Agaton R P,Bahala M a C,et al,2015. Devastating storm surges of Typhoon Haiyan[J]. International Journal of Disaster Risk Reduction,11:1-12.

Lambeck K,Esat T M,Potter E-K,2002. Links between climate and sea levels for the past three million years[J]. Nature,419(6903):199-206.

LeCozannet G,Manceau J-C,Rohmer J,2017. Bounding probabilistic sea-level projections within the framework of the possibility theory[J]. Environmental Research Letters,12(1):014012.

Lee Y,Brody S D,2018. Examining the impact of land use on flood losses in Seoul,Korea[J]. Land Use Policy,70:500-509.

Lempert R,2011. Managing climate risks in developing countries with robust decision making[C]. Paper presented at the Washington DC,World Resources Institute.

Levermann A,Clark P U,Marzeion B,et al,2013. The multimillennial sea-level commitment of global warming[J]. Proceedings of the National Academy of Sciences,110(34):13745-13750.

Levermann A,2014. Climate economics:Make supply chains climate-smart [J]. Nature,506(7486):27-29.

Lichter M,Vafeidis A T,Nicholls R J,et al,2011. Exploring data-related uncertainties in analyses of land area and population in the "Low-Elevation Coastal Zone"(LECZ)[J]. Journal of Coastal Research,27(4): 757-768.

Linard C,Gilbert M,Snow R W,et al,2012. Population Distribution,Settlement Patterns and Accessibility across Africa in 2010[J]. PloS one,7(2):1-8.

Liu J,Wen J,Huang Y,et al,2015. Human settlement and regional development in the context of climate change:A spatial analysis of low elevation coastal zones in China[J]. Mitigation and Adaptation Strategies for Global Change,20(4):527-546.

Lowe D G, 2004. Distinctive Image Features from Scale-Invariant Keypoints[J]. International Journal of Computer Vision,60(2):91-110.

Martín-Español A,Zammit-Mangion A,Clarke P J,et al,2016. Spatial and temporal Antarctic Ice Sheet mass trends,glacio-isostatic adjustment,and surface processes from a joint inversion of satellite altimeter,gravity,and GPS data[J]. Journal of Geophysical Research:Earth Surface,121(2):182-200.

Maskrey A,1989. Disaster mitigation:A community based approach[M]. Oxford:Oxfam International.

Masson-Delmotte V, Schulz M, Abe-Ouchi A, et al, 2013. Information from Paleoclimate Archives[M]// Stocker T F, Qin D, Plattner G K. Climate Change 2013: The Physical Science Basis. Contribution of Working Group I to the Fifth Assessment Report of the Intergovernmental Panel on Climate Change:384-464. Cambridge:Cambridge University Press.

Mcgranahan G,Balk D,Anderson B,2007. The rising tide:Assessing the risks of climate change and human settlements in low elevation coastal zones[J]. Environment and Urbanization,19(1):17-37.

Mengel M,Levermann A,Frieler K,et al,2016. Future sea level rise constrained by observations and long-term commitment[J]. Proceedings of the National Academy of Sciences,113(10):2597-2602.

Mercer J,Kelman I,Suchet-Pearson S,et al,2009. Integrating indigenous and scientific knowledge bases for disaster risk reduction in Papua New Guinea[J]. Geografiska Annaler: Series B, Human Geography, 91 (2):157-183.

Merkens J L,Lincke D,Hinkel J,et al,2018. Regionalisation of population growth projections in coastal exposure analysis[J]. Climatic Change,151(3-4):413-426.

Merz B,Kreibich H, Schwarze R, et al, 2010. Review article: Assessment of economic flood damage[J]. Natural Hazards and Earth System Sciences,10(8):1697-1724.

Merz M,Hiete M,Comes T,et al,2013. A composite indicator model to assess natural disaster risks in industry on a spatial level[J]. Journal of Risk Research,16(9):1077-1099.

Meyer V,Becker N,Markantonis V,et al,2013. Review article:Assessing the costs of natural hazards-state of the art and knowledge gaps[J]. Natural Hazards and Earth System Sciences,13(5):1351-1373.

Miller K G,Kopp R E,Horton B P,et al,2013. A geological perspective on sea-level rise and its impacts along the US mid-Atlantic coast[J]. Earth's Future,1(1):3-18.

Moore J C,Grinsted A,Zwinger T,et al,2013. Semiempirical and process-based global sea level projections

[J]. Reviews of Geophysics,51(3):484-522.

Morgan M G, Henrion M, Small M, 1990. Uncertainty: A guide to dealing with uncertainty in quantitative risk and policy analysis[M]. Cambridge:Cambridge university press.

Muis S, Verlaan M, Nicholls R J, et al, 2017. A comparison of two global datasets of extreme sea levels and resulting flood exposure[J]. Earth's Future, 5(4):379-392.

Nakano K, 2011. Economic Impact Assessment of a Natural Disaster to Industrial Sectors[D]. Kyoto: Kyoto University.

Nauels A, Rogelj J, Schleussner C-F, et al, 2017. Linking sea level rise and socioeconomic indicators under the Shared Socioeconomic Pathways[J]. Environmental Research Letters, 12(11):114002.

Nerem R S, Chambers D P, Choe C, et al, 2010. Estimating mean sea level change from the TOPEX and Jason altimeter missions[J]. Marine Geodesy, 33(S1):435-446.

Neumann B, Vafeidis A T, Zimmermann J, et al, 2015. Future coastal population growth and exposure to sea-level rise and coastal flooding—a global assessment[J]. PloS One, 10(3):e0118571.

Newton A, Carruthers T J, Icely J, 2012. The coastal syndromes and hotspots on the coast[J]. Estuarine, Coastal and Shelf Science, 96:39-47.

Nicholls R J, Cazenave A, 2010. Sea-level rise and its impact on coastal zones[J]. Science, 328(5985):1517-1520.

Nicholls R J, Hanson S E, Lowe J A, et al, 2014. Sea-level scenarios for evaluating coastal impacts[J]. Wiley Interdisciplinary Reviews: Climate Change, 5(1):129-150.

Novotny V, Chesters G, 1981. Handbook of nonpoint pollution source and management[M]. New York: Van Nostrand Reinhold Company.

Noy I, 2009. The macroeconomic consequences of disasters[J]. Journal of Development Economics, 88(2):221-231.

O'neill B C, Kriegler E, Ebi K L, et al, 2017. The roads ahead: Narratives for shared socioeconomic pathways describing world futures in the 21st century[J]. Global Environmental Change, 42:169-180.

Okuyama Y, 2007. Economic modeling for disaster impact analysis: Past, present, and future[J]. Economic Systems Research, 19(2):115-124.

Okuyama Y, 2014. Disaster and economic structural change: Case study on the 1995 Kobe earthquake[J]. Economic Systems Research, 26(1):98-117.

Okuyama Y, Santos J R, 2014. Disaster impact and input-output analysis[J]. Economic Systems Research, 26(1):1-12.

Oppenheimer M, Alley R B, 2016. How high will the seas rise? [J]. Science, 354(6318):1375-1377.

Pan Q, 2015. Estimating the Economic Losses of Hurricane Ike in the Greater Houston Region[J]. Natural Hazards Review, 16(1):05014003.

Pandey M D, Nathwani J S, 2004. Life quality index for the estimation of societal willingness-to-pay for safety [J]. Structural Safety, 26(2):181-199.

Parker D J, Green C H, Thompson P M, 1987. Urban Flood Protection Benefits: A Project Appraisal Guide [M]. Aldershot: Gower Technical Press.

Pathak S D, Day J M, Nair A, et al, 2007. Complexity and adaptivity in supply networks: Building supply network theory using a complex adaptive systems perspective[J]. Decision Sciences, 38(4):547-580.

Penning-Rowsell E, Johnson C, Tunstall S, et al, 2005. The benefits of flood and coastal risk management—A manual of assessment techniques[M]. London: Middlesex University Press.

Perrette M,Landerer F,Riva R,et al,2013. A scaling approach to project regional sea level rise and its uncertainties[J]. Earth System Dynamics,4(1):11-29.

Pfeffer W T,Harper J T,O'neel S,2008. Kinematic constraints on glacier contributions to 21st-century sea-level rise[J]. Science,321(5894):1340-1343.

Pielke Jr R,2000. Flood impacts on society:Damaging floods as a framework for assessment[M]// Parker D J. Floods. London:Routledge:133-156.

Pinelli J-P,Simiu E,Gurley K,et al,2004. Hurricane damage prediction model for residential structures[J]. Journal of Structural Engineering,130(11):1685-1691.

Pollard D,Deconto R M,Alley R B,2015. Potential Antarctic Ice Sheet retreat driven by hydrofracturing and ice cliff failure[J]. Earth and Planetary Science Letters,412:112-121.

Poulter B,Halpin P N,2008. Raster modelling of coastal flooding from sea-level rise[J]. International Journal of Geographical Information Science,22(2):167-182.

Rahmstorf S,2007. A semi-empirical approach to projecting future sea-level rise[J]. Science,315(5810):368-370.

Rahmstorf S,2017. Rising hazard of storm-surge flooding[J]. Proceedings of the National Academy of Sciences,114(45):11806-11808.

Ranger N,Reeder T,Lowe J,2013. Addressing 'deep' uncertainty over long-term climate in major infrastructure projects:Four innovations of the Thames Estuary 2100 Project[J]. EURO Journal on Decision Processes,1(3-4):233-262.

Rashed T,Weeks J,2003. Assessing vulnerability to earthquake hazards through spatial multicriteria analysis of urban areas[J]. International Journal of Geographical Information Science,17(6):547-576.

Ren S,He K,Girshick R,et al,2017. Faster R-CNN:Towards Real-Time Object Detection with Region Proposal Networks[J]. IEEE Transactions on Pattern Analysis and Machine Intelligence,39(6):1137-1149.

Reuter C,2015. Towards Efficient Security:Business Continuity Management in Small and Medium Enterprises[J]. International Journal of Information Systems for Crisis Response and Management,7(3):69-79.

Rignot E,Mouginot J,Morlighem M,et al,2014. Widespread,rapid grounding line retreat of Pine Island,Thwaites,Smith,and Kohler glaciers,West Antarctica,from 1992 to 2011[J]. Geophysical Research Letters,41(10):3502-3509.

Rohling E J,Haigh I D,Foster G L,et al,2013. A geological perspective on potential future sea-level rise[J]. Scientific Reports,3:3461.

Rose A,Lim D,2002. Business interruption losses from natural hazards:conceptual and methodological issues in the case of the Northridge earthquake[J]. Global Environmental Change Part B:Environmental Hazards,4(1):1-14.

Rose A,2004. Economic principles,issues,and research priorities in hazard loss estimation[M]// Okuyama Y,Chang S. Modeling Spatial and Economic Impacts of Disasters. New York:Springer:13-36.

Rose A,Liao S Y,2005. Modeling regional economic resilience to disasters:A computable general equilibrium analysis of water service disruptions[J]. Journal of Regional Science,45(1):75-112.

Rosenzweig C,Solecki W,2014. Hurricane Sandy and adaptation pathways in New York:Lessons from a first-responder city[J]. Global Environmental Change,28:395-408.

Saito Y U,2015. Geographical spread of interfirm transaction networks and the Great East Japan Earthquake [M]. // Watanabe T. The Economics of Interfirm Networks. Tokyo:Springer Japan:157-173.

Sakai H,Hasegawa K,Pulido N,et al,2006. Relationship between strong motion and road damage during the

2004 Mid-Niigata earthquake[J]. Journal of Structural Engineering,52A(1):301-308.

Sasaki T,2013. Disaster Management and JIT of Automobile Supply Chain[J]. Bulletin of Niigata University of International and Information Studies Department of Information Culture,16(1):81-95.

Sato T,Larsen C F,Miura S,et al,2011. Reevaluation of the viscoelastic and elastic responses to the past and present-day ice changes in Southeast Alaska[J]. Tectonophysics,511(3-4):79-88.

Scambos T,Shuman C,2016. Comment on 'Mass gains of the Antarctic ice sheet exceed losses' by H J Zwally and others[J]. Journal of Glaciology,62(233):599-603.

Scawthorn C,Flores P,Blais N,et al,2006. HAZUS-MH flood loss estimation methodology. Ⅱ. Damage and loss assessment[J]. Natural Hazards Review,7(2):72-81.

Schweitzer F,Fagiolo G,Sornette D,et al,2009. Economic networks:The new challenges[J]. Science,325(5939):422-425.

Sella G F,Stein S,Dixon T H,et al,2007. Observation of glacial isostatic adjustment in "stable" North America with GPS[J]. Geophysical Research Letters,34(2):L02306.

Seo K W,Wilson C R,Scambos T,et al,2015. Surface mass balance contributions to acceleration of Antarctic ice mass loss during 2003-2013[J]. Journal of Geophysical Research:Solid Earth,120(5):3617-3627.

Shah M a R,Rahman A,Chowdhury S H,2018. Challenges for achieving sustainable flood risk management [J]. Journal of Flood Risk Management,11:S352-S358.

Shaw R,Sharma A,Takeuchi Y,2009. Indigenous Knowledge and Disaster Risk Reduction:From Practice to Policy[M]. New York:Nova Science Publishers.

Shepherd A,Ivins E R,Geruo A,et al,2012. A reconciled estimate of ice-sheet mass balance[J]. Science,338(6111):1183-1189.

Sheppard E,Couclelis H,Graham S,et al,1999. Geographies of the information society[J]. International Journal of Geographical Information Science,13(8):797-823.

Shi Y,Shi C,Xu S-Y,et al,2010. Exposure assessment of rainstorm waterlogging on old-style residences in Shanghai based on scenario simulation[J]. Natural hazards,53(2):259-272.

Simchi-Levi D,Schmidt W,Wei Y,et al,2015. Identifying risks and mitigating disruptions in the automotive supply chain[J]. Interfaces,45(5):375-390.

Simonyan K,Zisserman A,2015. Very Deep Convolutional Networks for Large-Scale Image Recognition[C]. Paper presented at the International Conference on Learning Representations.

Slangen A,Carson M,Katsman C,et al,2014. Projecting twenty-first century regional sea-level changes[J]. Climatic Change,124(1-2):317-332.

Smith A,Martin D,Cockings S,2016. Spatio-Temporal Population Modelling for Enhanced Assessment of Urban Exposure to Flood Risk[J]. Applied Spatial Analysis and Policy,9(2):145-163.

Smith A,Bates P D,Wing O,et al,2019. New estimates of flood exposure in developing countries using high-resolution population data[J]. Nature Communications,10.

Smith K,1996. Environmental hazards:Assessing risk and reducing disaster[M]. London:Routledge.

Smith K,Ward R,1998. Floods:Physical processes and human impacts[M]. Chichester:John Wiley and Sons.

Solin L,Madajova M S,Michaleje L,2018. Vulnerability assessment of households and its possible reflection in flood risk management:The case of the upper Myjava basin,Slovakia[J]. International Journal of Disaster Risk Reduction,28:640-652.

Sriver R L,Urban N M,Olson R,et al,2012. Toward a physically plausible upper bound of sea-level rise projections[J]. Climatic Change,115(3-4):893-902.

Stedinger J R,1997. Expected Probability and Annual Damage Estimators[J]. Journal of Water Resources Planning and Management,123(2):125-135.

Steenge A E,Bočkarjova M,2007. Thinking about imbalances in post-catastrophe economies:An input-output based proposition[J]. Economic Systems Research,19(2):205-223.

Stevens A J,Clarke D,Nicholls R J,et al,2015. Estimating the long-term historic evolution of exposure to flooding of coastal populations[J]. Natural Hazards and Earth System Sciences,15(6):1215-1229.

Stricker M A,Orengo M,1995. Similarity of Color Images[J]. Proc Spie Storage & Retrieval for Image & Video Databases,2420:381-392.

Sullivan-Taylor B,Branicki L,2011. Creating resilient SMEs:Why one size might not fit all[J]. International Journal of Production Research,49(18):5565-5579.

Sweet W V,Park J,2014. From the extreme to the mean:Acceleration and tipping points of coastal inundation from sea level rise[J]. Earth's Future,2(12):579-600.

Syvitski J P,Kettner A J,Overeem I,et al,2009. Sinking deltas due to human activities[J]. Nature Geoscience,2(10):681-686.

Tebaldi C,Strauss B H,Zervas C E,2012. Modelling sea level rise impacts on storm surges along US coasts [J]. Environmental Research Letters,7(1):014032.

Tedesco M,Doherty S,Fettweis X,et al,2016. The darkening of the Greenland ice sheet:Trends,drivers,and projections(1981-2100)[J]. Cryosphere,10:477-496.

Teuteberg F,2008. Supply chain risk management:A neural network approach[M]// Ijoui R E A. Strategies and Tactics in Supply Chain Event Management. Berlin:Springer Verlag:99-118.

Thomas M,Pidgeon N,Whitmarsh L,et al,2016. Expert judgements of sea-level rise at the local scale[J]. Journal of Risk Research,19(5):664-685.

Todo Y,Nakajima K,Matous P,2015. How do supply chain networks affect the resilience of firms to natural disasters? Evidence from the Great East Japan Earthquake[J]. Journal of Regional Science, 55(2): 209-229.

Tokida K,Oda K,Nabeshima Y,et al,2005. Damage characteristics and traffic performance of highway in 2004 mid niigata earthquake[J]. Journal of Japan Society of Civil Engineers(Structural Engineering & Earthquake Engineering),28(1):1-9.

Torisawa K,2014. The method of seismic risk management in supply chain for enhancement of business continuity capability[D]. Yokohama:Yokohama National University.

Tran P,Shaw R,Chantry G,et al,2009. GIS and local knowledge in disaster management:a case study of flood risk mapping in Viet Nam[J]. Disasters,33(1):152-169.

Travis J,2005. Scientists' Fears Come True as Hurricane Floods New Orleans[J]. Science, 309(5741): 1656-1659.

Vafeidis A T,Nicholls R J,Mcfadden L,et al,2008. A new global coastal database for impact and vulnerability analysis to sea-level rise[J]. Journal of Coastal Research:917-924.

VanAalst M K,Cannon T,Burton I,2008. Community level adaptation to climate change:The potential role of participatory community risk assessment[J]. Global Environmental Change,18(1):165-179.

Wang J,Xu S,Ye M,et al,2011. The MIKE model application to overtopping risk assessment of seawalls and levees in Shanghai[J]. International Journal of Disaster Risk Science,2(4):32-42.

Wang J,Gao W,Xu S,et al,2012. Evaluation of the combined risk of sea level rise,land subsidence,and storm surges on the coastal areas of Shanghai,China[J]. Climatic Change,115(3-4):537-558.

Ward P J,Jongman B,Salamon P,et al,2015. Usefulness and limitations of global flood risk models[J]. Nature Climate Change,5(8):712-715.

Watanabe T,Ito S,Yokoi K,2010. Co-occurrence Histograms of Oriented Gradients for Human Detection [J]. Journal of Information Processing,2(2):39-47.

Weaver C P,Lempert R J,Brown C,et al,2013. Improving the contribution of climate model information to decision making:The value and demands of robust decision frameworks[J]. Wiley Interdisciplinary Reviews:Climate Change,4(1):39-60.

Wedawatta G,Ingirige B,2012. Resilience and adaptation of Small and Medium-sized Enterprises to flood risk [J]. Disaster Prevention and Management,21(4):474-488.

Wedawatta G,Ingirige B,Proverbs D,2014. Small businesses and flood impacts:The case of the 2009 flood event in Cockermouth[J]. Journal of Flood Risk Management,7(1):42-53.

White I,Kingston R,Barker A,2010. Participatory geographic information systems and public engagement within flood risk management[J]. Journal of Flood Risk Management,3(4):337-346.

Williams S J,2013. Sea-level rise implications for coastal regions[J]. Journal of Coastal Research,63(sp1): 184-196.

Wong T E,Bakker A M,Keller K,2017. Impacts of Antarctic fast dynamics on sea-level projections and coastal flood defense[J]. Climatic Change,144(2):347-364.

Wu J,Li N,Hallegatte S,et al,2012. Regional indirect economic impact evaluation of the 2008 Wenchuan Earthquake[J]. Environmental Earth Sciences,65(1):161-172.

Wu J D,Wang X,Wang C L,et al,2018. The Status and Development Trend of Disaggregation of Socio-economic Data[J]. Journal of Geo-information Science,20(9):1252-1262.

Wu X,Xue P,Guo J,et al,2017. On the amount of counterpart assistance to be provided after natural disasters:From the perspective of indirect economic loss assessment[J]. Environmental Hazards,16(1):50-70.

Wu Z,Shen C,Den Hengel A V,2019. Wider or Deeper:Revisiting the ResNet Model for Visual Recognition [J]. Pattern Recognition,90:119-133.

Yang L,Tatano H,Kajitani Y,et al,2015. A Case Study on Estimation of Business Interruption Losses to Industrial Sectors Due to Flood Disasters[J]. Journal of Disaster Research,10(5):981-990.

Zhai G,Li S,Chen J,2015. Reducing urban disaster risk by improving resilience in China from a planning perspective[J]. Human and Ecological Risk Assessment:An International Journal,21(5):1206-1217.

Zhang L,Liu X,Li Y,et al,2012. Emergency medical rescue efforts after a major earthquake:Lessons from the 2008 Wenchuan earthquake[J]. The Lancet,379(9818):853-861.

Zhang S,Li X,Zong M,et al,2018. Efficient kNN Classification With Different Numbers of Nearest Neighbors[J]. IEEE Transactions on Neural Networks,29(5):1774-1785.

Zhang Y,Jin R,Zhou Z,2010. Understanding bag-of-words model:A statistical framework[J]. International Journal of Machine Learning and Cybernetics,1(1):43-52.

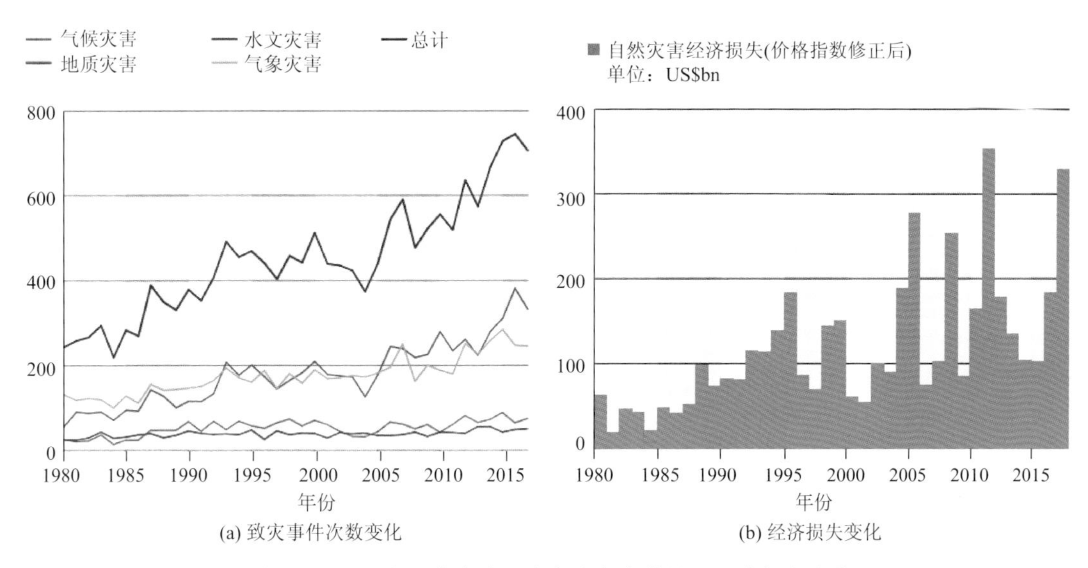

图 1.1　1980 年以来全球重大自然灾害数量及经济损失变化

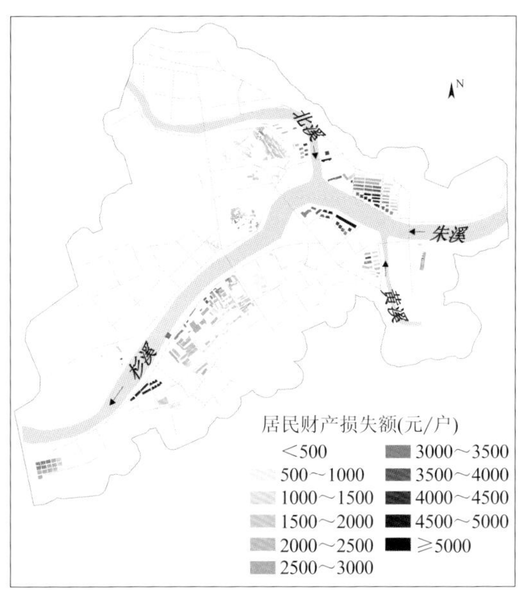

图 3.10　1.6%AEP 情景下居民室内财产损失

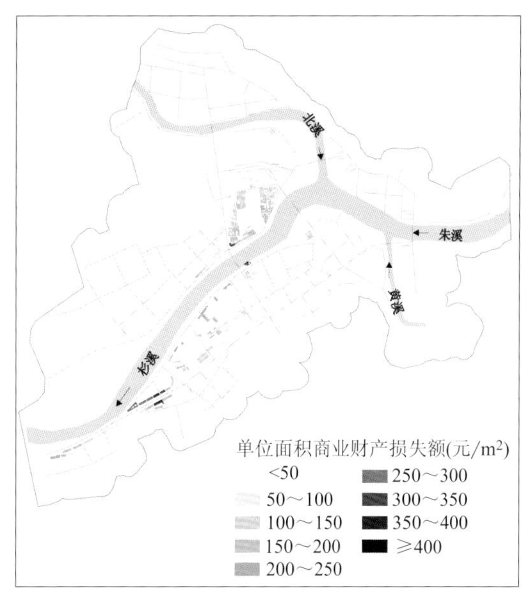

图 3.11　1.6%AEP 情景下商户室内财产损失

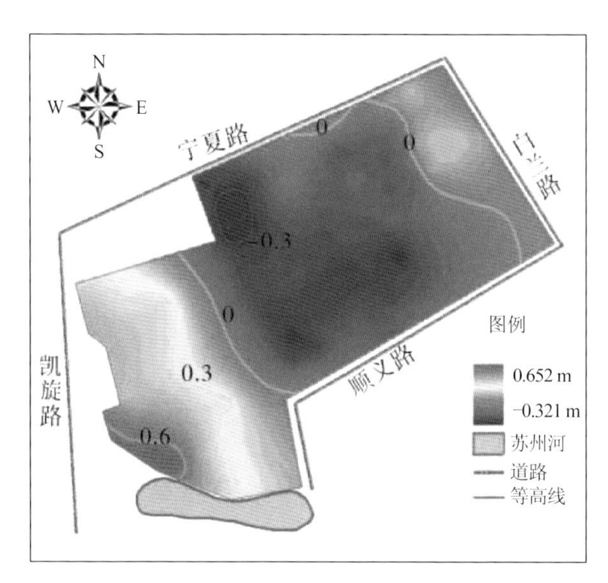

图 3.13 研究区相对高程图

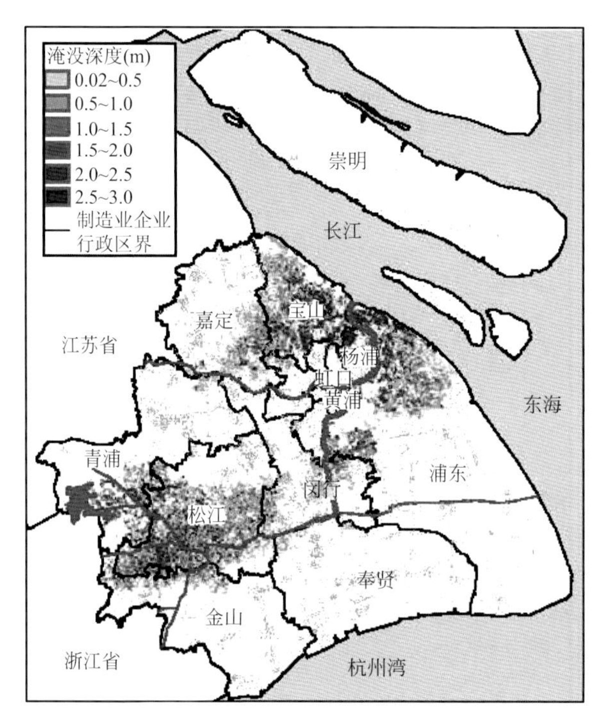

图 4.2 洪水淹没情景与制造业企业分布

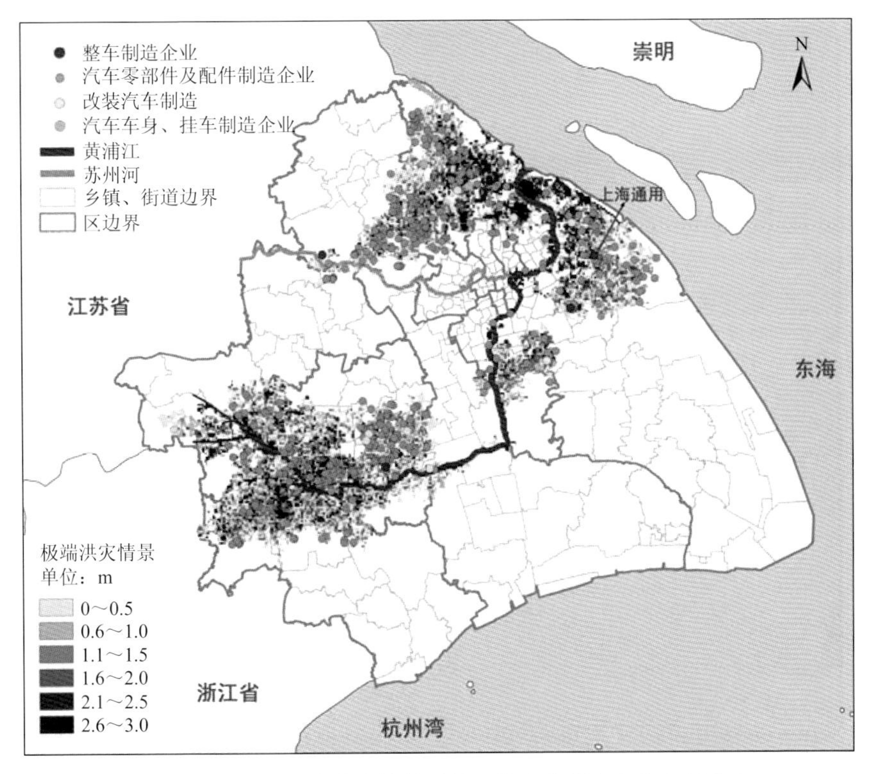

图 4.8　暴露在极端洪灾情景下的上海汽车制造企业空间分布

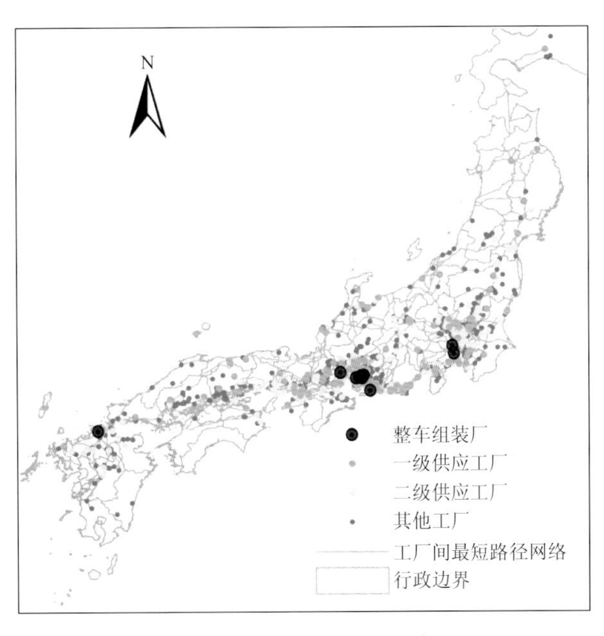

图 4.12　研究区域及对象

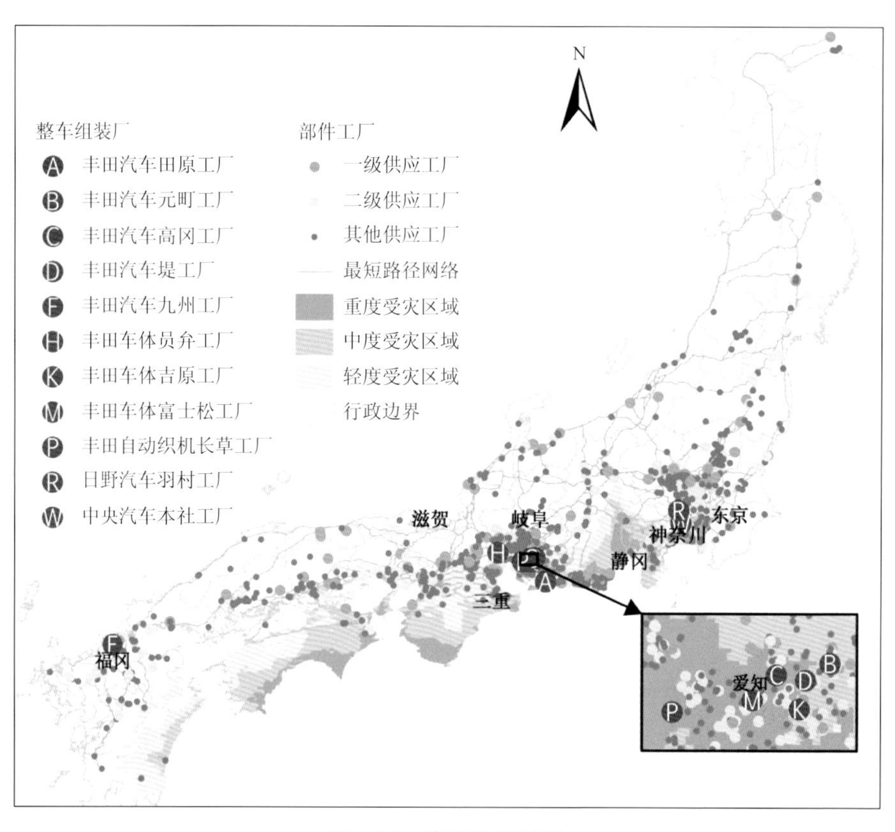

图 4.23　直接受灾区域

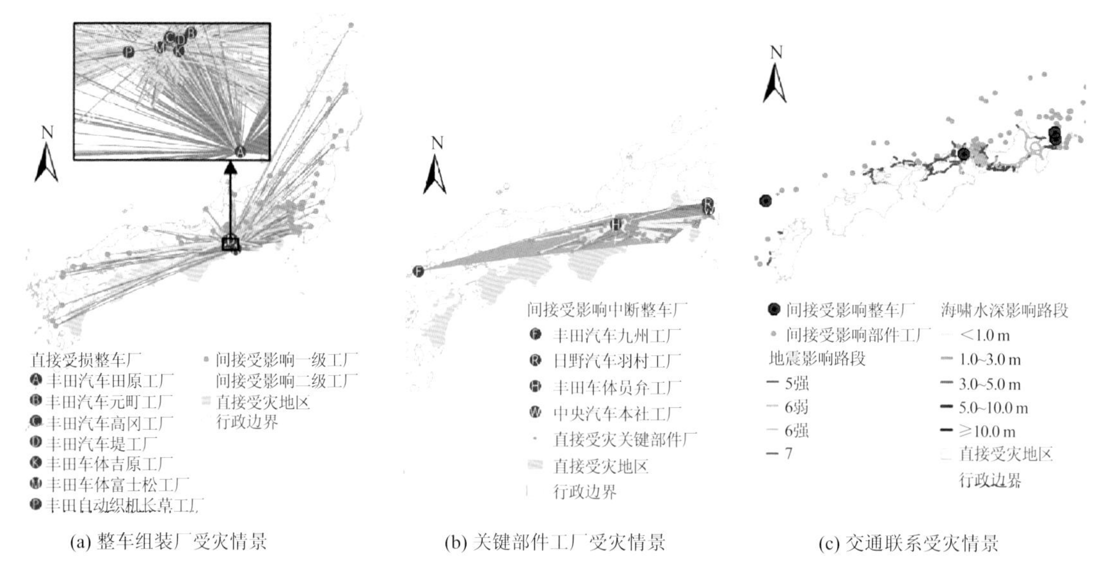

(a) 整车组装厂受灾情景　　(b) 关键部件工厂受灾情景　　(c) 交通联系受灾情景

图 4.24　灾害风险间接扩散和波及情景

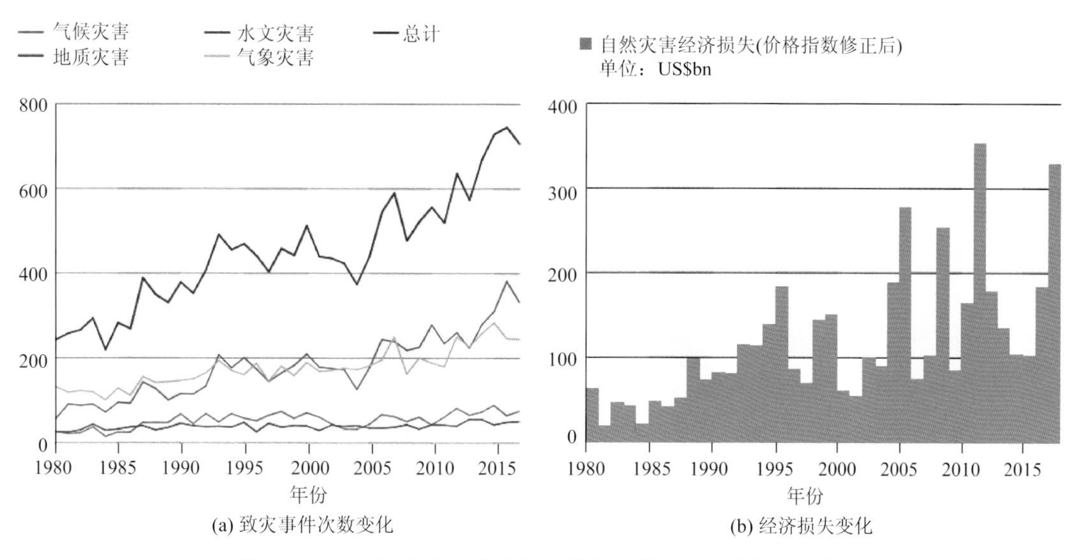

图 1.1　1980 年以来全球重大自然灾害数量及经济损失变化

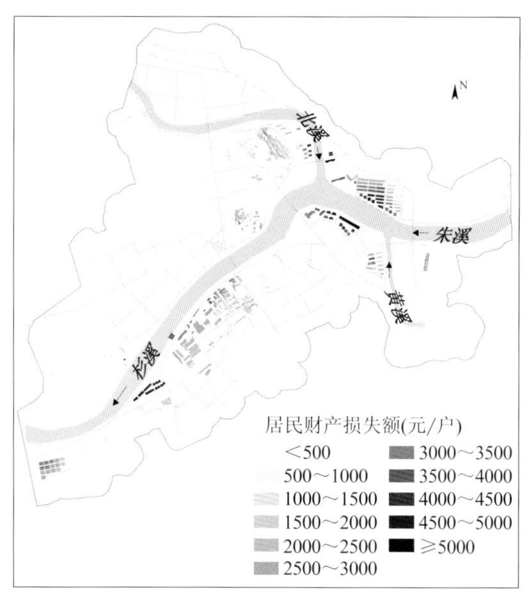

图 3.10　1.6%AEP 情景下居民室内财产损失

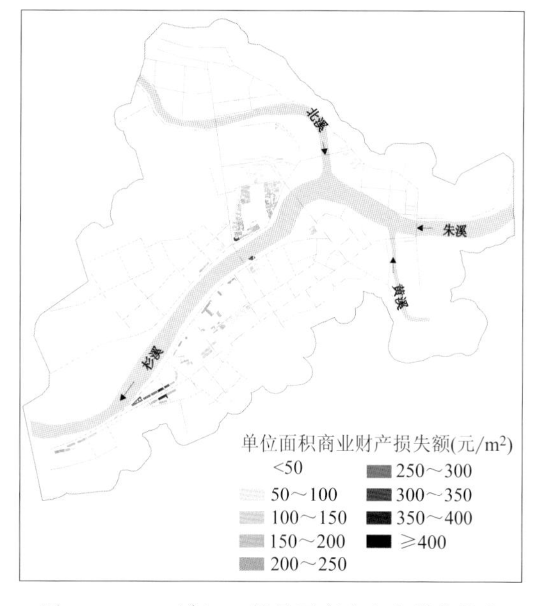

图 3.11　1.6%AEP 情景下商户室内财产损失

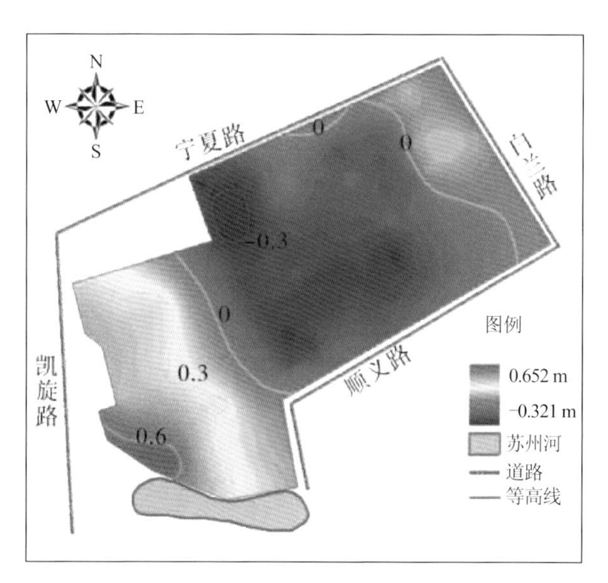

图 3.13　研究区相对高程图

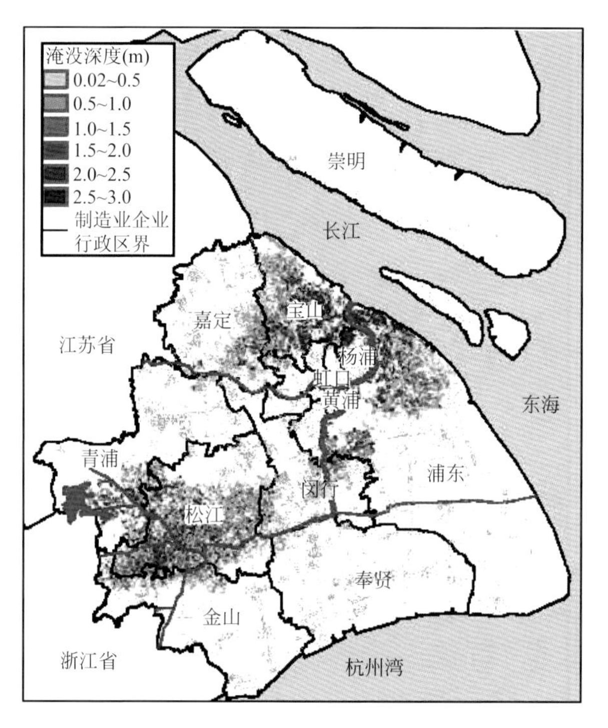

图 4.2　洪水淹没情景与制造业企业分布

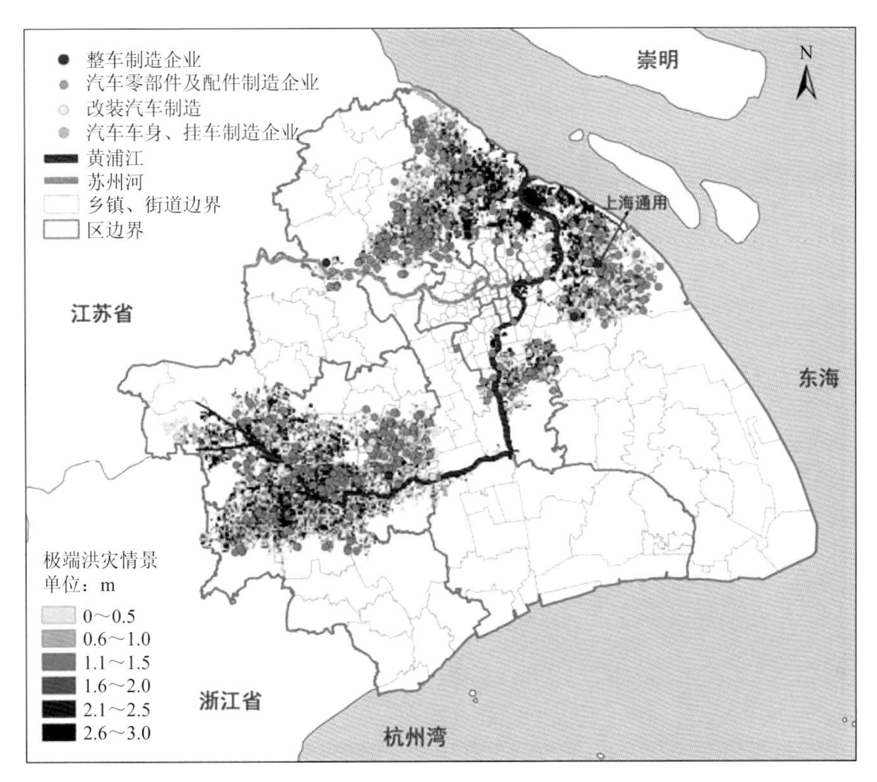

图 4.8　暴露在极端洪灾情景下的上海汽车制造企业空间分布

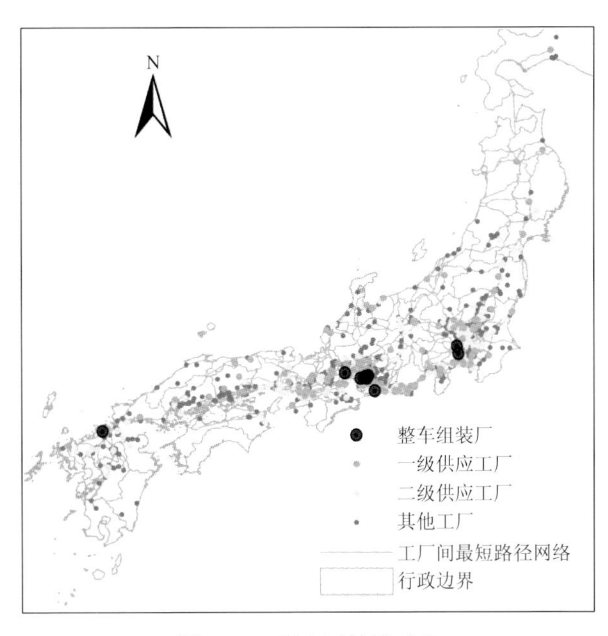

图 4.12　研究区域及对象

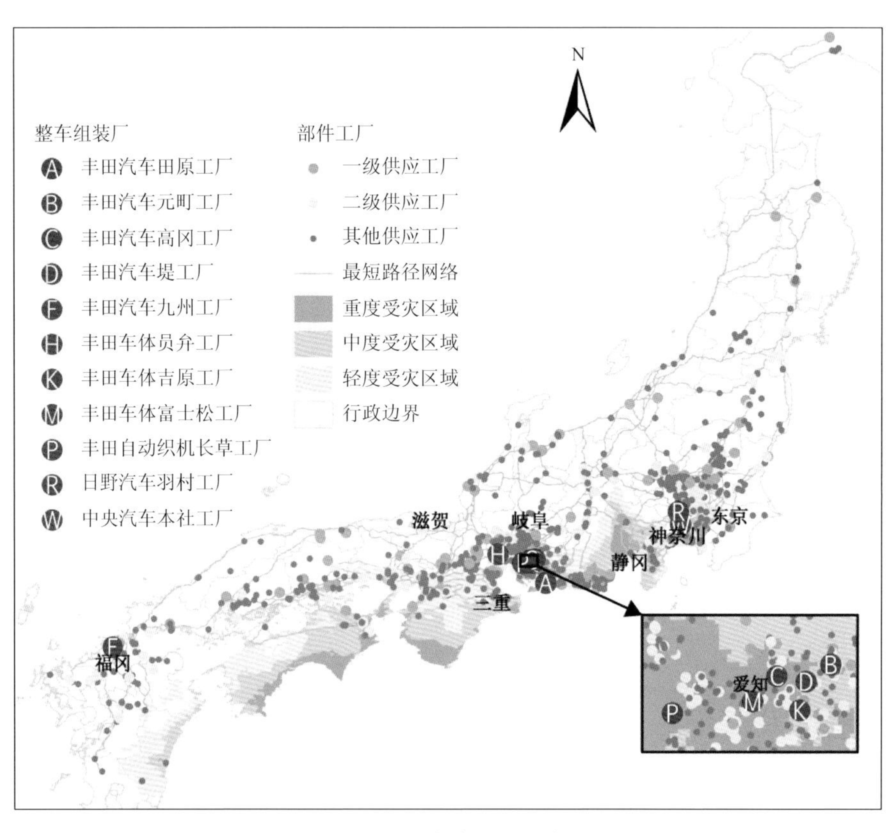

图 4.23　直接受灾区域

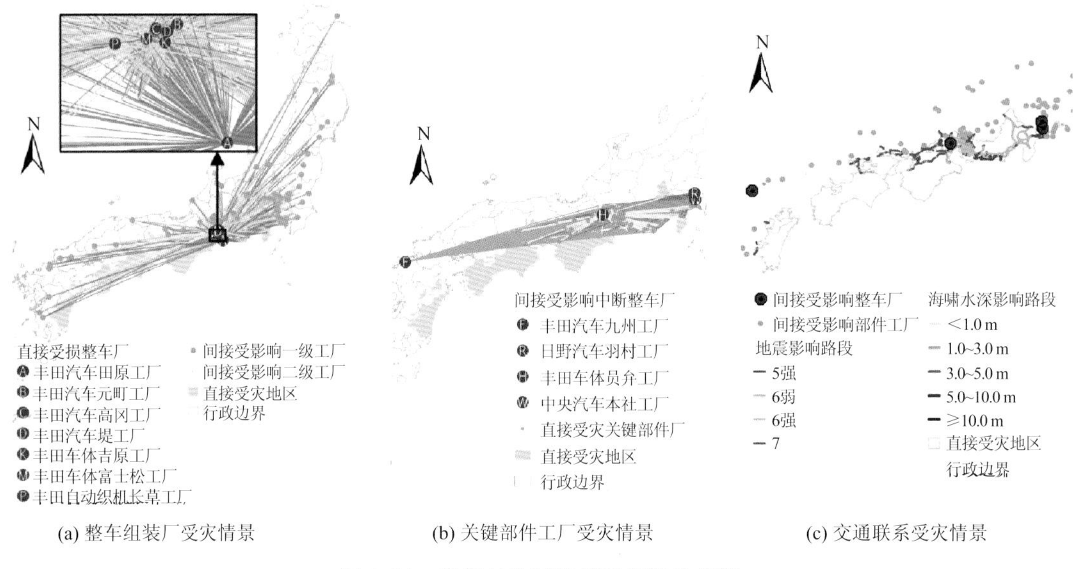

(a) 整车组装厂受灾情景　(b) 关键部件工厂受灾情景　(c) 交通联系受灾情景

图 4.24　灾害风险间接扩散和波及情景